Ewald Gronewold

Ewalds Mathespielwiese

Eine Einführung in die mathematische Denkweise

Teil 2

Bibliografische Information der Deutschen Nationalbibliothek: Die Deutsche Nationalbibliothek verzeichnet diese Publikation in der Deutschen Nationalbibliografie; detaillierte bibliografische Daten sind im Internet über dnb.dnb.de abrufbar.

Herstellung und Verlag: BoD – Books on Demand, Norderstedt

ISBN: 978-3-7568-3816-5

Inhaltsverzeichnis   Seite

Einleitung

Bei dem vorliegenden Buch „Ewalds Mathespielwiese - Teil 2" handelt es sich um die Fortführung des ersten Buches „Ewalds Mathespielwiese – Teil 1". Wurden im ersten Buch fast ausschließlich Beispiele bzw. Themen aus dem Bereich der natürlichen und ganzen Zahlen behandelt, so werden im zweiten Buch hauptsächlich mathematische Probleme aus dem Bereich der rationalen Zahlen thematisiert.

Bei diesem Buch handelt es sich um ein mathematisches Lesebuch, das den Leser anhand ausgewählter Problemstellungen in die mathematische Denkweise einführen soll. Es ist meines Erachtens unverzichtbar, dem Leser neben dem traditionellen mathematischen Schulbuch mit seiner Aufgabenfülle, das vornehmlich dem Erlernen von Rechentechniken dient, mit einer andersartig konzipierten Lektüre vertraut zu machen. Die meisten Mathematikbücher, die in der Schule verwendet werden, sind so abgefasst, dass aufgrund der Stofffülle die verschiedenen Themen zu knapp dargestellt werden. Nach jedem Thema folgt ein Aufgabenteil, wobei die Lösungen dieser Aufgaben in den meisten Büchern ganz fehlen. Diese Lehrbücher eignen sich nur in beschränktem Maße zum Selbststudium. Für das Selbststudium und für das Erlangen bestimmter mathematischer Schlüsselqualifikationen (Erkennen von mathematischen Gesetzmäßigkeiten, Beherrschen von Beweisführungstechniken, Fähigkeit zum problemlösenden Denken usw.) ist es unverzichtbar, eine Begleitlektüre an die Hand zu bekommen, die dem Leser bei dem Erlangen bzw. Perfektionieren dieser Schlüsselqualifikationen hilfreich ist.

In meinem Buch soll der Leser mit dem Erkennen von Strukturen, Mustern und Gesetzmäßigkeiten vertraut gemacht werden. Es soll ihn dazu anleiten, diese Gesetzmäßigkeiten zu formalisieren und einige der entwickelten Formeln auch zu beweisen. Der Leser wird mit der geschichtlichen Entwicklung der Mathematik vertraut gemacht, indem ich historische Fragestellungen der Mathematik aufgreife. Das Studium dieses Buches soll dazu führen, dass der Leser die Mathematik als etwas Dynamisches, als etwas sich Entwickelndes erfährt. Dieser Ansatz führt meiner Meinung nach zu einem besseren Verständnis dieser Wissenschaft. Der Leser wird die Mathematik dann nicht mehr als ein lebloses, formales Gebilde des menschlichen Geistes ansehen. Er wird diese Wissenschaft nicht mehr als eine Anhäufung von vorgegebenen Formeln erleben, in denen man Zahlen einsetzt und schließlich das gewünschte Ergebnis erhält. Er wird die Mathematik als eine lebendige Wissenschaft mit all ihren Sternstunden und Schicksalsschlägen wahrnehmen.

Ich habe einige thematische Schwerpunkte aus der Realschulmathematik aufgegriffen, damit sich der Leser anhand dieser Aufgaben wieder mit den Rechentechniken vertraut machen kann, die vielleicht im Laufe der Zeit verloren gegangen sind.

Das Buch beinhaltet das Thema „Gehirnjogging". Es handelt sich hierbei um Aufgaben aus dem Bereich der Unterhaltungsmathematik. Diese Aufgaben lassen sich meistens nicht nach Schema F lösen. Hier muss der Leser seine „grauen Zellen" anstrengen, um eine Lösungsstrategie für diese Aufgaben zu entwickeln. Verzweifeln muss der Leser bei der Bearbeitung dieser Aufgaben aber nicht, denn ich habe natürlich ausführlich die Lösungswege zu diesen Aufgaben dokumentiert.

Hinweise: 1. Sollte ich bezüglich meiner Ausführungen Literaturquellen benutzt haben, so habe ich sie am Ende des jeweiligen Kapitels kenntlich gemacht.
2. Viele Skizzen sind von mir per Hand angefertigt worden. Sie wirken auf einige Leser vielleicht etwas „krakelig" und könnten das ästhetische Auge des Betrachters stören. Diese Skizzen erfüllen jedoch ihren Zweck, nämlich die visuelle Verdeutlichung der Thematik. Die visuelle Verdeutlichung von mathematischen Themen sollte meines Erachtens immer in einem Mathebuch einfließen, egal, ob sie per Hand angefertigt oder von einem Grafikprogramm konfiguriert wurde.

Ewalds Mathespielwiese
Abschnitt 1

<u>**Themeninhalte von Abschnitt 1**</u>:

1.1 <u>Ausgewählte mathematische Beispiele aus dem Bereich der rationalen Zahlen</u>

1.1.1 <u>Der Fall mit den Zahlenbereichserweiterungen</u>

In der Schule lernen Sie verschiedene Zahlenbereiche kennen. Diese Zahlenbereiche sind:
♦ N (Menge der natürlichen Zahlen)
♦ Z (Menge der ganzen Zahlen)
♦ Q (Menge der rationalen Zahlen)
♦ R (Menge der reellen Zahlen)
♦ C (Menge der komplexen Zahlen)

<u>Frage</u>: Warum lernt man überhaupt diese fünf Zahlenbereiche kennen?
<u>Antwort</u>: Da Sie in der Schule das Thema „Gleichungen" behandelt haben, wissen Sie sicherlich, dass nicht jede Gleichung in N eine Lösung besitzt. Eine lineare Gleichung der Form x + b = a, wobei a und b natürliche Zahlen sind, hat keine Lösung in der Menge der natürlichen Zahlen N, wenn b > a ist.

<u>Beispiel</u>: x + 3 = 1 |- 3
    x = -2

Die Zahl -2 ist die Lösung der Gleichung, aber -2 ist keine natürliche Zahl. Würden wir nur die Menge N der natürlichen Zahlen zugrunde legen, dann wäre diese Gleichung nicht lösbar. Um jedoch die Ihnen bekannte Lösung dieser Gleichung zu erhalten, wird eine sog. Zahlenbereichserweiterung durchgeführt.

<u>Allgemein</u>: Damit die Gleichung x + b = a, wobei a und b natürliche Zahlen sind und b > a ist, immer eine Lösung hat, erweitert man die Menge der natürlichen Zahlen. Das läuft folgendermaßen ab: Man versieht alle natürlichen Zahlen mit einem Minuszeichen und fügt diese neue Zahlenmenge N_- den natürlichen Zahlen N hinzu. So erhält man schließlich die Menge der ganzen Zahlen Z.
Z = {…; -3; -2; -1; 0; 1; 2; 3; …}
Wie Sie sehen, ist die Menge N eine echte Teilmenge der ganzen Zahlen Z, da sie vollständig in Z eingebettet ist. Das ist aber nicht die einzige Zahlenbereichserweiterung, die Sie in der Schule kennengelernt haben, denn nicht jede Gleichung besitzt in Z eine Lösung. Eine lineare Gleichung der Form ax + b = c, wobei a, b und c natürliche Zahlen sind, hat nicht immer eine Lösung in der Menge der ganzen Zahlen Z.

<u>Beispiel</u>: 3x + 2 = 4 |- 2
    3x = 2 |: 3
    $x = \dfrac{2}{3}$ (die Lösung ist ein Bruch)

Die Zahl $\dfrac{2}{3}$ ist die Lösung der Gleichung, aber $\dfrac{2}{3}$ ist keine ganze Zahl. Würden wir uns auf die Menge Z beschränken, dann wäre die obige Gleichung nicht lösbar. Um jedoch eine Lösung der obigen Gleichung zu erhalten, wird wieder eine Zahlenbereichserweiterung durchgeführt. Man fügt der Menge der ganzen Zahlen Z die Menge der Brüche hinzu. So erhält man die Menge der rationalen Zahlen Q.
Im 9. Schuljahr wurde erneut eine Zahlenbereichserweiterung durchgeführt, denn man stellte fest, dass die Gleichung $x^2 = 2$ in Q keine Lösung besitzt. Sie wissen natürlich, dass die Lösung dieser Gleichung $\sqrt{2}$ ist. Aber $\sqrt{2}$ ist keine rationale Zahl (den Beweis für diese Aussage finden Sie in dem Buch „Ewalds Mathespielwiese – Teil 3"). Damit die obige Gleichung lösbar ist, wurde der Menge Q die Menge der sog. irrationalen Zahlen hinzugefügt. Somit erhielt man die Menge der reellen Zahlen R.
Wenn Sie Glück hatten, haben Sie in der Schule auch die Gleichung $x^2 = -1$ problematisiert. Meistens wird man Ihnen gesagt haben, dass diese Gleichung in der Menge der reellen Zahlen keine Lösung besitzt, weil man keine Wurzel aus einer negativen Zahl ziehen kann. Wenn man jedoch eine

Zahlenbereichserweiterung durchführt, so ist auch diese Gleichung lösbar. Man erweitert die Menge der reellen Zahlen zu der Menge der komplexen Zahlen C. Die komplexen Zahlen lassen sich nicht mehr auf der Zahlengeraden verdeutlichen, sondern man braucht hierfür eine Zahlenebene. Die Lösung der Gleichung $x^2 = -1$ ist die imaginäre Einheit i. Mehr hierzu erfahren Sie in dem Buch „Ewalds Mathespielwiese – Teil 4".

1.1.2 <u>Der Fall mit der Praxisrelevanz</u>

Da ich Sie bereits in dem Buch „Ewalds Mathespielwiese – Teil 1" mit den natürlichen und ganzen Zahlen vertraut gemacht habe, werde ich mich in diesem Kapitel hauptsächlich auf Themengebiete beschränken, in denen die Bruchrechnung die dominante Rolle spielt. Ich werde Ihnen jeweils einige wenige Beispiele aus den von mir gewählten Themengebieten vorstellen, damit Sie sich wieder mit der Realschulmathematik vertraut machen können.

A. <u>Das Rechnen mit Brüchen</u>

Viele Menschen beherrschen seit Einführung des Taschenrechners nicht mehr die Bruchrechnung. Die wenigen Gesetze der Bruchrechnung haben sie vergessen, da es ja einfacher ist, die zu lösende Aufgabe dem Taschenrechner zu überlassen. Sollte das vom Taschenrechner gelieferte Ergebnis falsch sein, so merken es die Wenigsten, denn eine Überschlagsrechnung können die Meisten nicht mehr selbständig im Kopf durchführen. Deshalb erscheint es mir sinnvoll, Sie mit den Gesetzen der Bruchrechnung vertraut zu machen. Das vielleicht verschüttete Wissen kann so wieder ans Tageslicht befördert werden.

<u>**Definition**</u>: Ein Bruch $\frac{a}{b}$ besteht aus einem Zähler und einem Nenner, wobei a der Zähler und b der Nenner ist. Zähler und Nenner sind natürliche Zahlen.

<u>**Merkregel 1**</u>: Gleichnamige Brüche, also Brüche mit dem gleichen Nenner, werden addiert bzw. subtrahiert, indem man die Zähler addiert bzw. subtrahiert und den Nenner beibehält.

<u>Beispiele</u>:
$$1.)\ \frac{2}{3} + \frac{5}{3} + \frac{19}{3} - \frac{11}{3} = \frac{15}{3}$$
$$2.)\ \frac{3}{5} - \frac{7}{5} - \frac{11}{5} + \frac{2}{5} = -\frac{13}{5}$$
$$3.)\ 2\frac{1}{4} + 5\frac{3}{4} + 3\frac{2}{4} - 10\frac{1}{4} = \frac{9}{4} + \frac{23}{4} + \frac{14}{4} - \frac{41}{4} = \frac{5}{4} = 1\frac{1}{4}$$
$$4.)\ -9\frac{3}{5} + 5\frac{2}{5} - 7\frac{1}{5} = -\frac{48}{5} + \frac{27}{5} - \frac{36}{5} = -\frac{57}{5} = -11\frac{2}{5}$$

Im dritten und vierten Beispiel sind gemischte Brüche addiert bzw. subtrahiert worden. Ein gemischter Bruch setzt sich aus einer natürlichen Zahl und einem echten Bruch zusammen. Man wandelt einen gemischten Bruch in einen echten Bruch um, indem man die natürliche Zahl mit dem Nenner multipliziert und den Zähler addiert. Somit erhält man den Zähler des echten Bruches, während der Nenner einfach beibehalten wird.

<u>**Merkregel 2**</u>: Ungleichnamige Brüche, also Brüche mit verschiedenen Nennern, werden addiert bzw. subtrahiert, indem man zunächst den Hauptnenner dieser Brüche bestimmt (siehe „Ewalds Mathespielwiese – Teil 1", Seite 23). Der Hauptnenner ist das kleinste gemeinsame Vielfache der Nenner. Alle Nenner sind im Hauptnenner ganzzahlig enthalten. Anschließend werden alle Nenner auf den Hauptnenner gebracht. Das macht man folgendermaßen: Man teilt den Hauptnenner durch den jeweiligen Nenner des Bruches. Somit erhält man den sog. Erweiterungsfaktor. Der ursprüngliche Nenner wird also um den Erweiterungsfaktor erweitert, also mit dem Erweiterungsfaktor multipliziert. Da man den Wert des Bruches nicht ändern darf, wird auch der Zähler des Bruches mit dem Erweiterungsfaktor multipliziert. Schließlich hat man nur noch

gleichnamige Brüche vor sich, für die die Merkregel 1 gilt.

Beispiele: 1.) $\frac{2}{3} + \frac{3}{4} + \frac{5}{6} + \frac{3}{8} = \frac{16}{24} + \frac{18}{24} + \frac{20}{24} + \frac{9}{24} = \frac{63}{24}$

Der Hauptnenner dieser vier Brüche ist 24, da die Nenner alle ganzzahlig in 24 enthalten sind. Die Zahl 48 wäre zwar auch ein gemeinsames Vielfaches, da die Nenner ebenfalls ganzzahlig in 48 enthalten sind. Die Zahl 48 ist aber nicht das kleinste gemeinsame Vielfache und somit nicht der Hauptnenner.

Die 3 ist 8-mal in 24 enthalten → 24 = 3·**8**
Die 4 ist 6-mal in 24 enthalten → 24 = 4·**6**
Die 6 ist 4-mal in 24 enthalten → 24 = 6·**4**
Die 8 ist 3-mal in 24 enthalten → 24 = 8·**3**

Die fett markierten Zahlen sind die jeweiligen Erweiterungsfaktoren für die jeweiligen Nenner und Zähler.

2.) $\frac{3}{4} + 2\frac{1}{2} - 5\frac{3}{5} - \frac{17}{15} = \frac{3}{4} + \frac{5}{2} - \frac{28}{5} - \frac{17}{15} = \frac{45}{60} + \frac{150}{60} - \frac{336}{60} - \frac{68}{60} = -\frac{209}{60}$

3.) $1\frac{3}{4} + 2\frac{3}{7} + 4\frac{3}{14} - 5\frac{3}{8} = \frac{7}{4} + \frac{17}{7} + \frac{59}{14} - \frac{43}{8} = \frac{98}{56} + \frac{136}{56} + \frac{236}{56} - \frac{301}{56} = \frac{169}{56}$

4.) $\frac{3}{10} + \frac{2}{15} - \frac{3}{20} = \frac{18}{60} + \frac{8}{60} - \frac{9}{60} = \frac{17}{60}$

Merkregel 3: Zwei Brüche werden multipliziert, indem man die Zähler multipliziert und anschließend die Nenner multipliziert. Man sagt auch, dass man „Zähler mal Zähler" und „Nenner mal Nenner" rechnet.

Beispiele: 1.) $\frac{2}{3} \cdot \frac{5}{7} = \frac{10}{21}$

2.) $\frac{3}{4} \cdot \frac{4}{5} \cdot \frac{9}{6} = \frac{108}{120}$

3.) $3\frac{1}{2} \cdot 2\frac{3}{4} \cdot 1\frac{1}{8} = \frac{7}{2} \cdot \frac{11}{4} \cdot \frac{9}{8} = \frac{693}{64}$

4.) $\frac{1}{2} \cdot \frac{2}{3} \cdot \frac{3}{4} \cdot \frac{4}{5} = \frac{24}{120}$

Merkregel 4: Zwei Brüche werden dividiert, indem man den Kehrwert des zweiten Bruches bildet und anschließend den ersten Bruch mit dem Kehrwert des zweiten Bruches multipliziert.

Beispiele: 1.) $\frac{2}{3} : \frac{4}{5} = \frac{2}{3} \cdot \frac{5}{4} = \frac{10}{12}$

2.) $1\frac{1}{2} : 2\frac{3}{4} = \frac{3}{2} : \frac{11}{4} = \frac{3}{2} \cdot \frac{4}{11} = \frac{12}{22}$

3.) $\frac{2}{5} : \frac{5}{7} : \frac{1}{2} = \frac{2}{5} \cdot \frac{7}{5} \cdot \frac{2}{1} = \frac{28}{25}$

4.) $\frac{3}{9} : \frac{2}{3} : \frac{3}{4} : \frac{2}{5} = \frac{3}{9} \cdot \frac{3}{2} \cdot \frac{4}{3} \cdot \frac{5}{2} = \frac{180}{108}$

5.) $1\frac{2}{5} : \frac{2}{3} = \frac{7}{5} : \frac{2}{3} = \frac{7}{5} \cdot \frac{3}{2} = \frac{21}{10}$

Merkregel 5: Ein Bruch wird gekürzt, indem man Zähler und Nenner durch die gleiche natürliche Zahl teilt.

Beispiele: 1.) $\frac{20}{60} = \frac{2}{6} = \frac{1}{3}$ (Kürzungsfaktor: 20)

2.) $\frac{36}{64} = \frac{9}{16}$ (Kürzungsfaktor: 4)

3.) $1\frac{28}{36} = 1\frac{7}{9}$ (Kürzungsfaktor: 4)

4.) $2\frac{8}{10} = 2\frac{4}{5}$ (Kürzungsfaktor: 2)

5.) $\frac{110}{186} = \frac{55}{93}$ (Kürzungsfaktor: 2)

Merkregel 6: Ein Bruch wird erweitert, indem man Zähler und Nenner mit der gleichen natürlichen Zahl multipliziert.

Beispiele: 1.) $\frac{3}{5} = \frac{39}{65}$ (Erweiterungsfaktor: 13)

2.) $\frac{3}{9} = \frac{12}{36}$ (Erweiterungsfaktor: 4)

3.) $\frac{2}{5} = \frac{4}{10}$ (Erweiterungsfaktor: 2)

4.) $3\frac{2}{5} = 3\frac{8}{20}$ (Erweiterungsfaktor: 4)

5.) $9\frac{2}{3} = 9\frac{20}{30}$ (Erweiterungsfaktor: 10)

B. <u>Das Lösen von linearen Gleichungen und Bruchgleichungen</u>

<u>Beispiel 1</u>: Bestimmen Sie die Lösungsmengen zu den folgenden linearen Gleichungen.

a) $14x - 38 = 24x - 29$

b) $(x + 5)(x - 3) = (x + 6)(x - 2)$

c) $(x + 3)^2 + (x - 4)^2 = (x - 1)^2 + (x + 2)^2$

<u>Lösungen</u>: a) $14x - 38 = 24x - 29 \;|- 14x\;|+ 29$

$\rightarrow -9 = 10x \;|: 10$

$\rightarrow x = -\frac{9}{10}$

$\rightarrow L = \{-\frac{9}{10}\}$

b) $(x + 5)(x - 3) = (x + 6)(x - 2)$

$\rightarrow x^2 - 3x + 5x - 15 = x^2 - 2x + 6x - 12$ (Ausmultiplizieren der Klammern)

$\rightarrow x^2 + 2x - 15 = x^2 + 4x - 12 \;|- x^2\;|- 2x\;|+ 12$

$\rightarrow -3 = 2x \;|: 2$

$\rightarrow x = -\frac{3}{2}$

$\rightarrow L = \{-\frac{3}{2}\}$

c) $(x + 6)^2 + (x - 4)^2 = (x - 1)^2 + (x + 2)^2$

$\rightarrow x^2 + 12x + 36 + x^2 - 8x + 16 = x^2 - 2x + 1 + x^2 + 4x + 4$ (Binomische Formeln)

$\rightarrow 2x^2 + 4x + 52 = 2x^2 + 2x + 5 \;|- 2x^2\;|- 2x\;|- 52$

$\rightarrow 2x = -47 \;|: 2$

$\rightarrow x = -\frac{47}{2}$

$\rightarrow L = \{-\frac{47}{2}\}$

<u>Beispiel 2</u>: a) August ist heute 6 Jahre älter als seine Schwester Sarah. In 20 Jahren wird August $\frac{5}{4}$ Mal so alt sein wie seine Schwester. Berechnen Sie, wie alt die Geschwister heute sind.

<u>Lösung</u>: Am einfachsten ist es, wenn man eine Tabelle mit dem Alter der Geschwister erstellt. Die Variable x gibt das unbekannte Alter von Sarah an.

	Alter heute	Alter in 20 Jahren
August	x + 6	x + 26
Sarah	x	x + 20

Da wir wissen, dass August in 20 Jahren $\frac{5}{4}$ Mal so alt wie seine Schwester sein wird, gilt folgende Beziehung:

$$x + 26 = \frac{5}{4}(x + 20)$$
$$\rightarrow x + 26 = \frac{5}{4}x + 25 \mid - x \mid - 25$$
$$\rightarrow 1 = \frac{1}{4}x \mid \cdot 4$$
$$\rightarrow x = 4$$

Antwort: Sarah ist heute 4 Jahre alt, August 10 Jahre.

b) Ein Kaufmann mischt 45 kg der Teesorte „Assam" mit 75 kg der Teesorte „Ceylon". Der Kilopreis der Sorte „Ceylon" ist um 1,60€ geringer als der Kilopreis der Sorte „Assam". Berechnen Sie den Kilopreis der beiden Sorten, wenn der Kilopreis der Mischung 8€ kostet.

Lösung: Die Variable x steht für den unbekannten Kilopreis der Sorte „Assam". Man berechnet den Gesamtpreis für die Teesorte „Assam" und für die Teesorte „Ceylon". Addiert erhält man dann den Gesamtpreis der Teemischung.

	Menge	Preis pro kg
Assam	45 kg	x
Ceylon	75 kg	x − 1,60
Mischung	120 kg	8€

$$45x + 75 \cdot (x - 1,6) = 120 \cdot 8$$
$$\rightarrow 45x + 75x - 120 = 960$$
$$\rightarrow 120x - 120 = 960 \mid + 120$$
$$\rightarrow 120x = 1080 \mid : 120$$
$$\rightarrow x = 9$$

Antwort: Ein Kilo der Sorte „Assam" kostet 9€. Ein Kilo der Sorte „Ceylon" kostet demnach 7,40€.

c) Auf einem Bauernhof leben Kühe und Enten. Die Tiere haben zusammen 238 Füße und 68 Köpfe. Berechnen Sie die Anzahl der Kühe und Enten.

Lösung: Die Variable x steht für die Anzahl der Enten. Da es insgesamt 68 Tiere sind, muss die Gesamtanzahl minus die Anzahl der Enten die Anzahl der Kühe ergeben. Da jede Kuh 4 Füße hat, muss die Anzahl der Kühe multipliziert mit 4 die Anzahl der Kuhfüße ergeben. Da jede Ente 2 Füße besitzt, muss die Anzahl der Enten multipliziert mit 2 die Anzahl der Entenfüße ergeben.

	Kühe	Enten
Anzahl der Köpfe	68 − x	x
Anzahl der Füße	4 · (68 − x)	2x

$$4 \cdot (68 - x) + 2x = 238$$
$$\rightarrow 272 - 4x + 2x = 238$$
$$\rightarrow 272 - 2x = 238 \mid - 272$$
$$\rightarrow -2x = -34 \mid : (-2)$$
$$\rightarrow x = 17$$

Antwort: Die Anzahl der Enten beträgt 17. Die Anzahl der Kühe beträgt demnach 51.

<u>Beispiel 3</u>: Bestimmen Sie die Lösungsmengen zu den folgenden linearen Bruchgleichungen.

a) $\dfrac{14x+2}{9} - 2x = 8 - \dfrac{10x-4}{6}$

b) $\dfrac{10x-2}{6} = \dfrac{4x+6}{12} - \dfrac{6x+10}{18}$

c) $\dfrac{6}{2x} - 2 = \dfrac{10}{4x}$

d) $\dfrac{x+3}{x-6} - \dfrac{x-4}{x+8} = 0$

e) $\dfrac{2}{x} - \dfrac{4}{x^2+6x+9} = \dfrac{2x+2}{x^2+3x}$

<u>Lösungen</u>: a) $\dfrac{14x+2}{9} - 2x = 8 - \dfrac{10x-4}{6} \;\Big|\cdot 18$

Hier handelt es sich um eine Bruchgleichung. Bruchgleichungen werden gelöst, indem man die Gleichung mit dem Hauptnenner multipliziert. Der Hauptnenner ist die kleinste Zahl, die alle Nenner ganzzahlig enthält. Wenn man die Gleichung mit dem Hauptnenner multipliziert hat, kann man einzelne Faktoren kürzen, so dass man eine lineare Gleichung ohne Nenner erhält.

$\rightarrow \dfrac{18(14x+2)}{9} - 36x = 144 - \dfrac{18(10x-4)}{6}$

$\rightarrow 2(14x + 2) - 36x = 144 - 3(10x - 4)$ (es wurde gekürzt)

$\rightarrow 28x + 4 - 36x = 144 - 30x + 12$

$\rightarrow -8x + 4 = 156 - 30x \;|+ 30x \;|- 4$

$\rightarrow 22x = 152 \;|: 22$

$\rightarrow x = \dfrac{152}{22} = \dfrac{76}{11}$

$\rightarrow L = \{\dfrac{76}{11}\}$

b) $\dfrac{10x-2}{6} = \dfrac{4x+6}{12} - \dfrac{6x+10}{18} \;\Big|\cdot 36$

$\rightarrow \dfrac{36(10x-2)}{6} = \dfrac{36(4x+6)}{12} - \dfrac{36(6x+10)}{18}$

$\rightarrow 6(10x - 2) = 3(4x + 6) - 2(6x + 10)$ (es wurde gekürzt)

$\rightarrow 60x - 12 = 12x + 18 - 12x - 20$

$\rightarrow 60x - 12 = -2 \;|+ 12$

$\rightarrow 60x = 10 \;|: 60$

$\rightarrow x = \dfrac{10}{60} = \dfrac{1}{6}$

$\rightarrow L = \{\dfrac{1}{6}\}$

c) $\dfrac{6}{2x} - 2 = \dfrac{10}{4x} \;\Big|\cdot 4x$

Wir müssen zunächst feststellen, ob diese Bruchgleichung auch für alle rationale Zahlen definiert ist. Man erkennt, dass für x = 0 die Nenner 0 werden. Da man aber nicht durch 0 dividieren darf, müssen wir die 0 ausschließen. Der Definitionsbereich enthält also alle Zahlen außer der 0. Man schreibt das folgendermaßen: $D = \mathbb{Q}\backslash\{0\}$.

Gelesen wird das folgendermaßen: Die Definitionsmenge D besteht aus der Menge der rationalen Zahlen ohne die 0.
Die Definitionsmenge muss immer bei Gleichungen mit einer Variablen im Nenner bestimmt werden. Würde wie in unserem Beispiel die 0 nicht zur Definitionsmenge gehören, die von Ihnen gelöste Gleichung aber als Lösung x = 0 besitzen, dann wäre x = 0 keine Lösung.

$$\rightarrow \frac{6\cdot 4x}{2x} - 8x = \frac{10\cdot 4x}{4x}$$

$\rightarrow$ 12 − 8x = 10 |+ 8x |− 10 |: 8

$\rightarrow x = \dfrac{2}{8} = \dfrac{1}{4}$

$\rightarrow$ L = { $\dfrac{1}{4}$ }

d) $\dfrac{x+3}{x-6} - \dfrac{x-4}{x+8} = 0$ |· (x − 6)·(x + 8) $\rightarrow$ D = Q\\{6; 8}

$$\rightarrow \frac{(x+3)\cdot(x-6)\cdot(x+8)}{x-6} - \frac{(x-4)\cdot(x-6)\cdot(x+8)}{x+8} = 0$$

$\rightarrow$ (x + 3)·(x + 8) − (x − 4)·(x − 6) = 0   (es wurde gekürzt)
$\rightarrow x^2 + 8x + 3x + 24 - (x^2 - 6x - 4x + 24) = 0$
$\rightarrow x^2 + 11x + 24 - (x^2 - 10x + 24) = 0$
$\rightarrow x^2 + 11x + 24 - x^2 + 10x - 24 = 0$
$\rightarrow$ 21x = 0 |: 21
$\rightarrow$ x = 0
$\rightarrow$ L = {0}

e) $\dfrac{2}{x} - \dfrac{4}{x^2+6x+9} = \dfrac{2x+2}{x^2+3x}$ (um den Hauptnenner zu finden, müssen die Nenner faktorisiert werden)

$\rightarrow \dfrac{2}{x} - \dfrac{4}{(x+3)\cdot(x+3)} = \dfrac{2x+2}{x\cdot(x+3)}$ (beim mittleren Bruch wurde eine binomische Formel benutzt; beim letzten Bruch wurde der gemeinsame Faktor ausgeklammert. Man erkennt, dass der Hauptnenner x·(x + 3)·(x + 3) lautet.)

$\rightarrow$ D = Q\\{0; -3}

$\rightarrow \dfrac{2}{x} - \dfrac{4}{(x+3)\cdot(x+3)} = \dfrac{2x+2}{x\cdot(x+3)}$ |· x(x + 3)(x + 3)

$$\rightarrow \frac{2\cdot x\cdot(x+3)\cdot(x+3)}{x} - \frac{4\cdot x\cdot(x+3)\cdot(x+3)}{(x+3)\cdot(x+3)} = \frac{(2x+2)\cdot x\cdot(x+3)\cdot(x+3)}{x\cdot(x+3)}$$

$\rightarrow$ 2(x + 3)(x + 3) − 4x = (2x + 2)(x + 3)   (es wurde gekürzt)
$\rightarrow 2(x^2 + 3x + 3x + 9) - 4x = 2x^2 + 6x + 2x + 6$
$\rightarrow 2x^2 + 6x + 6x + 18 - 4x = 2x^2 + 8x + 6$
$\rightarrow 2x^2 + 8x + 18 = 2x^2 + 8x + 6$ |− $2x^2$ |− 8x
$\rightarrow$ 18 = 6
$\rightarrow$ Da 18 nicht 6 sein kann, liegt eine falsche Aussage vor. Deshalb gibt es keine Lösung. Man schreibt hierfür L = {}

Beispiel 4: a) Von einer Erbschaft erhält Anne $\frac{1}{3}$ des Erbes, Agnes erhält $\frac{1}{4}$ des Erbes und zusätzlich noch 1700 €, Uwe bekommt $\frac{1}{5}$ des Erbes und zusätzlich noch 2000 €. Das Tierheim soll 200 € erhalten. Berechnen Sie die zur Verfügung stehende Erbschaftssumme und die einzelnen Erbschaftsanteile in Euro.

Lösung:

Anne	$\frac{1}{3} \cdot x$
Agnes	$\frac{1}{4} \cdot x + 1700$
Uwe	$\frac{1}{5} \cdot x + 2000$
Tierheim	200
Erbschaftssumme	x

➜ $\frac{1}{3}x + (\frac{1}{4}x + 1700) + (\frac{1}{5}x + 2000) + 200 = x$

➜ $\frac{47}{60}x + 3900 = x \mid - \frac{47}{60}x$

➜ $3900 = \frac{13}{60}x \mid : \frac{13}{60}$

➜ $x = 18000$

Antwort: Die Erbschaftssumme beträgt 18000 €. Anne erhält 6000 €, Agnes erhält 6200 €, Uwe erhält 5600 € und das Tierheim 200 €.

b) Ein Spirituosenhändler soll 50 Liter 60%-igen Alkohol liefern. Er hat nur 55%-igen und 80%-igen Alkohol auf Lager. Wie viel Liter muss er von jeder Sorte für die Mischung nehmen?

	Menge	Alkoholgehalt
Alkoholsorte 1	x	55%
Alkoholsorte 2	50 - x	80%
Mischung	50	60%

Die Prozentzahlen können wir als Bruch schreiben, also $55\% = \frac{55}{100}$ usw.

➜ $\frac{55}{100}x + \frac{80}{100}(50 - x) = \frac{60}{100} \cdot 50 \mid \cdot 100$ (Hinweis: Menge mal Alkoholgehalt)

➜ $55x + 80(50 - x) = 60 \cdot 50$
➜ $55x + 4000 - 80x = 3000$
➜ $-25x + 4000 = 3000 \mid - 4000 \mid : (-25)$
➜ $x = 40$

Antwort: Man muss 40 Liter 55%-igen Alkohol und 10 Liter 80%-igen Alkohol mischen, um 50 Liter 60%-igen Alkohol zu erhalten.

c) Um Studentenfutter herzustellen, werden Mandeln, Nüsse und Rosinen gemischt. Es werden 80 kg Mandeln und $\frac{3}{2}$ - Mal so viel Rosinen wie Nüsse gemischt. Die Mandeln kosten 5 € pro kg, die Nüsse 4,50 € pro kg und die Rosinen 1,50 € pro kg. Die Mischung soll 3,50 € pro kg kosten. Berechnen Sie wie viel kg Nüsse und Rosinen für die Mischung genommen werden müssen.

	Gewicht	Preis pro kg
Mandeln	80 kg	5 €
Nüsse	x	4,50 €
Rosinen	$\frac{3}{2}x$	1,50 €
Mischung	$80 + x + \frac{3}{2}x$	3,50 €

$80 \cdot 5 + 4{,}5x + \frac{3}{2}x \cdot 1{,}5 = (80 + x + \frac{3}{2}x) \cdot 3{,}5$ (Hinweis: Gewicht mal Preis)

→ $400 + 4{,}5x + 2{,}25x = 280 + 3{,}5x + 5{,}25x$

→ $400 + 6{,}75x = 280 + 8{,}75x \mid - 280 \mid - 6{,}75x$

→ $120 = 2x \mid : 2$

→ $x = 60$

<u>Antwort</u>: Für die Herstellung dieser Mischung braucht man 60 kg Nüsse und 90 kg Rosinen.

C. Der einfache und zusammengesetzte Dreisatz

<u>Beispiel 1</u>: a) 5 Äpfel kosten 2,20 €. Berechnen Sie den Preis für 3 Äpfel.

Ich werde Ihnen die einfachste Methode für das Lösen von Dreisatzaufgaben vorstellen. Aber zunächst die Frage, woher kommt der Name Dreisatz? Ich erkläre es Ihnen anhand des obigen Beispiels.

Bei dieser Aufgabe sollte man zunächst den Ansatz aufschreiben. Dieser lautet:

5 Äpfel - 2,20 €
3 Äpfel -   x

Man sollte die Unbekannte x im Ansatz immer unten rechts hinschreiben. Jetzt kann man diese Aufgabe folgendermaßen lösen:

5 Äpfel - 2,20 €   (1. Satz) → Hier wird die bekannte Information aufgeschrieben

1 Apfel - $\frac{2{,}20}{5}$ €   (2. Satz) → Man hat den Preis für 1 Apfel berechnet.

3 Äpfel - $\frac{2{,}20}{5} \cdot 3$ €   (3. Satz) → Man geht auf die Fragestellung ein und erhält das Ergebnis.

<u>Antwort</u>: 3 Äpfel kosten also 1,32€.

Die obige Methode ist zeitaufwändig. Die schnellste Methode läuft folgendermaßen ab: Man schreibt zunächst den Ansatz des Dreisatzes auf. Dann schreibt man x = ----. Auf diesem Bruchstrich müssen jetzt die 3 Zahlen aus unserem Beispiel richtig verteilt werden. Die Zahl über dem x kommt immer in den Zähler. Anschließend liest man die beiden Zeilen des Ansatzes in Richtung der Unbekannten x. Also: 5 Äpfel kosten 2,20 €, 3 Äpfel kosten wie viel €. Jetzt müssen Sie die Frage beantworten, ob 3 Äpfel mehr oder weniger als 5 Äpfel kosten. Wenn man die Frage mit „mehr" beantwortet, dann kommt die größere Zahl in den Zähler (hier: die Zahl 5) und demzufolge die andere Zahl (hier: die Zahl 3) in den Nenner. Beantworten Sie die Frage mit „weniger", so kommt die größere Zahl (hier: die Zahl 5) in den Nenner und die andere Zahl (hier: die Zahl 3) in den Zähler.

Der Vorteil dieser Methode ist, dass Sie die Begriffe „proportionales bzw.

antiproportionales Verhältnis" nicht kennen müssen. Außerdem gilt immer bei der Beantwortung der Frage: „mehr" → Die größere Zahl kommt in den Zähler.
„weniger" → Die größere Zahl kommt in den Nenner.

Also noch einmal unser Beispiel:

5 Äpfel - 2,20€
3 Äpfel -   x

$$x = \frac{2,20 \cdot 3}{5} = 1,32€$$

b) 16 Kugeln wiegen 56 kg. Berechnen Sie, wie viel 63 Kugeln wiegen.

16 K. - 56 kg
63 K. -   x

$$x = \frac{56 \cdot 63}{16} = 220,5 \text{ kg}$$

Antwort: 63 Kugeln wiegen 220,5 kg.

c) Die Parkanlage einer Ortschaft muss mit neuen Bäumen, Büschen und Blumen bepflanzt werden. Hierzu brauchen 8 Gärtner bei einer täglichen Arbeitszeit von 8 Stunden insgesamt 24 Tage. Berechnen Sie die Mindestanzahl der Gärtner, um diese Arbeit bei einer täglichen Arbeitszeit von 6 Stunden in 18 Tagen zu erledigen.

→ bei dieser Aufgabe handelt es sich um einen zusammengesetzten Dreisatz. Es wird wieder der Ansatz erstellt. Zuerst berücksichtigt man die linke Spalte **nicht**, so dass sich wieder ein einfacher Dreisatz ergibt, den Sie wieder nach der oben beschriebenen Methode lösen. Anschließend berücksichtigt man **nicht** die mittlere Spalte. Es ergibt sich wieder ein einfacher Dreisatz, den Sie wie gewohnt lösen.

→ 24 T. - 8 St. - 8G.
   18 T. - 10 St. -   x

$$x = \frac{8 \cdot 24 \cdot 8}{18 \cdot 10} = 8,533$$

Antwort: Es werden mindestens 9 Gärtner benötigt, um die Arbeit in der Zeit zu schaffen.

Erläuterungen: Die Zahl 8 steht über dem x und kommt daher in den Zähler des Bruches. Die linke Spalte wird nicht berücksichtigt, so dass die Fragestellung lautet: Bei einer täglichen Arbeitszeit von 8 Stunden braucht man für die Arbeit 8 Gärtner. Braucht man bei einer täglichen Arbeitszeit von 10 Stunden für die gleiche Arbeit mehr oder weniger Gärtner? Da jetzt täglich länger gearbeitet wird, braucht man natürlich jetzt weniger Gärtner. Das bedeutet, dass die Zahl 10 in den Nenner und die Zahl 8 in den Zähler kommt. Jetzt wird die mittlere Spalte nicht berücksichtigt, so dass die Fragestellung lautet: Um eine Arbeit in 24 Tagen zu schaffen, braucht man 8 Gärtner. Wenn die gleiche Arbeit in 18 Tagen geschafft werden soll, braucht man dann mehr oder weniger Gärtner? Da man jetzt nicht mehr so viel Zeit hat, braucht man natürlich mehr Gärtner. Das bedeutet, dass die Zahl 24 in den Zähler und die Zahl 18 in den Nenner kommt.

d) 12 Mitarbeiter der Firma Amazon verpacken in 8 Stunden 750 Pakete. Berechnen Sie, wie viel Pakete mindestens verpackt werden können, wenn 2 Mitarbeiter zusätzlich eingestellt werden und die tägliche Arbeitszeit 9 Stunden beträgt.

$\rightarrow$ 12 A. - 8 St. - 750 P.
14 A. - 9 St. - x

$$x = \frac{750 \cdot 14 \cdot 9}{12 \cdot 8} = 984,375$$

Antwort: Es können mindestens 984 Pakete verpackt werden.

e) Ein Kieswerk hat einen großen Kieshaufen an Kunden zu verfrachten. Dem Kieswerk stehen 8 LKW zur Verfügung, die alle ein Ladevolumen von 7 Kubikmeter besitzen. Wenn alle LKW täglich 6 Fuhren machen, so ist der Kieshaufen in 14 Tagen abgetragen. Berechnen Sie, wie viel Tage für die Abtragung des Kieshaufens mindestens notwendig sind, wenn 11 LKW mit jeweils einem Ladevolumen von 8 Kubikmeter täglich 4 Fuhren machen.

$\rightarrow$ 8 LKW - 7 Kubik - 6 F. - 14 T.
11 LKW - 8 Kubik - 4 F. - x

$$x = \frac{14 \cdot 6 \cdot 7 \cdot 8}{4 \cdot 8 \cdot 11} = 13,36$$

$\rightarrow$ Hinweis: Es müssen jetzt immer 2 Spalten unberücksichtigt bleiben, damit man einfache Dreisätze erhält.
Antwort: Es sind mindestens 14 Tage für die Abtragung des Kieshaufens notwendig.

D. Die Strahlensätze

1. Aussage: Von einem Zentrum Z gehen 2 Strahlen S_1 und S_2 aus. Beide Strahlen werden von 2 parallelen Geraden G_1 und G_2 in den Punkten A, B, C und D geschnitten. Es gilt dann die folgende Beziehung:

$$\frac{ZA}{AB} = \frac{ZC}{CD}$$

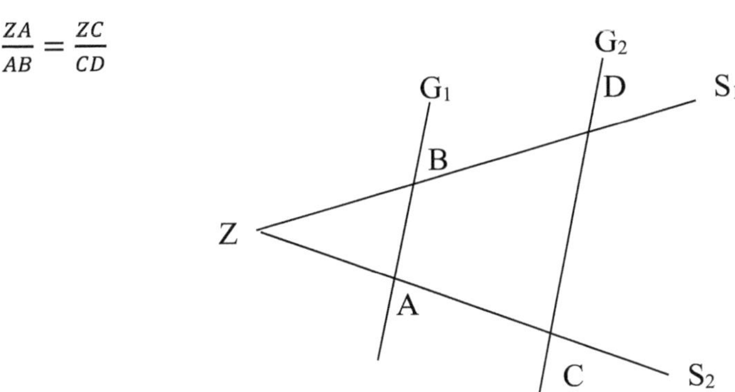

2. Aussage: Von einem Zentrum Z gehen 2 Strahlen S_1 und S_2 aus. Beide Strahlen werden von 2 parallelen Geraden G_1 und G_2 geschnitten. Es gilt dann die folgende Beziehung:

$$\frac{ZA}{ZC} = \frac{ZB}{ZD}$$

Das sind die beiden Strahlensätze in der Mathematik. Wie man erkennt, werden hier Strecken ins Verhältnis zueinander gesetzt.

Beispiel 1: In einem rechtwinkligen Dreieck beträgt die Länge der waagerechten Kathete 24 m und die der senkrechten Kathete 1,2 m. Diesem Dreieck möchte man ein kleineres Dreieck so einbeschreiben, dass alle 3 Winkel des Dreiecks erhalten bleiben. Die Länge der senkrechten Kathete soll 0,8 m betragen. Berechnen Sie die Länge der waagerechten Kathete (siehe Skizze).

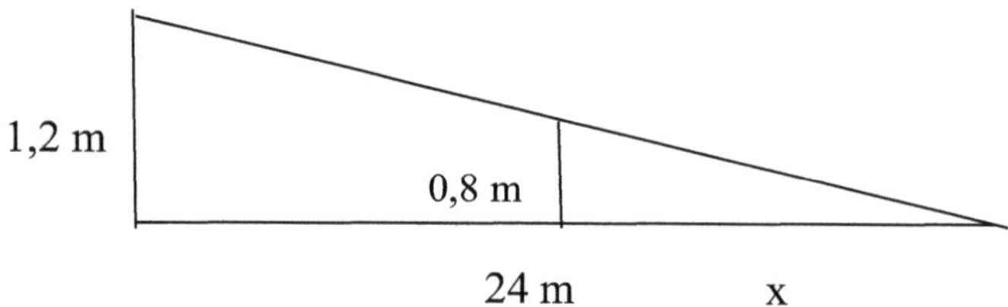

➔ $\frac{1,2}{24} = \frac{0,8}{x}$ (es handelt sich hier um eine Bruchgleichung; da sowohl auf der linken als auch auf der rechten Seite lediglich ein Bruch steht, kann man die Gleichung über Kreuz multiplizieren.)

➔ $1,2x = 0,8\cdot24$

➔ $1,2x = 19,2 \,|: 1,2$

➔ $x = 16$

Antwort: Die waagerechte Kathete hat eine Länge von 16 m.

Beispiel 2: Berechnen Sie in dem gegebenen rechtwinkligem Dreieck die Länge x (siehe Skizze).

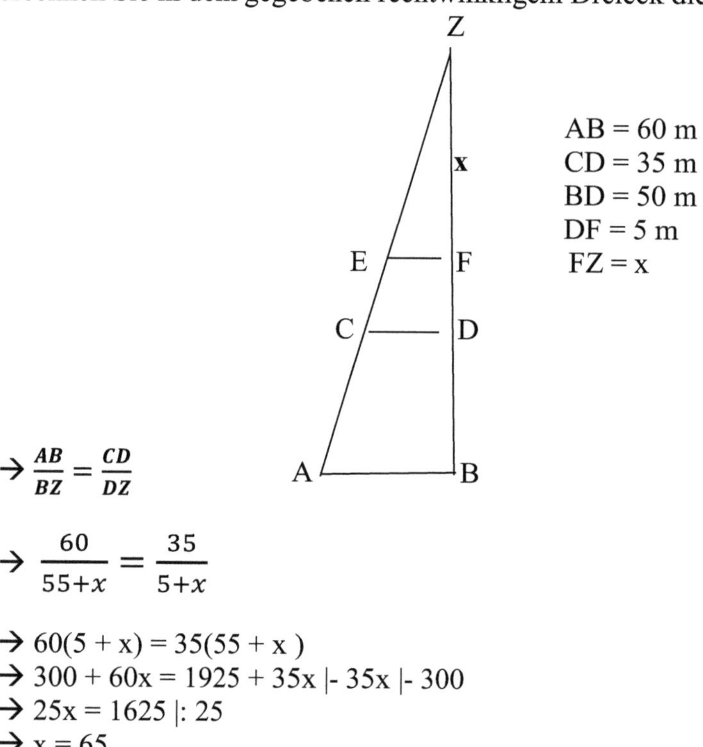

➔ $\frac{AB}{BZ} = \frac{CD}{DZ}$

➔ $\frac{60}{55+x} = \frac{35}{5+x}$

➔ $60(5 + x) = 35(55 + x)$

➔ $300 + 60x = 1925 + 35x \,|- 35x \,|- 300$

➔ $25x = 1625 \,|: 25$

➔ $x = 65$

Antwort: Die Länge x beträgt 65 Meter.

Beispiel 3: Ein 3 m langer senkrecht stehender Stab wirft einen Schatten von 1,80 m. Gleichzeitig wirft ein senkrecht stehender Baum einen Schatten von 15,80 m. Berechnen Sie die Höhe des Baumes.

→ Die Skizze ist ähnlich wie in Beispiel 1, so dass ich diesmal darauf verzichte.

→ $\dfrac{3}{1,8} = \dfrac{x}{15,8}$ |· 15,8 |· 1,8

→ 47,4 = 1,8x |: 1,8

→ x = $\dfrac{79}{3}$

<u>Antwort</u>: Der Baum hat eine Höhe von 26,33 Meter.

E. <u>Die Berechnung von Winkeln und Seitenlängen im rechtwinkligen Dreieck</u>

Im rechtwinkligen Dreieck kann man eine Beziehung zwischen den Winkeln und den Seiten des Dreiecks herstellen. Wie Sie sicherlich noch wissen, heißen die Seiten im rechtwinkligen Dreieck Hypotenuse, Ankathete und Gegenkathete. Die Hypotenuse ist die längste Seite und liegt dem rechten Winkel gegenüber. Die Gegenkathete liegt einem vorgegebenen Winkel gegenüber, die Ankathete liegt diesem Winkel an. Gegenkathete und Ankathete schließen den rechten Winkel ein.

Folgende Zuordnungen des Winkels zu den folgenden Seitenverhältnissen gibt es:

$\sin \alpha = \dfrac{Gegenkathete}{Hypotenuse}$ (gelesen: Sinus Alpha gleich Gegenkathete zur Hypotenuse)

$\cos \alpha = \dfrac{Ankathete}{Hypotenuse}$ (gelesen: Kosinus Alpha gleich Ankathete zur Hypotenuse)

$\tan \alpha = \dfrac{Gegenkathete}{Ankathete}$ (gelesen: Tangens Alpha gleich Gegenkathete zur Ankathete)

$\cot \alpha = \dfrac{Ankathete}{Gegenkathete}$ (gelesen: Kotangens Alpha gleich Ankathete zur Gegenkathete)

<u>Beispiel 1</u>: Hier werde ich dasselbe Beispiel wie im vorhergehenden Kapitel „Die Strahlensätze" nehmen. Auch die Skizze können Sie so übernehmen.

→ Wir nehmen das größere Dreieck um den kleineren der spitzen Winkel zu berechnen. Das machen wir mit der Tangensfunktion.

→ $\tan \alpha = \dfrac{1,2}{24}$ | $\tan^{-1}$ ($\tan \alpha$ liefert uns eine Zahl, die dem Seitenverhältnis $\dfrac{1,2}{24}$ entspricht. Um den Winkel α zu erhalten, müssen Sie auf Ihrem Taschenrechner die Taste $\tan^{-1}$ drücken.)

→ $\alpha = 2,862405226°$

→ Jetzt nehmen wir das kleine Dreieck und wenden wieder die Tangensfunktion an.

$\dfrac{0,8}{x} = \tan 2,862405226°$ |· x |: $\tan 2,862405226°$

→ x = 16

<u>Antwort</u>: Die waagerechte Kathete hat eine Länge von 16 m.

<u>Beispiel 2</u>: In einem rechtwinkligen Dreieck ist die Gegenkathete um 4 cm kürzer als die Ankathete. Der Winkel α beträgt 30°. Berechnen Sie die Länge der beiden Katheten und der Hypotenuse.

→ Wir bezeichnen die Länge der Ankathete mit x und die Länge der Gegenkathete mit x − 4.

→ Somit gilt: $\dfrac{x-4}{x}$ = tan 30° | · x

→ x – 4 = tan 30° · x

→ x – 4 = 0,577350269·x |+ 4 |- 0,577350269x

→ 0,422649731x = 4 |: 0,422649731

→ x = 9,4641

<u>Antwort</u>: Die Länge der Ankathete beträgt 9,46 cm. Die Länge der Gegenkathete somit 5,46 cm.

→ Die Länge der Hypotenuse kann man jetzt mithilfe des Satzes des Pythagoras oder mit Hilfe der Winkelfunktionen berechnen. Ich werde Ihnen beide Möglichkeiten vorführen.

→ <u>1. Möglichkeit</u>: Satz des Pythagoras

Allgemein lautet er: $a^2 + b^2 = c^2$

Hier: $9,4641^2 + 5,4641^2 = c^2$

→ $119,4255776 = c^2 \,|\, \sqrt{}$

→ c = 10,9282

→ <u>2. Möglichkeit</u>: Winkelfunktion

Allgemein: $\sin \alpha = \dfrac{Gegenkathete}{Hypotenuse}$

Hier: $\sin 30° = \dfrac{5,4641}{x}$ |· x |: sin 30°

→ $x = \dfrac{5,4641}{\sin 30°}$

→ x = 10,9282

<u>Antwort</u>: Beide Möglichkeiten liefern das gleiche Ergebnis. Die Länge der Hypotenuse beträgt also 10,93 cm.

<u>Beispiel 3</u>: Ostfriesland wurde im 15. und 16. Jahrhundert oftmals von Piraten heimgesucht. Damit man auf dem nächsten Pirateneinfall vorbereitet war, wurde von einem Beobachtungspunkt, der 40 m über dem Meeresspiegel lag, Ausschau nach den Piraten gehalten. Eines Tages entdeckte der Beobachter unter einem Senkungswinkel von 4° das Piratenschiff. Da zu diesem Zeitpunkt gerade Teezeit bei den Ostfriesen war, verließ der Beobachter seinen Posten und trank in aller Ruhe 3 Tassen Tee. Das war nun einmal so Sitte in Ostfriesland und das Piratenschiff konnte in der Zeit die Küste noch nicht erreicht haben. Anschließend bezog der Mann wieder seinen Beobachtungsstandort und konnte das Piratenschiff jetzt unter einem Senkungswinkel von 30° erblicken. Jetzt wurden blitzschnell der Bürgermeister und die Söldner informiert, dass wieder Gefahr von den Piraten drohte. Berechnen Sie:

a) Wie weit das Piratenschiff noch von der Küste entfernt ist.

b) Wie viel Meter das Piratenschiff von der ersten bis zur zweiten Beobachtung zurückgelegt hat. (siehe Skizze)

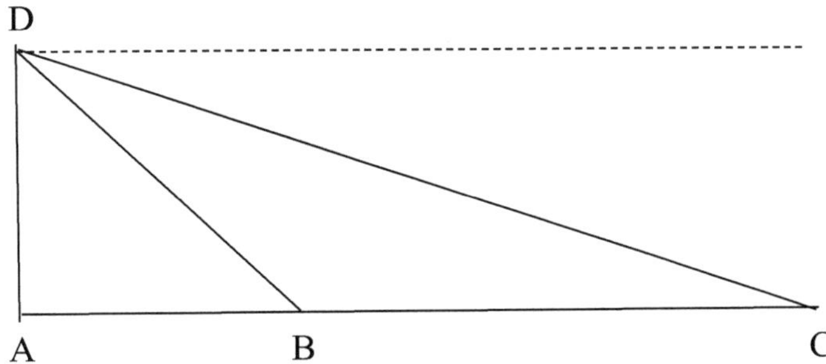

Der Winkel zwischen der gestrichelten Linie und der Strecke $\overline{DC}$ beträgt 4°. Der Winkel zwischen der gestrichelten Linie und der Strecke $\overline{DB}$ beträgt 30°. Weiterhin gilt: $\overline{AB}$ = x und $\overline{BC}$ = y.

Lösung: Den Winkel von 30° findet man in dem rechtwinkligen Dreieck ABD wieder. Er wird von den Seiten AB und BD eingeschlossen, denn es handelt sich hier um einen Wechselwinkel. Somit gilt:

$$\rightarrow \frac{40}{x} = \tan 30° \mid \cdot\, x \mid : \tan 30°$$

$$\rightarrow x = \frac{40}{\tan 30°}$$

$$\rightarrow x = 69{,}2820323$$

Den Winkel von 4° findet man in dem rechtwinkligen Dreieck ACD wieder. Er wird von den Seiten AC und CD eingeschlossen, denn es handelt sich hier wieder um einen Wechselwinkel. Somit gilt:

$$\rightarrow \frac{40}{y + 69{,}2820323} = \tan 4° \mid \cdot\, (y + 69{,}2820323) \mid : \tan 4°$$

$$\rightarrow \frac{40}{\tan 4°} = y + 69{,}2820323 \mid - 69{,}2820323$$

$$\rightarrow y = \frac{40}{\tan 4°} - 69{,}2820323$$

$$\rightarrow y = 502{,}744618$$

Antwort: Das Schiff ist nach der zweiten Beobachtung noch 69,28 m von der Küste entfernt. Das Schiff hat 502,74 m während des Beobachtungsintervalls zurückgelegt.

Wurde das Teetrinken den Ostfriesen zum Verhängnis?

F. **Das Berechnen von Wahrscheinlichkeiten**

Beispiel 1: Wenn man sich die 1 €-Münze genau anschaut, so ist auf der einen Seite die Zahl 1 zu erkennen und auf der anderen Seite das sog. Wappen. Die Münze wird jetzt einmal in die Luft geworfen, und Sie sollen mir die Wahrscheinlichkeiten für die folgenden Ereignisse nennen:
a) Wie groß ist die Wahrscheinlichkeit, dass die Zahl 2 zu sehen ist?

→ Da die Zahl 2 nicht auf der Münze zu sehen ist, wird diese Zahl auch nie ein Ereignis des Wurfes sein können. Die Wahrscheinlichkeit, dass die Zahl 2 zu sehen ist, beträgt also 0.

b) Wie groß ist die Wahrscheinlichkeit, dass entweder die Zahl 1 oder das Wappen zu sehen sind?

→ Da man immer die Zahl 1 oder das Wappen wirft, beträgt die Wahrscheinlichkeit für dieses Ereignis 1.

c) Wie groß ist die Wahrscheinlichkeit, das Wappen zu werfen?

→ Da nur 2 Ereignisse möglich sind, das Auftreten einer der beiden Ereignisse aber bei einer fairen Münze gleichwahrscheinlich ist, beträgt die Wahrscheinlichkeit $\frac{1}{2}$.

<u>Erkenntnis</u>: Die Wahrscheinlichkeit eines Ereignisses liegt immer zwischen 0 und 1, wobei 0 und 1 mit eingeschlossen sind.

Wenn man die Münze dreimal nacheinander wirft und die Wahrscheinlichkeit für das Ereignis, dass 2-Mal Wappen und 1-Mal Zahl geworfen wurde, wobei die Reihenfolge keine Rolle spielt, wissen möchte, so muss man schon etwas länger nachdenken.

<u>Lösung</u>: Man schreibt alle möglichen Ereignisse, die eintreten können auf. Diese Ereignisse werden zu einer Menge zusammengefasst, der sog. Ereignismenge.

→ M = {(W,W,W); (W,W,Z); (W,Z,W); (Z,W,W); (W,Z,Z); (Z,W,Z); (Z,Z,W); (Z,Z,Z)}

→ Es gibt also 8 Ereignisse, die alle gleichwahrscheinlich sind. Für uns sind die Ereignisse interessant, bei denen 2-Mal das W und 1-Mal das Z auftreten. Das sind genau 3 Ereignisse von insgesamt 8 Ereignissen. Somit beträgt die gesuchte Wahrscheinlichkeit $\frac{3}{8}$. Meistens benutzt man für die Veranschaulichung solcher Aufgaben ein Baumdiagramm.

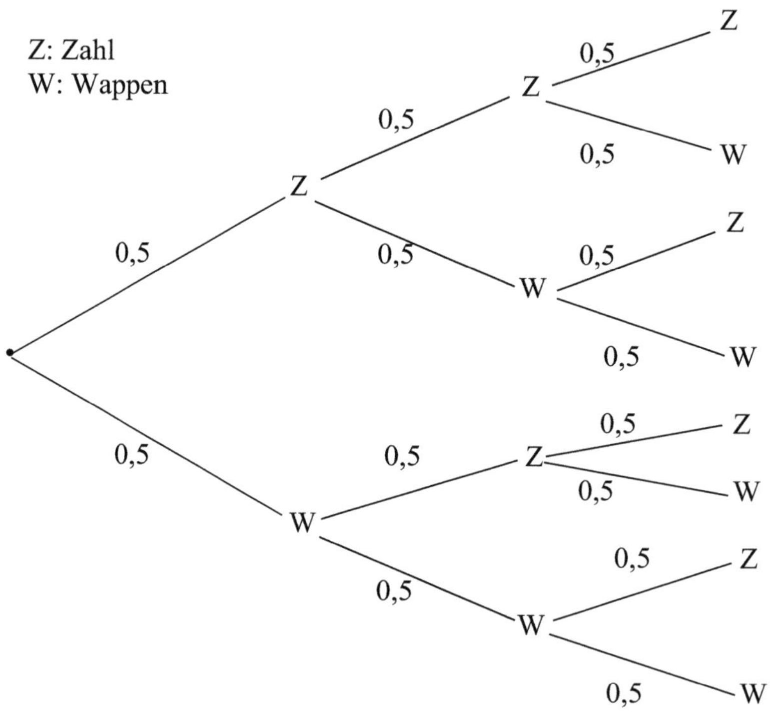

Der Baum besitzt insgesamt 8 Äste. Jeder Ast besitzt 3 Teiläste. Für unsere Aufgabe sind die Äste (W,W,Z); (W,Z,W) und (Z,W,W) interessant. Um die Wahrscheinlich eines Astes zu berechnen, muss man die Wahrscheinlichkeiten der zugehörigen Teiläste miteinander multiplizieren. Anschließend werden die Wahrscheinlichkeiten der drei Äste addiert. Für die Wahrscheinlichkeit benutzt man den Buchstaben p.

$$\rightarrow p(W,W,Z) + p(W,Z,W) + p(Z,W,W) = 0,5\cdot 0,5\cdot 0,5 + 0,5\cdot 0,5\cdot 0,5 + 0,5\cdot 0,5\cdot 0,5 = \frac{3}{8}$$

Beispiel 2: 8 Personen müssen drei Ländergrenzen passieren. Unter diesen 8 Personen befinden sich 3 Zigarettenschmuggler. An jedem Grenzübergang greift der Zollbeamte eine Person heraus und überprüft, ob er einen Schmuggler erwischt hat. Falls ja, so wird die Person verhaftet und darf die Grenze nicht passieren. Falls nicht, so dürfen alle Personen die Grenze bis zur nächsten Kontrolle passieren.
a) Zeichnen Sie das Baumdiagramm.
b) Berechnen Sie die Wahrscheinlichkeit, dass alle Schmuggler erwischt werden.
c) Berechnen Sie die Wahrscheinlichkeit, dass höchstens 1 Schmuggler erwischt wird.
d) Berechnen Sie die Wahrscheinlichkeit, dass mindestens 2 Schmuggler erwischt werden.

Lösung a):   S: Schmuggler
             N: kein Schmuggler

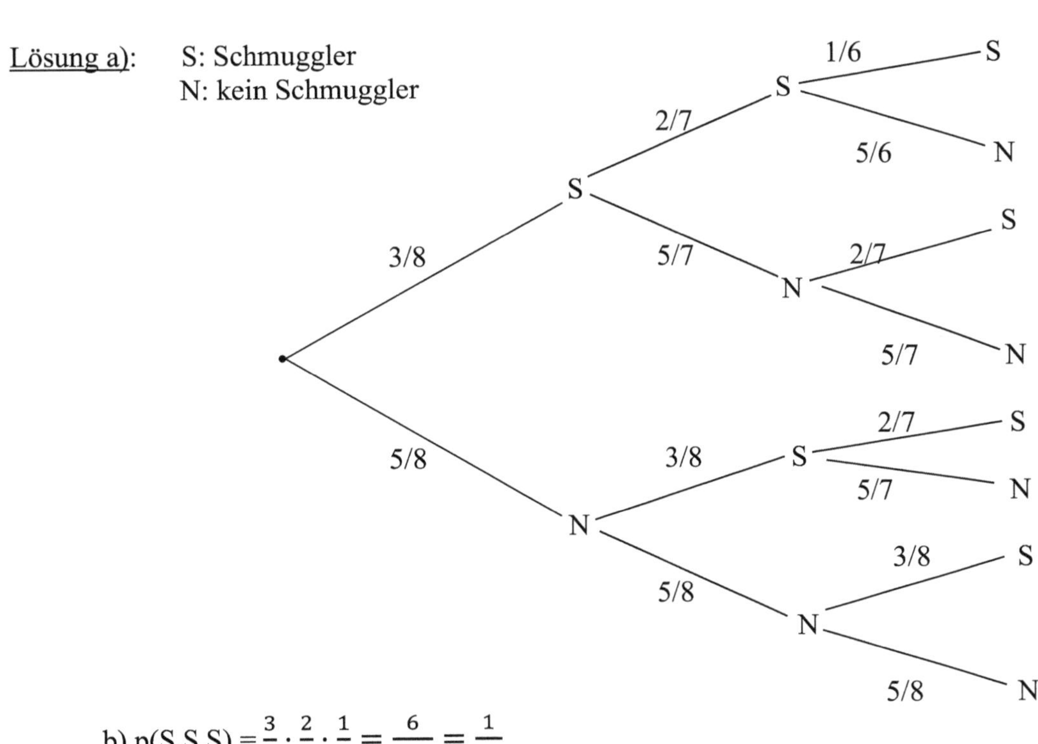

b) $p(S,S,S) = \frac{3}{8}\cdot\frac{2}{7}\cdot\frac{1}{6} = \frac{6}{336} = \frac{1}{56}$

Die Wahrscheinlichkeit alle 3 Schmuggler zu erwischen beträgt $\frac{1}{56}$.

c) $p(NS,NS,NS) + p(S,NS,NS) + p(NS,S,NS) + p(NS,NS,S) =$

$$\frac{5}{8}\cdot\frac{5}{8}\cdot\frac{5}{8} + \frac{3}{8}\cdot\frac{5}{7}\cdot\frac{5}{7} + \frac{5}{8}\cdot\frac{3}{8}\cdot\frac{5}{7} + \frac{5}{8}\cdot\frac{5}{8}\cdot\frac{3}{8} = \frac{1175}{1568}$$

Die Wahrscheinlichkeit höchstens einen Schmuggler zu erwischen, beträgt $\frac{1175}{1568}$ bzw. 74,94%.

d) $p(\text{mindestens 2 Schmuggler}) = p(S,S,S) + p(S,S,NS) + p(S,NS,S) + p(NS,S,S) =$

$$\frac{3}{8}\cdot\frac{2}{7}\cdot\frac{1}{6} + \frac{3}{8}\cdot\frac{2}{7}\cdot\frac{5}{6} + \frac{3}{8}\cdot\frac{5}{7}\cdot\frac{2}{7} + \frac{5}{8}\cdot\frac{3}{8}\cdot\frac{2}{7} = \frac{393}{1568}$$

Die Wahrscheinlichkeit mindestens zwei Schmuggler zu erwischen beträgt $\frac{393}{1568}$ bzw. 25,06%.

<u>Beispiel 3</u>: An der VHS Leer wird ein Deutschkurs für Migranten angeboten. Dieser Kurs wird von 8 Teilnehmern besucht, ausschließlich von Syrern und Afghanen. Die syrischen Teilnehmer sind in der Überzahl. In der Pause verlassen 2 Migranten nacheinander den Raum. Der Dozent stellt fest, dass die erste Person ein Afghane und die zweite Person ein Syrer ist. Die Wahrscheinlichkeit für diese Ereignis beträgt $\frac{15}{56}$. Können Sie rechnerisch die Anzahl der Syrer bzw. Afghanen bestimmen?

<u>Lösung</u>: Das Baumdiagramm, dass nur aus einem einzigen Ast besteht, sieht folgendermaßen aus:

$$\overset{\frac{x}{8}}{\underline{\qquad\qquad}}\ A\ \overset{\frac{8-x}{7}}{\underline{\qquad\qquad}}\ S$$

x: Anzahl der Afghanen
8 – x: Anzahl der Syrer

$$\rightarrow \frac{x}{8} \cdot \frac{8-x}{7} = \frac{15}{56}$$

$$\rightarrow \frac{x\cdot(8-x)}{56} = \frac{15}{56}\ |\ \text{über Kreuz multiplizieren}$$

$\rightarrow 840 = 56 \cdot x \cdot (8 - x)$
$\rightarrow 840 = 448x - 56x^2\ |+ 56x^2\ |- 448x$
$\rightarrow 56x^2 - 448x + 840 = 0\ |: 56$
$\rightarrow x^2 - 8x + 15 = 0$ (man löst diese Gleichung mit Hilfe der pq-Formel oder man faktorisiert die linke Seite der Gleichung)
$\rightarrow (x - 3) \cdot (x - 5) = 0$
$\rightarrow x_1 = 3;\ x_2 = 5$

<u>Antwort</u>: Es befinden sich 3 Afghanen und 5 Syrer in dem Kurs.

G. <u>Das Rechnen mit linearen Funktionen</u>

Eine Funktion ist eine Zuordnung, die jedem Element aus der Definitionsmenge genau ein Element aus der Wertemenge zuordnet. Für Laien: Jedem x-Wert wird genau ein y-Wert zugeordnet. Diese Zuordnung kann oftmals durch eine Funktionsgleichung beschrieben werden. Eine Funktion mit der Funktionsgleichung $y = mx + b$ nennt man eine lineare Funktion. Lineare Funktionen lassen sich grafisch in einem rechtwinkligen Koordinatensystem darstellen. Diese grafische Darstellung bezeichnet man als den Graphen der Funktion. Der Graph einer linearen Funktion ist immer eine Gerade. Bei dem Graphen einer linearen Funktion gibt m die Steigung der Geraden und b die Schnittstelle der Geraden mit der y-Achse an.

<u>Beispiel 1</u>: Gegeben ist die Funktion $y = 2x + 1$. Zeichnen Sie den Graphen dieser Funktion.

<u>Lösung</u>: Man erstellt sich zunächst eine sog. Wertetabelle. Die x-Werte sind frei wählbar und die y-Werte sind durch die Funktionsgleichung $y = 2x + 1$ festgelegt.

x	-3	-2	-1	0	1	2	3
y	-5	-3	-1	1	3	5	7

Diese Wertetabelle enthält 7 Punkte. Jeder Punkt hat eine x- und eine y-Koordinate. In der

Wertetabelle sind z.B. $P_1(-3; -5)$, $P_2(-1; -1)$, $P_3(2; 5)$ usw. Punkte. Die Punkte werden ins Koordinatensystem übertragen und dann verbindet man die Punkte miteinander. Man erhält eine Gerade, die die y-Achse bei 1 schneidet (siehe Skizze 1).

Die Steigung m ist ein Seitenverhältnis. Die Formel hierfür lautet: $m = \dfrac{y_1 - y_2}{x_1 - x_2}$. Sie wählen sich 2 beliebige Punkte (z.B. $P_1(-3; -5)$ und $P_5(1; 3)$) und können somit die Steigung der Geraden berechnen.

$$m = \frac{y_1 - y_2}{x_1 - x_2} = \frac{-5-3}{-3-1} = \frac{-8}{-4} = 2$$

Sehr schön kann man das Seitenverhältnis am sog. Steigungsdreieck der Geraden nachvollziehen. Die Steigung ist also das Seitenverhältnis von Gegenkathete zur Ankathete. Sie wissen bereits, dass dieses Seitenverhältnis identisch mit $\tan \alpha$ ist. Somit ist man auch in der Lage den Steigungswinkel der Geraden auszurechnen.

Beispiel 2: Ein Wasserhahn A füllt einen Behälter in 8 Stunden. Ein Wasserhahn B füllt den Behälter 3-Mal so schnell wie der Wasserhahn A. Berechnen Sie, wie lange das Füllen dauern würde, wenn beide Wasserhähne gleichzeitig in Betrieb sind. Veranschaulichen Sie das Problem zunächst anhand einer Skizze (siehe Skizze 2).

Lösung: Es wird zunächst festgestellt, welchen Bruchteil des Behälters die Wasserhähne in einer Stunde füllen. Hahn A würde $\frac{1}{8}$ und Hahn B $\frac{3}{8}$ des Behälters in einer Stunde füllen. Somit ergeben sich die folgenden Funktionsgleichungen:

→ Hahn A: $y = \frac{1}{8} \cdot x$, Hahn B: $y = \frac{3}{8} \cdot x$, wobei x für die Anzahl der Stunden steht.

→ Wenn beide Hähne zugleich den Behälter füllen, so würde der Behälter in 1 Stunde zur Hälfte gefüllt sein (Begründung: $\frac{1}{8} + \frac{3}{8} = \frac{1}{2}$). Somit ergibt sich für das gemeinsame Füllen die Funktionsgleichung $y = \frac{1}{2} \cdot x$. Da man wissen will, wie lange es dauert, bis der Behälter gefüllt ist, muss die x-Koordinate des Schnittpunktes von $y = \frac{1}{2} \cdot x$ und $y = 1$ berechnet werden. Die Funktion $y = 1$ besagt, dass der Behälter vollständig gefüllt ist.

→ Also: $\frac{1}{8} \cdot x + \frac{3}{8} \cdot x = 1$

→ $\frac{1}{2} \cdot x = 1 \mid \cdot 2$

→ $x = 2$

Antwort: Beide Hähne füllen den Behälter gemeinsam in 2 Stunden.

Beispiel 3: Zwei Wasserhähne A und B füllen einen sehr großen Behälter gemeinsam in 12 Stunden. Berechnen Sie, wie viel jeder Wasserhahn allein braucht, wenn Wasserhahn B für die Befüllung des Behälters 10 Stunden weniger braucht als Wasserhahn A. Veranschaulichen Sie das Problem zunächst anhand einer Skizze (siehe Skizze 3).

Lösung: Der Lösungsgedanke ist ähnlich wie der in Beispiel 2.

→ x: Zeit, die der Wasserhahn A zum Füllen des Behälters alleine braucht.

x – 10: Zeit, die der Wasserhahn B zum Füllen des Behälters alleine braucht.

→ Es ergibt sich die folgende Gleichung:

$$\frac{1}{x} + \frac{1}{x-10} = \frac{1}{12} \mid \cdot x \cdot (x-10) \cdot 12 \quad \text{(es wird mit dem Hauptnenner multipliziert)}$$

$$\rightarrow \frac{x \cdot (x-10) \cdot 12}{x} + \frac{x \cdot (x-10) \cdot 12}{x-10} = \frac{x \cdot (x-10) \cdot 12}{12} \quad \text{(es kann gekürzt werden)}$$

→ $12(x-10) + 12x = x(x-10)$

→ $12x - 120 + 12x = x^2 - 10x$

→ $24x - 120 = x^2 - 10x \,|- 24x \,|+ 120$

→ $x^2 - 34x + 120 = 0$ (Diese quadratische Gleichung kann mit der pq-Formel gelöst werden. Eine andere Möglichkeit wäre das Faktorisieren der linken Seite der Gleichung.)

→ $(x-30)\,(x-4) = 0$

→ $x_1 = 30;\ x_2 = 4$

→ Die richtige Lösung für diese Textaufgabe ist $x_1 = 30$, da der Wasserhahn A den Behälter nicht alleine in 4 Stunden füllen kann, wenn beide Wasserhähne zusammen schon 12 Stunden dafür brauchen.

<u>Antwort</u>: Wasserhahn A braucht 30 Stunden und Wasserhahn B braucht 20 Stunden für das Füllen des Behälters.

<u>Beispiel 4</u>: Eine Gerade g_1 verläuft durch die Punkte $P_1(6;\ 8)$ und $P_2(-12;\ -4)$. Eine andere Gerade g_2 besitzt die Funktionsgleichung $y_2 = \frac{3}{4}x - 2$. Berechnen Sie den gemeinsamen Schnittpunkt der beiden Geraden.

<u>Lösung</u>: Zuerst muss man die Funktionsgleichung der ersten Geraden bestimmen.

→ $y_1 = mx + b$ (m und b sind die Unbekannten, die berechnet werden müssen)

→ $m = \dfrac{y_1 - y_2}{x_1 - x_2} = \dfrac{8-(-4)}{6-(-12)} = \dfrac{12}{18} = \dfrac{2}{3}$

→ Die Funktion kann man vorläufig so schreiben: $y_1 = \frac{2}{3} \cdot x + b$. Es muss noch b bestimmt werden. Das macht man, indem man einen der beiden gegebenen Punkte in die Funktionsgleichung einsetzt und dann nach b auflöst.

→ Ich wähle den Punkt P_1

→ $8 = \frac{2}{3} \cdot 6 + b$

→ $8 = 4 + b \,|- 4$

→ $b = 4$

→ $y_1 = \frac{2}{3}x + 4$

→ Der Schnittpunkt zweier Geraden wird berechnet, indem die beiden Funktionen gleichgesetzt werden, also $y_1 = y_2$. Man löst nach x auf und anschließend berechnet man den y-Wert.

→ $\frac{2}{3}x + 4 = \frac{3}{4}x - 2 \,|+ 2 \,|- \frac{2}{3}x$

→ $6 = \frac{1}{12}x \,| \cdot 12$

→ $x = 72$ (das ist die x-Koordinate des Schnittpunktes)

→ Um die y-Koordinate des Schnittpunktes zu bestimmen, muss in y_1 oder y_2 eingesetzt werden. Ich wähle y_2.

→ $y = \frac{3}{4} \cdot 72 - 2 = 52$

→ Der Schnittpunkt lautet $S(72;\ 52)$.

Skizze 1:

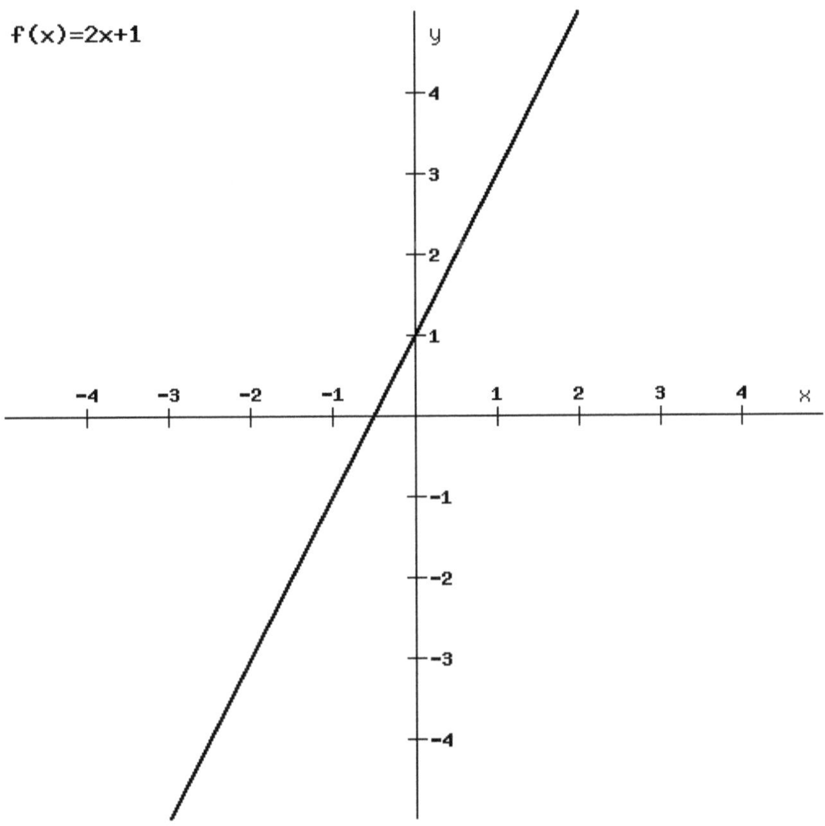

Skizze 2:

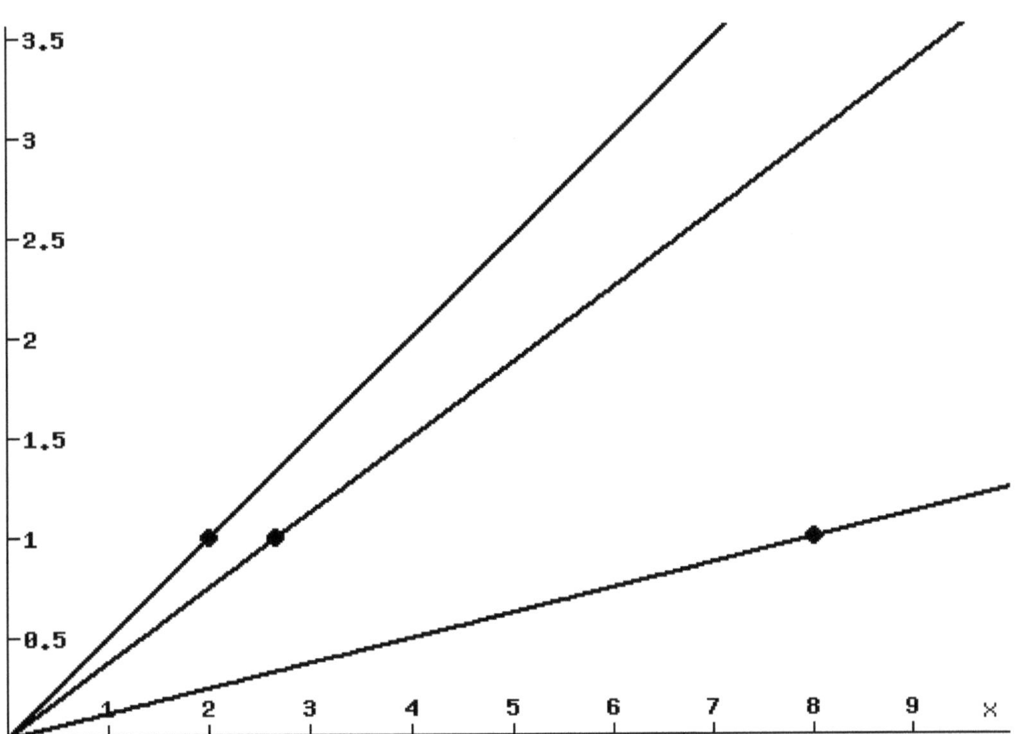

<u>Skizze 3:</u>

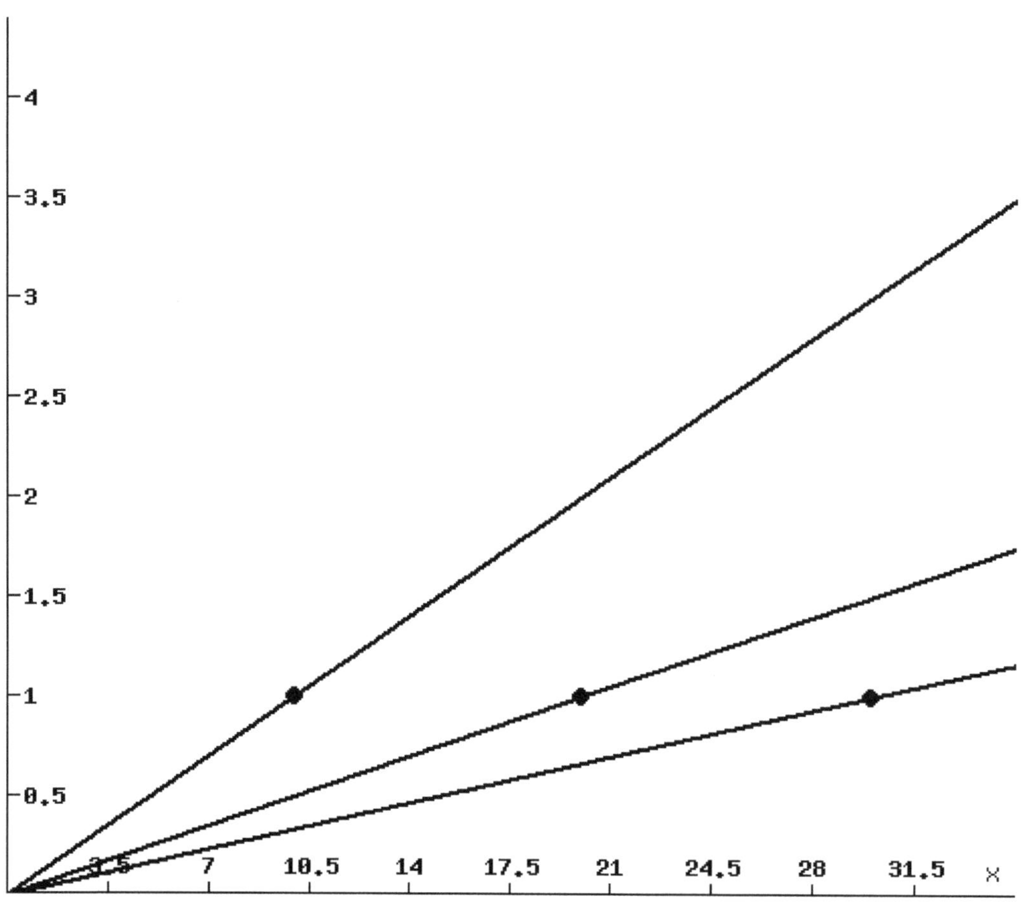

<u>Hinweis</u>: Die fett markierten Punkte in Skizze2 und Skizze3 geben an, in welcher Zeit der Behälter vollständig gefüllt ist. Bei der Zeit handelt es sich um die x-Koordinaten der Punkte. Alle fett markierten Punkte liegen auf der Geraden y = 1, die die vollständige Füllmenge der Behälter angibt.

Ich hoffe, dass Sie sich anhand dieser Beispiele wieder in die Realschulmathematik einarbeiten konnten. Ich hätte Ihnen noch weitere Beispiele zeigen können, bei denen die Bruchrechnung eine wesentliche Rolle spielt (z.B. Aufgaben zur Flächen- und Volumenberechnung, Aufgaben zum Sinussatz für allgemeine Dreiecke, Prozent- und Zinsrechnung, Aufgaben aus der Physik usw.). Das würde jedoch den Rahmen dieses Kapitels sprengen.

1.1.3 <u>Der Fall mit dem Begriff der Unendlichkeit</u>

Um den Begriff der Unendlichkeit zu klären, gehen wir zunächst zurück zu der Menge der ganzen Zahlen:

♦ Geometrisch gesehen, lassen sich die ganzen Zahlen mit Zirkel und Lineal auf der Zahlengeraden abtragen.

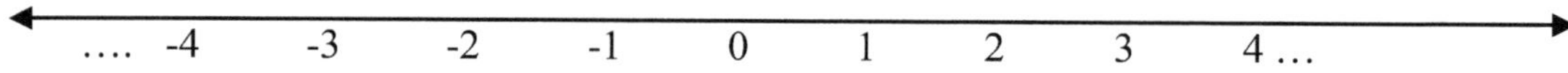

♦ Intuitiv erkennt man, dass es unendlich viele ganze Zahlen gibt. Die Differenz von zwei aufeinander folgenden Zahlen ist immer 1. Es gibt keine größte und keine kleinste ganze Zahl.

Jetzt kommen wir zu einem interessanten Phänomen. Wir wissen, dass es unendlich viele natürliche

Zahlen gibt. Weiterhin haben wir in „Ewalds Mathespielwiese – Teil 1" bewiesen, dass es unendlich viele Primzahlen gibt. Auch muss es unendlich viele ganze Zahlen geben, da die Menge der natürlichen Zahlen eine echte Teilmenge der ganzen Zahlen ist und diese Teilmenge bereits unendlich viele Zahlen besitzt. Aufgrund der weiteren Zahlenbereichserweiterungen muss es auch unendlich viele rationale bzw. reelle Zahlen geben. Jetzt kann man sich die **Frage** stellen, welche dieser Zahlenmengen die meisten Zahlen besitzt. Wenn Sie jetzt so argumentieren, dass eine echte Teilmenge immer weniger Elemente (Zahlen) haben muss als eine Obermenge, dann folgt daraus, dass es verschiedene Stufen des Unendlichkeitsbegriffes gibt. Auf unsere Zahlenbereichserweiterungen bezogen würde das bedeuten, dass die Anzahl der Primzahlen kleiner als die Anzahl der natürlichen Zahlen, die Anzahl der natürlichen Zahlen kleiner als die Anzahl der ganzen Zahlen, die Anzahl der ganzen Zahlen kleiner als die Anzahl der rationalen Zahlen und die Anzahl der rationalen Zahlen kleiner als die Anzahl der reellen Zahlen sein müsste.

In Kurzschreibweise: $Anz(P) < Anz(N) < Anz(Z) < Anz(Q) < Anz(R)$.

Die eine Unendlichkeit ist größer als die andere Unendlichkeit, diese wiederum größer als eine weitere Unendlichkeit usw. Außerdem stellt sich dann fast zwangsläufig die **Frage**, wie viele Stufen der Unendlichkeit es überhaupt gibt, endlich viele oder unendlich viele.
Mit solchen Fragen hat sich der Mathematiker Gregor Cantor beschäftigt. Die Beschäftigung mit dem Unendlichkeitsbegriff erscheint auf dem ersten Blick rein theoretischer Natur zu sein, also keine Praxisrelevanz zu haben. Aber denken Sie an die Baumstrukturen. Auch dieses theoretische Thema hat später insbesondere für die chemische Industrie eine praxisrelevante Bedeutung erlangt.

Um die oben genannten Fragen für unendliche Mengen zu beantworten, brauchen wir zunächst einige mathematische Fachbegriffe. Diese Fachbegriffe lassen sich am einfachsten herleiten, wenn man zunächst zwei endliche Mengen hinsichtlich ihrer Anzahl an Elementen miteinander vergleicht.

Beispiel 1: Gegeben seien die beiden Mengen A und B mit ihren Elementen:
$A = \{a; b; c; d\}$
$B = \{\alpha; \beta; \gamma; \delta\}$
Wir wollen feststellen, welche Menge die meisten Elemente besitzt. Sie werden sicherlich sagen, dass beide Mengen die gleiche Anzahl an Elementen haben, nämlich beide Mengen besitzen 4 Elemente. Das haben Sie festgestellt, indem Sie die Elemente der beiden Mengen jeweils durchnummeriert haben. Bei der Nummerierung benutzen Sie die Zahlen 1; 2; 3 und 4. Demzufolge muss die Menge $N_4 = \{1; 2; 3; 4\}$ etwas mit der Anzahl der Elemente der Mengen A und B zu tun haben. Der Zusammenhang zwischen der Menge N_4 und der Menge A bzw. B lässt sich grafisch folgendermaßen darstellen:

$A = \{a; \quad b; \quad c; \quad d\}$ $\qquad\qquad$ $B = \{\alpha; \quad \beta; \quad \gamma; \quad \delta\}$
$\updownarrow \quad \updownarrow \quad \updownarrow \quad \updownarrow$ $\qquad\qquad\qquad$ $\updownarrow \quad \updownarrow \quad \updownarrow \quad \updownarrow$
$N_4 = \{1; \quad 2; \quad 3; \quad 4\}$ $\qquad\qquad$ $N_4 = \{1; \quad 2; \quad 3; \quad 4\}$

Aufgrund der grafischen Veranschaulichung erhalten wir die folgende Definition:

Definition: Jedem Element der Menge A bzw. B wird genau eine Zahl aus der Menge N_4 zugeordnet. Umgekehrt wird jeder Zahl aus N_4 genau ein Element aus A bzw. B zugeordnet. Eine derartige Zuordnung nennt man eine **bijektive** Abbildung zwischen den Mengen A und B.

Folgerung: Wenn eine bijektive Abbildung zwischen zwei Mengen besteht, so haben beide Mengen die gleiche Anzahl an Elementen. Die Anzahl von Elementen wird auch als **Kardinalzahl** oder als **Mächtigkeit** einer Menge bezeichnet.
Auf unser Beispiel bezogen bedeutet das: Die Kardinalzahl von A bzw. die Mächtigkeit von A beträgt 4. Die Kardinalzahl von B bzw. die Mächtigkeit von B beträgt 4.

Jetzt wollen wir zwei unendliche Mengen betrachten, nämlich die Menge der natürlichen Zahlen

N = {1; 2; 3; 4; ...} und die Menge der Primzahlen P = {2; 3; 5; 7; 11; ...}. Welche dieser beiden Mengen besitzt die meisten Zahlen?

Intuitiv würden Sie sicher sagen, dass die Menge N mehr Zahlen besitzt, da die Menge der Primzahlen P eine echte Teilmenge von N ist. Damit wären die beiden Mengen nicht gleichmächtig und es würde dann keine bijektive Abbildung zwischen den beiden Mengen geben. Aber, Sie haben leider falsch gedacht. Natürlich gibt es eine bijektive Abbildung zwischen den beiden Mengen. Sie brauchen nur die Primzahlen zu nummerieren.

N = {1; 2; 3; 4; 5; 6; ...}   (aufzählende Schreibweise für N)

$$\updownarrow \quad \updownarrow \quad \updownarrow \quad \updownarrow \quad \updownarrow \quad \updownarrow$$

P = {2; 3; 5; 7; 11; 13; ...}   (aufzählende Schreibweise für P)

$\quad\quad P_1 \quad P_2 \quad P_3 \quad P_4 \quad P_5 \quad P_6 \; ...$

Bei dieser Aufzählung kommen alle natürlichen Zahlen als Indizes vor. Somit sind beide Mengen gleichmächtig.

<u>Folgerung</u>: Bei unendlichen Mengen kann eine echte Teilmenge genauso viele Elemente (Zahlen) besitzen wie die Obermenge.

<u>Definition</u>: Eine Menge, die gleichmächtig zu der Menge der natürlichen Zahlen N ist, heißt **abzählbar unendlich**.
Die Kardinalzahl einer Menge gibt die Anzahl der Elemente einer Menge an. Somit ist die Kardinalzahl von N oder von gleichmächtigen Mengen die kleinste unendliche Kardinalzahl. Wir wollen Sie mit Kard(N) bezeichnen.

Weitere abzählbar unendliche Mengen sind die Menge der ganzen Zahlen Z, die Menge der ungeraden Zahlen und die Menge der geraden Zahlen. Diese Mengen sind alle gleichmächtig zu der Menge der natürlichen Zahlen N. Es existiert also eine bijektive Abbildung zwischen der Menge der natürlichen Zahlen und den oben genannten Mengen.
Exemplarisch möchte ich die Gleichmächtigkeit von N und Z zeigen.

N = {1; 2; 3; 4; 5; 6; 7; 8; 9; ...} (aufzählende Schreibweise für N)

$$\updownarrow \quad \updownarrow \quad \updownarrow \quad \updownarrow \quad \updownarrow \quad \updownarrow \quad \updownarrow \quad \updownarrow \quad \updownarrow$$

Z = {0; -1; 1; -2; 2; -3; 3; -4; 4; ...} (aufzählende Schreibweise für Z; die Zahlen sind
$\quad\quad Z_1; \; Z_2; \; Z_3; \; Z_4; \; Z_5; \; Z_6; \; Z_7; \; Z_8; \; Z_9; \; ...$ betragsmäßig der Größe nach geordnet)

Jetzt zu den rationalen Zahlen! Gibt es mehr rationale Zahlen als natürliche Zahlen? Die Beantwortung dieser Frage ist nicht so einfach, denn im Gegensatz zu den ganzen Zahlen oder den Primzahlen gibt es zu jeder beliebig gewählten rationalen Zahl **keine** direkte Vorgänger- und keine direkte Nachfolgerzahl. Man kann deshalb die gesamten rationalen Zahlen **nicht** betragsmäßig der Größe nach ordnen, um sie dann in aufzählender Schreibweise alle aufzulisten. Deshalb wird es auch ein Problem sein, die rationalen Zahlen durchzunummerieren. Falls die Menge der rationalen Zahlen Q und die Menge der natürlichen Zahlen N gleichmächtig sein sollte, so muss man zunächst ein Schema bezüglich der Aufzählung sämtlicher rationaler Zahlen entwickeln. Die Schwierigkeit wird sein, ein Schema zu entwickeln, dass auch wirklich alle rationalen Zahlen umfasst.
Dieses Schema wurde vom Mathematiker Cantor entwickelt. Cantor konnte mit Hilfe dieses Schemas beweisen, dass die Menge N und die Menge Q gleichmächtig sind.

Mit anderen Worten:
- ♦ Zwischen den Mengen N und Q besteht eine bijektive Abbildung.
- ♦ Die rationalen Zahlen lassen sich durchnummerieren.
- ♦ Es gibt genauso viele rationale Zahlen wie natürliche Zahlen, obwohl N eine echte Teilmenge von Q ist.
- ♦ Q ist abzählbar unendlich, da Kard(N) = Kard(Q) ist.

Den Cantorschen Beweis, dass Q abzählbar unendlich ist, werde ich in Kapitel 1.1.5 bringen. Zunächst möchte ich Ihnen einiges über den bemerkenswerten Mathematiker Cantor erzählen.

Literatur: Pierre Basieux: „Abenteuer Mathematik – Brücken zwischen Wirklichkeit und Fiktion"; Rowohlt Taschenbuch Verlag GmbH; Hamburg 1999; Seite 94 – 100;

1.1.4 <u>Exkurs: Die Errungenschaften des Mathematikers Gregor Cantor</u>

1.1.4.1 <u>Cantor, Begründer der Mengenlehre</u>

Den meisten Schülern wird Gregor Cantor (1845 – 1918) als Begründer der Mengenlehre bekannt sein. Als ich noch Schüler war, war der Anteil der Mengenlehre im Mathematikunterricht weitaus höher als in der heutigen Zeit. Jeder Schüler musste die klassische Definition des Mengenbegriffs nach Cantor auswendig lernen. Sie lautet:

<u>Definition</u>: Unter einer Menge verstehen wir eine Zusammenfassung von bestimmten, wohl unterschiedenen Objekten unserer Anschauung oder unseres Denkens zu einem Ganzen. Die Objekte einer Zusammenfassung zu einem Ganzen nennen wir die Elemente der Menge.

Die Einführung der Mengenlehre hatte für die Mathematik weitreichende Folgen. Sie war ein Ausgangspunkt für den strukturellen Aufbau der Mathematik. Bei dem Strukturaspekt unterscheidet man die Ordnungsstruktur, die algebraische Struktur und die topologische Struktur von Mengen. Betrachten wir einmal die Menge der rationalen Zahlen Q. Die Menge der rationalen Zahlen ist eine geordnete Menge, da wir aufgrund der „< bzw. >-Verknüpfung" feststellen können, welche von zwei gegebenen rationalen Zahlen die größere bzw. die kleinere Zahl ist. Außerdem kann man mit rationalen Zahlen rechnen, wenn wir z.B. die Addition und Multiplikation auf die rationalen Zahlen anwenden. Hiermit ergeben sich die folgenden Gesetze:

1. $a + 0 = a$ (Es existiert bezüglich der Addition ein neutrales Element, nämlich die 0)
2. $a + (-a) = 0$ (Es existiert bezüglich der Addition ein inverses Element, nämlich $-a$)
3. $a + (b + c) = (a + b) + c$ (Es gilt das Assoziativgesetz bezüglich der Addition)
4. $a + b = b + a$ (Es gilt das Kommutativgesetz bezüglich der Addition)

→ Wenn diese vier Gesetze gültig sind, dann liegt die algebraische Struktur einer kommutativen Gruppe bezüglich der Addition vor.

5. $a \cdot 1 = a$ (Es existiert bezüglich der Multiplikation ein neutrales Element, nämlich die 1)
6. $a \cdot \frac{1}{a} = 1$ (Es existiert bezüglich der Multiplikation ein inverses Element, nämlich $\frac{1}{a}$; hierbei muss $a = 0$ ausgeschlossen werden, da man nicht durch 0 dividieren darf)
7. $a \cdot (b \cdot c) = (a \cdot b) \cdot c$ (Es gilt das Assoziativgesetz bezüglich der Multiplikation)
8. $a \cdot (b + c) = (a \cdot b) + (a \cdot c)$
   $(a + b) \cdot c = (a \cdot c) + (b \cdot c)$ (Es gilt das Distributivgesetz bezüglich der Multiplikation)
9. $a \cdot b = b \cdot a$ (Es gilt das Kommutativgesetz bezüglich der Multiplikation)

→ Wenn diese fünf Gesetze gültig sind, dann liegt die algebraische Struktur einer kommutativen Gruppe bezüglich der Multiplikation vor.

→ Gelten alle neun Gesetze, so liegt die algebraische Struktur eines kommutativen Körpers vor. Die Menge der rationalen Zahlen ohne die Null bilden also einen kommutativen Körper. Die Null müssen wir ausschließen, da es zu der Null bezüglich der Multiplikation kein inverses Element gibt.

<u>Fragen</u>: 1. Die Menge der rationalen Zahlen Q ist ein Körper und besitzt unendlich viele Elemente. Gibt es auch Körper mit endlich vielen Elementen?

2. Gibt es außer der Menge der rationalen Zahlen und der Menge der reellen Zahlen weitere kommutative Körper mit unendlich vielen Elementen?

<u>Antwort</u>: zu 1.) Es gibt unendlich viele Körper mit endlich vielen Elementen (ausführliche Begründung im Anhang).

zu 2.) Es gibt unendlich viele Körper mit unendlich vielen Elementen (ausführliche Begründung im Anhang)

Aus der Sicht der Strukturmathematik erfolgt ein Aufbau der Mathematik nicht mehr durch die Abhandlung historischer Teilgebiete der Mathematik (Algebra, Geometrie, Analysis usw.), sondern nach strukturellen Gesichtspunkten.

<u>Frage</u>: Was ist damit gemeint?

<u>Antwort</u>: Ich möchte Ihnen die strukturellen Eigenschaften in der Mathematik anhand von drei Beispielen erläutern.

<u>Beispiel 1</u>: Wir betrachten die Menge A, die aus den Elementen 1 und -1 besteht. Auf diese Menge wenden wir die Rechenoperation der Multiplikation an. Wie Sie alle wissen, gilt folgendes:

$1 \cdot 1 = 1$

$1 \cdot (-1) = -1$

$(-1) \cdot 1 = -1$

$(-1) \cdot (-1) = 1$

Tabellarisch aufgeschrieben, ergibt sich die folgende Tabelle:

$\cdot$	1	-1
1	1	-1
-1	-1	1

<u>Beispiel 2</u>: Wir betrachten die Menge B, die aus den geraden Zahlen (G) und den ungeraden Zahlen (U) besteht. Auf diese Menge wenden wir die Rechenoperation der Addition an. Wie man weiß, gilt folgendes:

Gerade Zahl + Gerade Zahl = Gerade Zahl

Gerade Zahl + Ungerade Zahl = Ungerade Zahl

Ungerade Zahl + Gerade Zahl = Ungerade Zahl

Ungerade Zahl + Ungerade Zahl = Gerade Zahl

Tabellarisch aufgeschrieben, ergibt sich die folgende Tabelle:

+	G	U
G	G	U
U	U	G

<u>Beispiel 3</u>: Wir betrachten die Menge C, die aus den Drehungen D und T, die man auf Rechtecke anwenden möchte, besteht. Bei der Drehung D soll es sich um eine Drehung eines Rechtecks um 0° handeln. Das Drehzentrum des Rechtecks sei der Schnittpunkt seiner Diagonalen. Bei der Drehung T soll es sich um eine Drehung des Rechtecks um 180° handeln. Das Drehzentrum sei wieder der Schnittpunkt der beiden Diagonalen. Wir wollen jetzt die Nacheinanderausführung der beiden Drehungen in einer Tabelle zusammenfassen.

DR	D	T
D	D	T
T	T	D

<u>Interpretation der Tabelle</u>: Folgende Nacheinanderausführungen der beiden Drehungen sind möglich:

1.) D (Dr) D: Wenn man das Rechteck 2 Mal um 0° dreht, so ist es das Gleiche, als wenn man es einmal um 0° drehen würde.

2.) T (Dr) T: Wenn man das Rechteck zweimal um 180° dreht, so ist es das Gleiche, als wenn man es einmal um 0° drehen würde.

3.) T (Dr) D: Wenn man das Rechteck zuerst um 180° und anschließend um 0° dreht, so ist es das Gleiche, als wenn man es lediglich um 180° drehen würde.

4.) D (Dr) T: Wenn man das Rechteck zuerst um 0° und anschließend um 180° dreht, so ist es das Gleiche, als wenn man es einmal um 180° drehen würde.

Die drei beschriebenen Beispiele sind inhaltlich verschieden, denn eine Menge von Drehungen bezogen auf Rechtecke ist verschieden von der Addition einer Menge gerader und ungerader Zahlen. Bei dem einen Beispiel handelt es sich um eine geometrische Operation; bei dem anderen Beispiel handelt es sich um eine arithmetische Rechenoperation.

Aber die Informationen dieser drei Tabellen kann man in einer einzigen Tabelle zusammenfassen. Wir bezeichnen die Elemente „1", „G" und „D" mit dem neutralen Namen „a". Außerdem bezeichnen wir die Elemente „-1", „U" und „T" mit dem neutralen Element „b". Die drei Rechenoperationen „·", „+" und „Dr" erhalten den neutralen Verknüpfungsnamen „♦". Somit erhalten wir für alle drei Beispiele die folgende Tabelle:

♦	a	b
a	a	b
b	b	a

Die drei Beispiele haben also die gleiche Struktur. Würde man die drei Beispiele weiterhin isoliert betrachten, so müsste man Aussagen, die sich auf diese drei Beispiele beziehen, getrennt beweisen.

Eine Aussage wäre z.B.: Beim zweimaligen Ausführen der Verknüpfung erhält man immer wieder ein Element aus der Menge. Die zugrunde liegende Menge ist abgeschlossen, d.h., eine zweimalige Verknüpfung zwischen den Elementen ergibt niemals ein Element, das nicht zu der Menge gehört. Ich möchte diese Aussage für die Menge B = {G, U} beweisen.

$$G + G + U = (G + G) + U = G + U = U$$
$$U + G + G = (U + G) + G = U + G = U$$
$$G + U + G = (G + U) + G = U + G = U$$
$$G + G + G = (G + G) + G = G + G = G$$
$$G + U + U = (G + U) + U = U + U = G$$
$$U + G + U = (U + G) + U = U + U = G$$
$$U + U + G = (U + U) + G = G + G = G$$
$$U + U + U = (U + U) + U = G + U = U$$

Wie Sie sehen, erhält man immer wieder die beiden Elemente „G" und „U", die zur Menge B gehören. Der Leser kann sicherlich den Beweis für die Abgeschlossenheit der Mengen A und C selbständig erbringen.

Da wir wissen, dass die Mengen A, B und C mit den definierten Verknüpfungen strukturgleich sind, stellt sich natürlich die Frage, ob man den Beweis der obigen Aussage nicht lediglich auf die Strukturtabelle hätte beziehen können. Wir wollen diesen Gedanken zu Ende führen:

$$a \blacklozenge a \blacklozenge a = (a \blacklozenge a) \blacklozenge a = a \blacklozenge a = a$$
$$a \blacklozenge a \blacklozenge b = (a \blacklozenge a) \blacklozenge b = a \blacklozenge b = b$$
$$a \blacklozenge b \blacklozenge a = (a \blacklozenge b) \blacklozenge a = b \blacklozenge a = b$$
$$b \blacklozenge a \blacklozenge a = (b \blacklozenge a) \blacklozenge a = b \blacklozenge a = b$$
$$a \blacklozenge b \blacklozenge b = (a \blacklozenge b) \blacklozenge b = b \blacklozenge b = a$$
$$b \blacklozenge b \blacklozenge a = (b \blacklozenge b) \blacklozenge a = a \blacklozenge a = a$$
$$b \blacklozenge a \blacklozenge b = (b \blacklozenge a) \blacklozenge b = b \blacklozenge b = a$$
$$b \blacklozenge b \blacklozenge b = (b \blacklozenge b) \blacklozenge b = a \blacklozenge b = b$$

Wie Sie sehen, ist auch die Menge M = {a; b} bezüglich der Verknüpfung „$\blacklozenge$" abgeschlossen.

<u>Folgerung</u>: Aus ökonomischen Gründen ist es sinnvoller, Aussagen für strukturgleiche Gebilde **allgemein** zu beweisen. Man kann dann die bewiesenen Aussagen konkret für jedes einzelne strukturgleiche Gebilde als bewiesen ansehen. Diese Vorgehensweise ist der Kernpunkt der Strukturmathematik.

Erst seit 1935 arbeiten einige Mathematiker daran, die gesamte Mathematik unter dem Strukturaspekt zu gliedern. Dieses Bemühen hat auch einen Einfluss auf die Schulmathematik gehabt. In den 70-er Jahren des 20. Jahrhunderts wurden die Mengenlehre und die darauf basierende Strukturmathematik in der Schule eingeführt, sehr zum Leidwesen der Eltern, die plötzlich ihren Kindern nicht mehr bei den Hausaufgaben unterstützen konnten. Auch Nachhilfelehrer, die sich mit der Mengenlehre und der Strukturmathematik auskannten, waren kaum zu finden. Klassische Themengebiete mussten aus Zeitgründen aus dem Stoffplan für Mathematik gestrichen werden. Heute spielt die Strukturmathematik an der Fachoberschule keine Rolle mehr. Kaum ein Schüler wird noch mit den algebraischen Strukturen einer **Gruppe**, eines **Ringes** oder eines **Körpers** im Schulunterricht konfrontiert. Als Relikte der Strukturmathematik sind lediglich das **Assoziativgesetz**, das **Distributivgesetz** und das **Kommutativgesetz** übriggeblieben. Aber auch diese Gesetze werden nicht mehr an allen Schulen gelehrt.

Auch die Mengenlehre führt heute an der Fachoberschule ein kümmerliches Dasein. Meistens werden die Begriffe „**Grundmenge**", „**Definitionsmenge**" und „**Lösungsmenge**" in der Gleichungslehre vermittelt. Häufig werden die Schüler mit den Begriffen „**Vereinigungsmenge**", „**Restmenge**" und „**Durchschnittsmenge**" vertraut gemacht. Das war es aber auch schon, was von der Mengenlehre übriggeblieben ist.

An diesem Beispiel haben Sie erfahren, dass neue wissenschaftliche Strömungen der Mathematik durchaus Eingang in die Schulmathematik finden. Nach der Erprobungsphase bleiben diese neuen Themengebiete erhalten oder sie sind relativ schnell wieder aus dem Lehrplan verschwunden.

Wie Sie sehen, hat die Mengenlehre Cantors sowohl in der Mathematik als reine Wissenschaft (ein Ausgangspunkt für die Entwicklung der Strukturmathematik) als auch in der Schulmathematik (Änderung der Stoffpläne; meist frustrierte Schüler und Eltern) einiges bewirkt.

Literatur: Walter Jung und Rudolf Brauner: „Das Abiturwissen – FischerKolleg 2"; Fischer Taschenbuchverlag GmbH; Frankfurt am Main 1973; Seite 10 - 13

1.1.4.2 <u>Cantor, Entdecker von Eigenschaften des Unendlichen – Teil 1</u>

Bezüglich der Unendlichkeit von Zahlenmengen hat Cantor die folgenden wichtigen Entdeckungen gemacht:

1.) Cantor wies nach, dass es nicht mehr rationale Zahlen als natürliche Zahlen geben kann. Er entwickelte eine bijektive Zuordnung zwischen den natürlichen und den rationalen Zahlen, so dass man die rationalen Zahlen durchnummerieren konnte. Es gilt somit: Kard(N) = Kard(Q)

2.) Cantor wies nach, dass es mehr reelle Zahlen als natürliche Zahlen geben muss. Er konnte nachweisen, dass es keine bijektive Abbildung zwischen der Menge N und der Menge R gibt. Es gilt somit: Kard(R) > Kard(N).
(Den Beweis für diese Aussage finden Sie in „Ewalds Mathespielwiese – Teil 3)
Er hatte somit zum ersten Mal eine größere unendliche Kardinalzahl als Kard(N) gefunden. Die Anzahl der reellen Zahlen war nicht abzählbar unendlich, sondern überabzählbar unendlich.
3.) Cantor wies nach, dass es unendlich viele verschiedene Mengen gibt, deren Kardinalzahlen alle unterschiedlich und alle größer als Kard(N) sind.
(Eine nähere Begründung finden Sie im Anhang)

Für diese Entdeckungen waren die damaligen Mathematiker noch nicht reif. Auch hinsichtlich der Bedeutung dieser Entdeckungen waren die Mathematiker gespalten. Gerade die Beschäftigung mit dem Unendlichkeitsbegriff machte Cantor zu einem Außenseiter für die Mathematiker.
Cantor wurde hinsichtlich der Inhalte seiner mathematischen Veröffentlichungen sein ganzes Leben lang von Fachkollegen kritisiert. Die ständigen Kritiken führten schließlich bei Cantor zu Depressionen. Seine Depressionen häuften sich und zwangen ihn zu mehrfachen Aufenthalten in verschiedenen Nervenkliniken. Seine Krankheit verschlimmerte sich derart, dass er seine Lehrtätigkeit aufgeben musste. Im Jahre 1918 ist Gregor Cantor in einer Klinik für Geisteskranke gestorben.

1.1.5 <u>Der Fall mit der abzählbaren Unendlichkeit der rationalen Zahlen</u>

Wie ich im vorhergehenden Kapitel bereits erwähnt habe, muss man ein Schema entwickeln, dass alle rationalen Zahlen der Form $\frac{a}{b}$, wobei a und b alle natürlichen Zahlen durchlaufen, enthält. Dieses Schema sieht nach Cantor folgendermaßen aus:

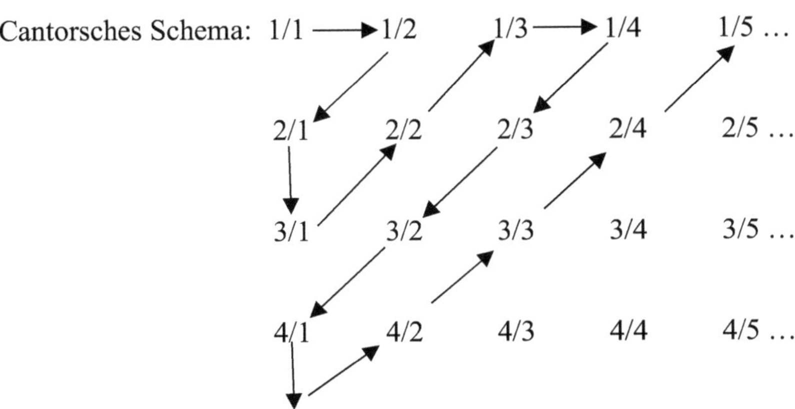

Das Schema ist so aufgebaut, dass der Zähler die Zeile und der Nenner die Spalte eines jeden Bruches angibt. Das Schema enthält somit alle positiven rationalen Zahlen.

Cantor hat dem vorliegenden Schema einen Weg verpasst, so dass man jede Zahl, ausgehend von $\frac{1}{1}$, nach endlich vielen Schritten erreichen kann. Die Pfeile zeigen Ihnen diesen Weg. Die Durchnummerierung der Brüche, beginnend mit $\frac{1}{1}$, erfolgt jetzt auf diesem vorgegebenen Weg, wobei man ungekürzte Brüche (z.B. $\frac{2}{4}, \frac{3}{6}, \frac{4}{8}$ usw.) überspringen muss, damit jeder Bruch auch nur einmal und nicht mehrfach vorkommt. Nach diesem Schema lassen sich alle positiven rationalen Zahlen durchnummerieren. Damit besteht also eine bijektive Abbildung zwischen N und Q_+. Die beiden Mengen sind also gleichmächtig. Deshalb ist die Menge der positiven rationalen Zahlen abzählbar unendlich.

Für die negativen rationalen Zahlen entwickelt man das gleiche Schema, nur mit der Ausnahme, dass alle Zahlen ein Minuszeichen erhalten. Somit stellen wir wieder fest, dass sich alle negativen rationalen Zahlen durchnummerieren lassen. Deshalb ist auch diese Menge abzählbar unendlich. Wenn wir jetzt beide abzählbar unendlichen Mengen (Q$_+$; Q$_-$) vereinigen, so erhalten wir wieder eine abzählbar unendliche Menge, nämlich die Menge der rationalen Zahlen. Das folgende Schema soll diese Aussage verdeutlichen.

Schema für alle rationalen Zahlen:

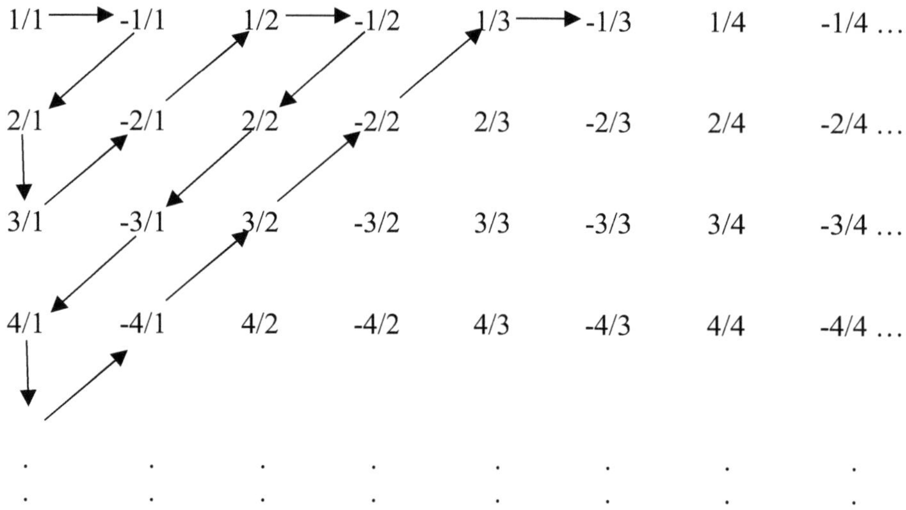

In diesem Schema sind alle rationalen Zahlen enthalten. Man kann sie alle auf dem vorgegebenen Weg durchnummerieren. Damit ist wieder gezeigt, dass die Menge der rationalen Zahlen abzählbar unendlich ist.

Literatur: Pierre Basieux: „Abenteuer Mathematik – Brücken zwischen Wirklichkeit und Fiktion"; Rowohlt Taschenbuch
Verlag GmbH; Hamburg 1999; Seite 106 - 107

1.1.6 Der Fall mit der Dichte der rationalen Zahlen

Satz: Es seien a und b zwei unterschiedliche rationale Zahlen. Man kann stets eine weitere rationale Zahl finden, die zwischen diesen beiden Zahlen liegt.

Beweis: Da a und b zwei unterschiedliche rationale Zahlen sind, muss die eine der beiden Zahlen kleiner als die andere sein. Wir wollen voraussetzen, dass a kleiner als b ist.
Es gilt: $a < b$
$\rightarrow a + a < a + b < b + b$
$\rightarrow 2a < a + b < 2b \mid : 2$
$\rightarrow a < \dfrac{a+b}{2} < b$
$\rightarrow$ Die rationale Zahl, die zwischen a und b liegt, heißt $\dfrac{a+b}{2}$.

Satz: Es seien a und b zwei unterschiedliche rationale Zahlen. Die Differenz d_1 zwischen der rationalen Zahl $\dfrac{a+b}{2}$ und a ist identisch mit der Differenz d_2 zwischen der rationalen Zahl b und $\dfrac{a+b}{2}$.

Beweis: Es gilt $a < \dfrac{a+b}{2} < b$ (siehe den Beweis des vorherigen Satzes)
$\rightarrow$ Es gibt Differenzen d_1 und d_2 mit den folgenden Eigenschaften:
$a + d_1 = \dfrac{a+b}{2}$ und $\dfrac{a+b}{2} + d_2 = b$
$\rightarrow$ Wir lösen beide Gleichungen nach d_1 bzw. d_2 auf.

$$d_1 = \frac{a+b}{2} - a \quad \text{und} \quad d_2 = b - \frac{a+b}{2}$$

$\rightarrow$ Wir wollen nachweisen, dass $\frac{a+b}{2} - a = b - \frac{a+b}{2}$ gilt.

Annahme: Die obige Aussage $\frac{a+b}{2} - a = b - \frac{a+b}{2}$ sei richtig.

Beweis: $\frac{a+b}{2} - a = b - \frac{a+b}{2} \; |+ \frac{a+b}{2} \; |+ a$

$\rightarrow \quad \frac{a+b}{2} + \frac{a+b}{2} = b + a$

$\rightarrow \quad 2 \cdot \frac{a+b}{2} = a + b$

$\rightarrow \quad a + b = a + b \; |- b$

$\rightarrow \quad a = a$

$\rightarrow$ Es handelt sich um eine wahre Aussage. Damit ist die obige Annahme richtig.

Satz: Es seien a und b zwei unterschiedliche rationale Zahlen. Zwischen diesen beiden Zahlen liegen beliebig viele (unendlich viele) andere rationale Zahlen. Diese Eigenschaft der rationalen Zahlen wird als **Dichte** bezeichnet.

Beweis: Es gilt a < b

$\rightarrow$ Wir bilden den Mittelwert dieser beiden Zahlen und erhalten die Beziehung

$a < \frac{a+b}{2} < b$ (vorletzter Beweis)

$\rightarrow$ Wir betrachten jetzt die beiden rationalen Zahlen a und $\frac{a+b}{2}$. Wir bilden den Mittelwert dieser beiden Zahlen.

Er lautet: $\dfrac{a+\frac{a+b}{2}}{2} = \frac{a}{2} + \frac{a+b}{4} = \frac{2a+a+b}{4} = \frac{3a+b}{4}$

$\rightarrow$ Es gilt also: $a < \frac{3a+b}{4} < \frac{a+b}{2} < b$

$\rightarrow$ Wir betrachten jetzt die beiden Zahlen a und $\frac{3a+b}{4}$. Wir bilden den Mittelwert dieser beiden Zahlen.

Er lautet: $\dfrac{a+\frac{3a+b}{4}}{2} = \frac{a}{2} + \frac{3a+b}{8} = \frac{4a+3a+b}{8} = \frac{7a+b}{8}$

$\rightarrow$ Es gilt also: $a < \frac{7a+b}{8} < \frac{3a+b}{4} < \frac{a+b}{2} < b$

$\rightarrow$ Wir betrachten jetzt die beiden Zahlen a und $\frac{7a+b}{8}$. Wir bilden wieder den Mittelwert dieser beiden Zahlen.

Er lautet: $\dfrac{a+\frac{7a+b}{8}}{2} = \frac{a}{2} + \frac{7a+b}{16} = \frac{8a+7a+b}{16} = \frac{15a+b}{16}$

$\rightarrow$ Es gilt also: $a < \frac{15a+b}{16} < \frac{7a+b}{8} < \frac{3a+b}{4} < \frac{a+b}{2} < b$

$\rightarrow$ Wenn wir so weiter verfahren, erhalten wir eine Folge von Mittelwerten. Die Folge der Mittelwerte sieht folgendermaßen aus:

$$M_n = \frac{a+b}{2}; \frac{3a+b}{4}; \frac{7a+b}{8}; \frac{15a+b}{16}; \frac{31a+b}{32}; \frac{63a+b}{64}; \ldots \text{usw.}$$

$\rightarrow$ Man erkennt eine Gesetzmäßigkeit im Aufbau der Mittelwerte. Sie lautet:

$$M_n = \frac{(2^1-1)a+b}{2^1}; \frac{(2^2-1)a+b}{2^2}; \frac{(2^3-1)a+b}{2^3}; \frac{(2^4-1)a+b}{2^4}; \ldots \text{usw.}$$

$\qquad$ 1. Glied $\qquad$ 2. Glied $\qquad$ 3. Glied $\qquad$ 4. Glied

Allgemein: $M_n = \frac{(2^n-1)a+b}{2^n}$, wobei n alle natürlichen Zahlen durchläuft.

→ Da es unendlich viele natürliche Zahlen n gibt, muss es auch unendlich viele Mittelwerte M_n geben.

Wenn der Leser immer noch unsicher sein sollte, ob die Mittelwerte M_n kleiner als b und größer als a sind, so kann man die Richtigkeit dieser Eigenschaft auch durch einen anderen Beweis überprüfen.

Aussage: $M_n = \frac{(2^n-1)a+b}{2^n} > a$

Diese Aussage ist gültig für n, wobei n alle natürlichen Zahlen durchläuft, und für alle rationalen Zahlen a und b, wobei b größer als a ist.

Beweis: $\frac{(2^n-1)a+b}{2^n} = \frac{2^n a-a+b}{2^n} = \frac{2^n a}{2^n} - \frac{a}{2^n} + \frac{b}{2^n} = a + \frac{1}{2^n} \cdot (b-a)$

zu zeigen: $a + \frac{1}{2^n}(b-a) > a$

→ Da $b > a$ ist, muss die Differenz $(b-a) > 0$ sein. Da bei dem Bruch $\frac{1}{2^n}$ sowohl der Zähler als auch der Nenner positiv ist, muss der Bruch $\frac{1}{2^n}$ ebenfalls positiv sein.

→ Deshalb muss der Ausdruck $\frac{1}{2^n}(b-a)$ ebenfalls positiv sein, denn das Produkt von zwei positiven Zahlen ist immer positiv.

→ Demzufolge muss $\frac{(2^n-1)a+b}{2^n} = a + \frac{1}{2^n}(b-a) > a$ sein, da eine positive Zahl $(\frac{1}{2^n}(b-a))$ zu a addiert wird.

→ Somit ist die Aussage wahr, dass alle Mittelwerte $M_n > a$ sind.

Aussage: $M_n = \frac{(2^n-1)a+b}{2^n} < b$

Diese Aussage ist gültig für n, wobei n alle natürlichen Zahlen durchläuft, und für alle rationalen Zahlen a und b, wobei b größer als a ist.

Beweis: $\frac{(2^n-1)a+b}{2^n} = \frac{2^n a-a+b}{2^n} = \frac{2^n a}{2^n} - \frac{a}{2^n} + \frac{b}{2^n} = a + \frac{1}{2^n}(b-a)$

→ Zu zeigen: $a + \frac{1}{2^n}(b-a) < b$

→ Für die Zahl b gilt: $b = a + 1(b-a)$; die Richtigkeit dieser Aussage können Sie durch Auflösung der Klammer nachvollziehen.

→ Somit muss folgende Beziehung bewiesen werden:

$a + \frac{1}{2^n}(b-a) < a + 1(b-a)$

→ $a + \frac{1}{2^n}(b-a) < a + 1(b-a) \,|- a$

→ $\frac{1}{2^n}(b-a) < 1(b-a) \,|: (b-a)$

→ $\frac{1}{2^n} < 1$ (Das Ungleichheitszeichen ändert sich nicht, weil durch eine positive Zahl dividiert wurde.)

→ $\frac{1}{2^n} < 1$ ist eine wahre Aussage für alle n, da der Nenner 2^n immer größer als 1 ist. Somit ist der Nenner für alle n größer als der Zähler. Wenn der Nenner größer als der Zähler ist, so ist der Bruch immer kleiner als 1.

→ Somit ist die Aussage wahr, dass alle Mittelwerte $M_n < b$ sind.

Fazit: Die Menge der rationalen Zahlen ist dicht, da zwischen zwei beliebigen rationalen Zahlen immer unendlich viele andere rationale Zahlen liegen. Es stellt sich jetzt die Frage, ob man aus der Dichte der rationalen Zahlen folgern kann, dass die rationalen Zahlen die Zahlengerade vollständig ausfüllen. Auf den ersten Blick sieht es so aus, aber seien Sie lieber mit Ihrem Urteil vorsichtig. Es kann ja sein, dass die Zahlengerade trotz der Dichte der rationalen Zahlen immer noch Lücken aufweist. Die obige Frage werde ich im übernächsten Kapitel noch einmal aufgreifen und Ihnen dann eine Antwort präsentieren.

1.1.7 <u>Der Fall mit der Darstellung der rationalen Zahlen auf der Zahlengeraden</u>

Die natürlichen und die ganzen Zahlen lassen sich sehr einfach auf der Zahlengeraden darstellen. Aber lässt sich auch jeder Bruch haargenau auf der Zahlengeraden darstellen?
Im Unterricht wird die Lage der Brüche auf der Zahlengeraden geschätzt und dann abgetragen. Um nicht den Verdacht der Ungenauigkeit in der Mathematik aufkommen zu lassen, werde ich Ihnen ein Modell zeigen, mit dessen Hilfe Sie die Lage der Brüche auf der Zahlengeraden genau konstruieren können.

<u>Konstruktionsverfahren</u>: Es wird eine Gerade g gezeichnet. Auf dieser Geraden werden zwei Punkte U und E_1 ausgewählt, wobei U die Zahl 0 und E_1 die Zahl 1 repräsentiert. Anschließend erfolgt eine Skalierung der Geraden g, indem man die Strecke $\overline{UE_1}$ in den Zirkel nimmt und n-Mal von U aus in beiden Richtungen abträgt. Die entstehenden Punkte E_1, E_2, E_3, E_4, ..., E_n, die alle rechts von U liegen, symbolisieren die Zahlen 1, 2, 3, 4 bis n. Die entstehenden Punkte E'_1, E'_2, E'_3, E'_4, ..., E'_n, die alle links von U liegen, symbolisieren die Zahlen -1, -2, -3, -4 bis –n.
Anschließend zeichnet man eine von g verschiedene Gerade h, die durch den Punkt U verläuft. Auch diese Gerade wird skaliert, indem man einen Punkt P_1 rechts von U auf dieser Geraden auswählt. Der Punkt P_1 symbolisiert die Zahl 1. Das weitere Vorgehen entspricht dem der Geraden g. Man erhält schließlich das folgende Modell:

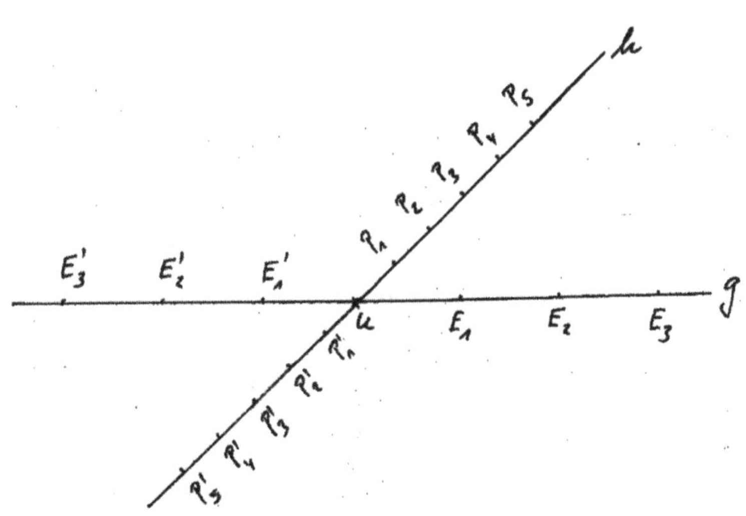

Wenn man jetzt den Bruch $\dfrac{a}{b}$ auf der Zahlengeraden darstellen möchte, so verbindet man den Punkt P_b der Geraden h mit dem Punkt E_1 der Geraden g. Man erhält die Strecke P_bE_1. Jetzt erfolgt eine Parallelverschiebung dieser Strecke. Die parallele Strecke muss durch den Punkt P_a verlaufen. Diese Strecke schneidet die Gerade g im Punkt Z. Dieser Punkt Z symbolisiert dann den Bruch $\dfrac{a}{b}$.
Zur Verdeutlichung dieses Verfahrens möchte ich Sie mit drei konkreten Beispielen konfrontieren.

<u>Beispiele</u>: a) Wir wollen die Brüche $\dfrac{4}{5}$ und $\dfrac{8}{10}$ mit Hilfe dieses Verfahrens darstellen. Der Schnittpunkt der beiden entstehenden Strecken muss identisch sein, da $\dfrac{8}{10}$ gekürzt werden kann und man dann den Wert $\dfrac{4}{5}$ erhält.

b) Wir wollen die Brüche $\dfrac{3}{7}$ und $\dfrac{5}{3}$ auf der Zahlengeraden darstellen.

c) Wir wollen den Bruch $-\dfrac{2}{3}$ auf der Zahlengeraden darstellen.

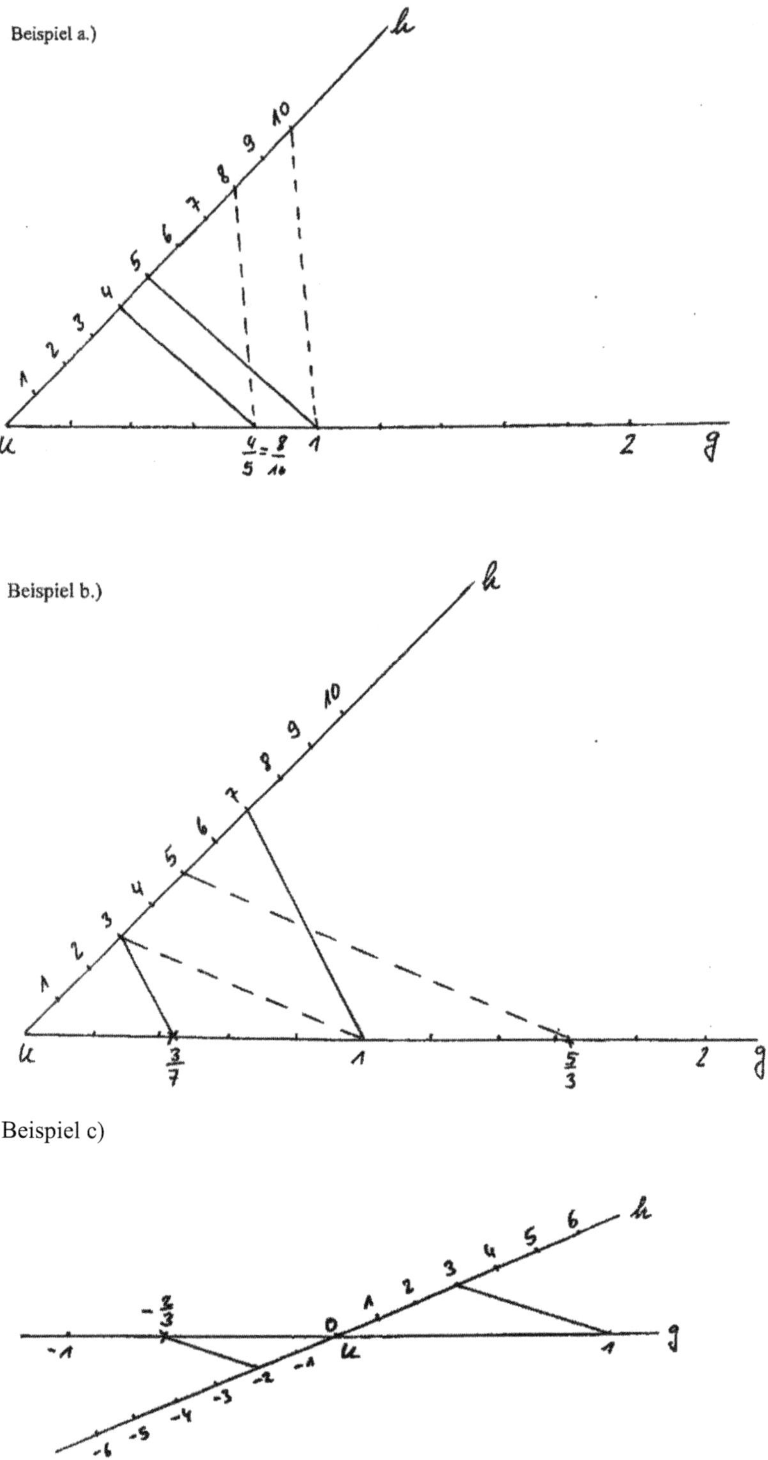

Literatur: Walter Jung und Rudolf Brauner: „Das Abiturwissen – FischerKolleg 2"; Fischer Taschenbuchverlag GmbH; Frankfurt am Main 1973; Seite 98

1.1.8 <u>Der Fall mit der Dezimalbruchentwicklung</u>

Jeder von Ihnen hat im 5. Schuljahr zum ersten Mal Bekanntschaft mit den Dezimalzahlen gemacht. Man unterscheidet folgende Dezimalzahlen:

1.) Dezimalzahlen mit einer endlichen (abbrechenden) Anzahl an Nachkommastellen. Sie werden auch als **endliche Dezimalzahlen** bezeichnet.

Beispiele: 0,45 → es existieren 2 Nachkommastellen
0,125 → es existieren 3 Nachkommastellen

2.) Dezimalzahlen mit einer nicht endlichen (nicht abbrechenden) Anzahl an Nachkommastellen, wobei die Nachkommastellen periodisch auftreten. Sie werden auch als **unendlich-periodische Dezimalzahlen** bezeichnet. Bei den unendlich-periodischen Dezimalzahlen unterscheidet man zwei Typen:
♦ **Reinperiodische Dezimalzahlen** (die Periode beginnt sofort hinter dem Komma)
Beispiele: $0,\overline{3} = 0,33333\ldots$
$0,\overline{15} = 0,15151515\ldots$
$2,\overline{635} = 2,635635635635\ldots$
♦ **Gemischtperiodische Dezimalzahlen** (die Periode beginnt erst später hinter dem Komma)
Beispiele: $0,0\overline{23} = 0,023232323\ldots$
$5,15\overline{36} = 5,1536363636\ldots$
$1,654\overline{12} = 1,65412121212\ldots$

3.) Dezimalzahlen mit einer nicht endlichen (nicht abbrechenden) Anzahl an Nachkommastellen, wobei die Nachkommastellen nicht periodisch auftreten. Sie werden auch als **unendlich-nichtperiodische Dezimalzahlen** bezeichnet.

Beispiele: 0,1010010001000010000001... → Es wird jedes Mal eine Null mehr hinzugefügt.
3,55055005500055000055... → Auch hier wird jedes Mal eine Null mehr hinzugefügt.
5,2121121112111121111... → Es wird jedes Mal eine Eins mehr hinzugefügt.

Jetzt ist es reizvoll zu untersuchen, welcher Zusammenhang zwischen den Brüchen und den Dezimalzahlen besteht.
Aus der Schule wissen Sie, dass sich jeder Bruch in eine Dezimalzahl verwandeln lässt. Ich möchte diese Aussage durch vier Beispiele verdeutlichen.

Beispiel 1: $\dfrac{3}{80}$ → Um den Bruch in eine Dezimalzahl zu verwandeln, muss man eine schriftliche Division durchführen.

Also: 3 : 80 = 0,0375
$\quad\quad$ - 0
$\quad\quad$ 30
$\quad\quad$ - 0
$\quad\quad$ 300
$\quad\quad$ -240
$\quad\quad$ 600
$\quad\quad$ -560
$\quad\quad$ 400
$\quad\quad$ -400
$\quad\quad\quad$ 0

Beispiel 2: $\frac{1}{8}$ → Wir führen wieder die schriftliche Division durch.

$$\text{Also: } 1 : 8 = 0{,}125$$
$$\underline{-\ 0}$$
$$10$$
$$\underline{-\ 8}$$
$$20$$
$$\underline{-\ 16}$$
$$40$$
$$\underline{-\ 40}$$
$$0$$

Folgerung: Es gibt Brüche, die sich in endliche Dezimalzahlen umwandeln lassen. Der Divisionsrest ist immer 0.

Beispiel 2: $\frac{4}{13}$ → Wir führen wieder die schriftliche Division durch.

$$\text{Also: } 4 : 13 = 0{,}\overline{307692}$$
$$\underline{-0}$$
$$40$$
$$\underline{-39}$$
$$10$$
$$\underline{-\ 0}$$
$$100$$
$$\underline{-91}$$
$$90$$
$$\underline{-78}$$
$$120$$
$$\underline{-117}$$
$$30$$
$$\underline{-26}$$
$$\mathbf{4} \rightarrow \text{der Divisionsrest wiederholt sich (siehe die Ziffern in Fettschrift)}$$

Folgerung: Es gibt Brüche, die sich in reinperiodische Dezimalzahlen umwandeln lassen.

Beispiel 3: $\frac{5}{12}$ → Wir führen wieder die schriftliche Division durch.

$$\text{Also: } 5 : 12 = 0{,}41\overline{6}$$
$$\underline{-0}$$
$$50$$
$$\underline{-48}$$
$$20$$
$$\underline{-12}$$
$$\mathbf{80}$$
$$\underline{-72}$$
$$\mathbf{8} \rightarrow \text{der Divisionsrest wiederholt sich (siehe Ziffern in Fettschrift)}$$

Folgerung: Es gibt Brüche, die sich in gemischtperiodische Dezimalzahlen umwandeln lassen.

Jetzt können wir uns umgekehrt die Frage stellen, ob jede endliche, jede reinperiodische und jede gemischtperiodische Dezimalzahl eine rationale Zahl ist. Untersuchen wir zunächst einmal die endlichen Dezimalzahlen.

Endliche Dezimalzahl: Die allgemeine Form einer endlichen, positiven Dezimalzahl d wollen wir folgendermaßen festlegen:

$d = n,a_1a_2a_3a_4a_5\ldots a_m$

Hierbei ist n eine natürliche Zahl. Die Nachkommastellen a_1 bis a_m sind Ziffern, also Zahlen von 0 bis 9. Die Nachkommastellen der Dezimalzahl d enden an der m-ten Stelle.

Da Sie das Dezimalsystem als Stellenwertsystem kennengelernt haben, wissen Sie, dass die 1. Stelle nach dem Komma die Zehntel, die 2. Stelle nach dem Komma die Hundertstel, die 3. Stelle nach dem Komma die Tausendstel usw. angibt. Deshalb kann man die Dezimalzahl $d = n,a_1a_2a_3a_4a_5\ldots a_m$ auch anders schreiben.

$$d = n,a_1a_2a_3a_4a_5\ldots a_m = n + \frac{a_1}{10} + \frac{a_2}{100} + \frac{a_3}{1000} + \ldots$$

→ Die Nenner schreiben wir jetzt als Potenzen mit der Basis 10.

$$d = n + \frac{a_1}{10} + \frac{a_2}{100} + \frac{a_3}{1000} + \ldots = n + \frac{a_1}{10} + \frac{a_2}{10^2} + \frac{a_3}{10^3} + \ldots + \frac{a_m}{10^m}$$

→ Wir werden jetzt alle Summanden auf den Hauptnenner 10^m bringen, indem wir die Potenzgesetze anwenden.

$$d = n + \frac{a_1}{10} + \frac{a_2}{10^2} + \frac{a_3}{10^3} + \ldots + \frac{a_m}{10^m} = \frac{n \cdot 10^m}{10^m} + \frac{a_1 \cdot 10^{m-1}}{10^m} + \frac{a_2 \cdot 10^{m-2}}{10^m} + \frac{a_3 \cdot 10^{m-3}}{10^m} + \ldots + \frac{a_m}{10^m}$$

→ Wir können jetzt die einzelnen Brüche zu einem Bruch zusammenfassen, da sie alle den gleichen Nenner haben.

$$d = \frac{n \cdot 10^m}{10^m} + \frac{a_1 \cdot 10^{m-1}}{10^m} + \frac{a_2 \cdot 10^{m-2}}{10^m} + \frac{a_3 \cdot 10^{m-3}}{10^m} + \ldots + \frac{a_m}{10^m}$$

$$\boxed{d = \frac{n \cdot 10^m + a_1 \cdot 10^{m-1} + a_2 \cdot 10^{m-2} + a_3 \cdot 10^{m-3} + \ldots + a_m}{10^m}}$$

Die endliche Dezimalzahl d haben wir in die obige umrahmte Form überführt. Die Summanden des Zählers sind alles natürliche Zahlen, da die Menge der natürlichen Zahlen bezüglich der Multiplikation abgeschlossen ist. Die Summe dieser natürlichen Zahlen ist ebenfalls eine natürliche Zahl, da die Menge der natürlichen Zahlen bezüglich der Addition abgeschlossen ist. Der Zähler ist also eine natürliche Zahl, die wir a nennen wollen. Der Nenner 10^m ist ebenfalls eine natürliche Zahl, die wir mit b bezeichnen wollen. Somit kann die Dezimalzahl d in die Schreibweise $d = \frac{a}{b}$ überführt werden.

Somit wäre bewiesen, dass jede endliche Dezimalzahl eine rationale Zahl ist.

Diesen allgemeinen Beweis möchte ich durch zwei Beispiele verdeutlichen, wobei ich die einzelnen Schritte des allgemeinen Beweises hier einfließen lasse.

<u>Beispiel 1</u>: $0,3755 = \frac{3}{10} + \frac{7}{100} + \frac{5}{1000} + \frac{5}{10000} = \frac{3}{10} + \frac{7}{10^2} + \frac{5}{10^3} + \frac{5}{10^4} =$

$$\frac{3 \cdot 10^3}{10^4} + \frac{7 \cdot 10^2}{10^4} + \frac{5 \cdot 10^1}{10^4} + \frac{5}{10^4} = \frac{3 \cdot 10^3 + 7 \cdot 10^2 + 5 \cdot 10^1 + 5}{10^4} = \frac{3000 + 700 + 50 + 5}{10000} = \frac{3755}{10000}$$

<u>Beispiel 2</u>: $2,582 = 2 + \frac{5}{10} + \frac{8}{100} + \frac{2}{1000} = 2 + \frac{5}{10} + \frac{8}{10^2} + \frac{2}{10^3} =$

$$\frac{2 \cdot 10^3}{10^3} + \frac{5 \cdot 10^2}{10^3} + \frac{8 \cdot 10^1}{10^3} + \frac{2}{10^3} = \frac{2 \cdot 10^3 + 5 \cdot 10^2 + 8 \cdot 10^1 + 2}{10^3} = \frac{2000 + 500 + 80 + 2}{1000} = \frac{2582}{1000}$$

Reinperiodische Dezimalzahl: Die allgemeine Form einer reinperiodischen, positiven Dezimalzahl d wollen wir folgendermaßen festlegen:

$$d = n, \overline{a_1a_2a_3a_4a_5\ldots a_m}$$

Hierbei ist n eine natürliche Zahl. Die Nachkommastellen a_1 bis a_m sind Ziffern, also Zahlen von 0 bis 9.

Jetzt brauchen wir noch eine weitere Dezimalzahl, bei der die gleiche Periode ebenfalls direkt hinter dem Komma beginnt. Diese Zahl erhalten wir, indem wir die ursprüngliche Dezimalzahl mit 10^m multiplizieren, denn dadurch wird das Komma um m Stellen nach rechts verrückt.

Somit ergeben sich die folgenden Gleichungen:

1.) $\text{d} = n,\overline{a_1 a_2 a_3 a_4 a_5 \ldots a_m}$

2.) $na_1 a_2 a_3 a_4 a_5 \ldots a_m,\overline{a_1 a_2 a_3 a_4 a_5 \ldots a_m} = 10^m \cdot d$

Jetzt subtrahieren wir jeweils die linken und rechten Seiten der beiden Gleichungen voneinander (Gleichung 2 – Gleichung 1).

$\rightarrow na_1 a_2 a_3 a_4 a_5 \ldots a_m,\overline{a_1 a_2 a_3 a_4 a_5 \ldots a_m} - n,\overline{a_1 a_2 a_3 a_4 a_5 \ldots a_m} = 10^m \cdot d - d$

    Auf der linken Seite der Gleichung fällt die Periode weg.

$\rightarrow na_1 a_2 a_3 a_4 a_5 \ldots a_m - \text{n} = 10^m \cdot d - d$

    Auf der rechten Seite der Gleichung klammern wir den gemeinsamen Faktor d aus.

$\rightarrow na_1 a_2 a_3 a_4 a_5 \ldots a_m - \text{n} = \text{d} \cdot (10^m - 1) \,|: (10^m - 1)$

$$\rightarrow \boxed{\text{d} = \frac{na_1 a_2 a_3 a_4 a_5 \ldots a_m - n}{10^m - 1}}$$

Die reinperiodische Dezimalzahl d haben wir in die obige umrahmte Form überführt. Im Zähler ist die Differenz zweier natürlicher Zahlen vorhanden, denn sowohl $na_1a_2a_3a_4a_5\ldots a_m$ als auch n sind natürliche Zahlen. Die Differenz dieser beiden natürlichen Zahlen ist genau dann eine natürliche Zahl, wenn die Zahl $na_1a_2a_3a_4a_5\ldots a_m$ größer als die Zahl n ist. Dies ist der Fall, da $na_1a_2a_3a_4a_5\ldots a_m$ um m Stellen größer als die Zahl n ist. Somit ist der Zähler eine natürliche Zahl. Den Zähler wollen wir mit a bezeichnen. Im Nenner steht ebenfalls eine Differenz zweier natürlicher Zahlen, so dass das Ergebnis ebenfalls eine natürliche Zahl ist (10^m ist immer größer als 1). Diese Zahl wollen wir mit b bezeichnen. Somit kann die Dezimalzahl d in die Schreibweise $\text{d} = \frac{a}{b}$ überführt werden. Somit wäre bewiesen, dass jede reinperiodische Dezimalzahl eine rationale Zahl ist. Diesen allgemeinen Beweis möchte ich anhand von vier Beispiele verdeutlichen.

Beispiel 1: Es soll die Dezimalzahl $x = 0,\overline{3}$ in einen Bruch umgewandelt werden!

        1.) $0,\overline{3} = x \,|\cdot 10$

        2.) $3,\overline{3} = 10x$

      2.) $- 1.)$ $3 = 9x \,|: 9$

          $x = \dfrac{3}{9}$

Beispiel 2: Es soll die Dezimalzahl $x = 0,\overline{21}$ in einen Bruch umgewandelt werden!

        1.) $0,\overline{21} = x \,|\cdot 100$

        2.) $21,\overline{21} = 100x$

      2.) $- 1.)$ $21 = 99x \,|: 99$

          $x = \dfrac{21}{99}$

Beispiel 3: Es soll die Dezimalzahl $x = 0,\overline{478}$ in einen Bruch umgewandelt werden!

        1.) $0,\overline{478} = x \,|\cdot 1000$

        2.) $478,\overline{478} = 1000x$

      2.) $- 1.)$ $478 = 999x \,|: 999$

          $x = \dfrac{478}{999}$

<u>Beispiel 4</u>: Es soll die Dezimalzahl x = 5, $\overline{1234}$ in einen Bruch verwandelt werden!

    1.) 5, $\overline{1234}$ = x $|\cdot$ 10000

    2.) 51234, $\overline{1234}$ = 10000x

2.) $-$ 1.) 51229   = 9999x $|$: 9999

$$x = \frac{\mathbf{51229}}{\mathbf{9999}}$$

<u>Gemischtperiodische Dezimalzahl</u>: Die allgemeine Form einer gemischtperiodischen, positiven Dezimalzahl d wollen wir folgendermaßen festlegen:

$$d = n, a_1 a_2 a_3 a_4 a_5 \ldots a_k \overline{b_1 b_2 b_3 \ldots b_m}$$

Hierbei ist n eine natürliche Zahl. Die Nachkommastellen a_1 bis a_k und b_1 bis b_m sind Ziffern, also Zahlen von 0 bis 9.

Wir brauchen wieder zwei Dezimalzahlen, deren Periode direkt hinter dem Komma beginnt. Das wird folgendermaßen gemacht:

1.) $n, a_1 a_2 a_3 a_4 a_5 \ldots a_k \overline{b_1 b_2 b_3 \ldots b_m}$ = d $|\cdot$ 10^k

   → Das Komma der Dezimalzahl d wird somit um k Stellen nach rechts verrückt, so dass sich das Komma direkt vor der Periode befindet.

   Man erhält die Gleichung:

2.) $n a_1 a_2 a_3 a_4 a_5 \ldots a_k, \overline{b_1 b_2 b_3 \ldots b_m}$ = $10^k \cdot$ d $|\cdot$ 10^m

   → Das Komma der obigen Dezimalzahl wird somit um m Stellen nach rechts verrückt, so dass sich das Komma direkt vor der Periode befindet.

   Man erhält die Gleichung:

3.) $n a_1 a_2 a_3 a_4 a_5 \ldots a_k b_1 b_2 b_3 \ldots b_m, \overline{b_1 b_2 b_3 \ldots b_m}$ = $10^k \cdot 10^m \cdot$ d

   → Jetzt subtrahiert man die 2. Gleichung von der 3. Gleichung.

   3.) $n a_1 a_2 a_3 a_4 a_5 \ldots a_k b_1 b_2 b_3 \ldots b_m, \overline{b_1 b_2 b_3 \ldots b_m}$ = $10^k \cdot 10^m \cdot$ d

   2.) $n a_1 a_2 a_3 a_4 a_5 \ldots a_k, \overline{b_1 b_2 b_3 \ldots b_m}$ = $10^k \cdot$ d

3.) $-$ 2.) $n a_1 a_2 a_3 a_4 a_5 \ldots a_k b_1 b_2 b_3 \ldots b_m - n a_1 a_2 a_3 a_4 a_5 \ldots a_k$ = $10^k \cdot 10^m \cdot$ d $- 10^k \cdot$ d

   → $n a_1 a_2 a_3 a_4 a_5 \ldots a_k b_1 b_2 b_3 \ldots b_m - n a_1 a_2 a_3 a_4 a_5 \ldots a_k$ = d $\cdot$ $(10^k \cdot 10^m - 10^k)$

   → $n a_1 a_2 a_3 a_4 a_5 \ldots a_k b_1 b_2 b_3 \ldots b_m - n a_1 a_2 a_3 a_4 a_5 \ldots a_k$ = d $\cdot$ $(10^{k+m} - 10^k)$ $|$: $(10^{k+m} - 10^k)$

$$\rightarrow \boxed{\frac{n a_1 a_2 a_3 a_4 a_5 \ldots a_k b_1 b_2 b_3 \ldots b_m - n a_1 a_2 a_3 a_4 a_5 \ldots a_k}{10^{k+m} - 10^k}} = d$$

Die gemischtperiodische Dezimalzahl d haben wir in die obige umrahmte Form überführt. Im Zähler ist die Differenz zweier natürlicher Zahlen vorhanden, denn sowohl $n a_1 a_2 a_3 a_4 a_5 \ldots a_k b_1 b_2 b_3 \ldots b_m$ als auch $n a_1 a_2 a_3 a_4 a_5 \ldots a_k$ sind natürliche Zahlen. Die Differenz dieser beiden natürlichen Zahlen ist wieder eine natürliche Zahl, da $n a_1 a_2 a_3 a_4 a_5 \ldots a_k b_1 b_2 b_3 \ldots b_m$ größer als $n a_1 a_2 a_3 a_4 a_5 \ldots a_k$ ist. Der Zähler ist also eine natürliche Zahl. Wir wollen sie mit a bezeichnen.

Im Nenner steht ebenfalls die Differenz zweier natürlicher Zahlen. Das Ergebnis ist wieder eine natürliche Zahl, da 10^{k+m} größer als 10^k ist. Diese Zahl wollen wir mit b bezeichnen.

Somit kann die Dezimalzahl d in die Schreibweise d = $\frac{a}{b}$ überführt werden. Damit wäre bewiesen, dass jede gemischtperiodische Dezimalzahl eine rationale Zahl ist. Diesen allgemeinen Beweis möchte ich durch vier Beispiele verdeutlichen.

<u>Beispiel 1</u>: Es soll die Dezimalzahl x = 0,32$\overline{45}$ in einen Bruch umgewandelt werden!

    1.) 0,32$\overline{45}$ = x |· 100

    2.) 32,$\overline{45}$ = 100x |· 100

    3.) 3245,$\overline{45}$ = 10000x

    Wir subtrahieren die 2. Gleichung von der 3. Gleichung

    3.) − 2.) 3213   = 9900x |: 9900

$$x = \frac{3213}{9900}$$

<u>Beispiel 2</u>: Es soll die Dezimalzahl x = 0,123$\overline{719}$ in einen Bruch umgewandelt werden!

    1.) 0,123$\overline{719}$ = x |· 1000

    2.) 123,$\overline{719}$ = 1000x |· 1000

    3.) 123719,$\overline{719}$ = 1000000x

3.) − 2.) 123596   = 999000x |: 999000

$$x = \frac{123596}{999000}$$

<u>Beispiel 3</u>: Es soll die Dezimalzahl x = 4,6$\overline{7}$ in einen Bruch umgewandelt werden!

    1.) 4,6$\overline{7}$ = x |· 10

    2.) 46,$\overline{7}$ = 10x |· 10

    3.) 467,$\overline{7}$ = 100x

3.) − 2.) 421   = 90x |: 90

$$x = \frac{421}{90}$$

<u>Beispiel 4</u>: Es soll die Dezimalzahl x = 5,62$\overline{1}$ in einen Bruch umgewandelt werden!

    1.) 5,62$\overline{1}$ = x |· 100

    2.) 562,$\overline{1}$ = 100x |· 10

    3.) 5621,$\overline{1}$ = 1000x

    3.) − 2.) 5059 = 900x |: 900

$$x = \frac{5059}{900}$$

<u>Fazit</u>: Ich habe gezeigt, dass jede endliche und unendlich-periodische Dezimalzahl eine rationale Zahl ist.

Abschließend müssen wir noch die Frage beantworten, ob es vielleicht rationale Zahlen geben kann, die sich in unendlich-nichtperiodische Dezimalzahlen umwandeln lassen.

Für die Umwandlung einer rationalen Zahl $\frac{a}{b}$ in eine Dezimalzahl wenden wir die schriftliche Division an. Falls bei der Division als Rest 0 herauskommt, so handelt es sich bei $\frac{a}{b}$ um eine endliche Dezimalzahl. Bei der Restbildung kann auch nicht b herauskommen, da man sonst nicht vollständig durch b geteilt hätte. Die Reste können deshalb nur die natürlichen Zahlen von 1 bis (b - 1) sein. Diese Reste fassen wir zu einer Menge M zusammen. Es können also maximal (b - 1) Reste vorhanden sein. Spätestens nach dem (b - 1)-ten Divisionsvorgang muss sich der Rest wiederholen, also identisch mit einem der vorhergehenden Reste sein. Spätestens jetzt beginnt die Zahl periodisch zu werden, da die weiteren errechneten Nachkommastellen ab dem ersten Auftreten des doppelt vorhandenen Restes identisch mit der Reihenfolge der zuvor berechneten Nachkommastellen sind.
Ich möchte diese Aussagen durch einige Beispiele verdeutlichen.

<u>Beispiel 1:</u> $\frac{a}{b} = \frac{2}{7}$ → die möglichen Divisionsreste sind die Zahlen 1, …,6. Sie bilden die Menge

M = {1, 2, 3, 4, 5, 6}.

<u>schriftliche Division:</u> 2 : 7 = 0,285714

$$\begin{array}{rl}
-0 & \\
20 & \text{(2 ist der 1. Rest)} \\
-14 & \\
60 & \text{(6 ist der 2. Rest)} \\
-56 & \\
40 & \text{(4 ist der 3. Rest)} \\
-35 & \\
50 & \text{(5 ist der 4. Rest)} \\
-49 & \\
10 & \text{(1 ist der 5. Rest)} \\
-7 & \\
30 & \text{(3 ist der 6. Rest)} \\
-28 & \\
2 & \text{(2 ist der erste Rest, der sich wiederholt)}
\end{array}$$

→ Die Divisionsreste sind fett markiert. Sie lauten der Reihenfolge nach {2; 6; 4; 5; 1; 3}. Durch einen Vergleich mit der Menge M erkennt man, dass die Maximalanzahl der Reste erreicht wurde. Der erste Rest, der doppelt auftritt, ist die Zahl 2. Deshalb wird die Zahl $\frac{2}{7}$ periodisch. Die Periode beginnt ab der Nachkommastelle, die dem ersten der beiden identischen Reste zugeordnet ist (hier: der Rest 2 ist der **erste** Rest der Division; deshalb beginnt die Periode ab der **ersten** Nachkommastelle).

<u>Beispiel 2:</u> $\frac{a}{b} = \frac{5}{14}$ → die möglichen Divisionsreste sind die Zahlen 1, …,13. Sie bilden die Menge M = {1; 2; 3; 4; 5; 6; 7; 8; 9; 10; 11; 12; 13}.

<u>schriftliche Division:</u>   5 : 14 = 0,3571428

$$\begin{array}{rl}
-0 & \\
50 & \text{(5 ist der 1. Rest)} \\
-42 & \\
80 & \text{(8 ist der 2. Rest)} \\
-70 & \\
100 & \text{(10 ist der 3. Rest)} \\
-98 & \\
20 & \text{(2 ist der 4. Rest)} \\
-14 & \\
60 & \text{(6 ist der 5. Rest)} \\
-56 & \\
40 & \text{(4 ist der 6. Rest)} \\
-28 & \\
120 & \text{(12 ist der 7. Rest)} \\
-112 & \\
8 & \text{(8 ist der erste Rest, der sich wiederholt)}
\end{array}$$

→ Die Divisionsreste sind fett markiert. Sie lauten der Reihenfolge nach {5; 8; 10; 2; 6; 4; 12}. Durch einen Vergleich mit der Menge M erkennt man, dass die Maximalanzahl der Reste nicht erreicht wurde. Der erste Rest, der doppelt auftritt, ist die Zahl 8. Deshalb wird die Zahl $\frac{5}{14}$ periodisch. Die Periode beginnt ab der Nachkommastelle, die dem ersten der beiden identischen Reste zugeordnet ist (hier: der Rest 8 ist der **zweite** Rest der Division; deshalb beginnt die Periode ab der **zweiten** Nachkommastelle).

<u>Beispiel 3</u>: $\dfrac{a}{b} = \dfrac{5}{12}$ → die möglichen Divisionsreste sind die Zahlen 1, …,11. Sie bilden die Menge M = {1, 2, 3, 4, 5, 6, 7, 8, 9, 10, 11}.

<u>schriftliche Division</u>: 5 : 12 = 0,416

$\quad$ -0

$\quad$ **50** $\qquad$ (5 ist der 1. Rest)

$\quad$ -48

$\quad$ **20** $\qquad$ (2 ist der 2. Rest)

$\quad$ -12

$\quad$ **80** $\qquad$ (8 ist der 3. Rest)

$\quad$ -72

$\quad$ **8** $\qquad$ (8 ist der erste Rest, der sich wiederholt)

→ Die Divisionsreste sind fett markiert und durch eine größere Schrift hervorgehoben. Sie lauten der Reihenfolge nach {5; 2; 8}. Durch einen Vergleich mit der Menge M erkennt man, dass die Maximalanzahl der Reste nicht erreicht wurde. Der erste Rest, der doppelt auftritt, ist die Zahl 8. Deshalb wird die Zahl $\dfrac{5}{12}$ periodisch. Die Periode beginnt ab der Nachkommastelle, die dem ersten der beiden identischen Reste zugeordnet ist (hier: der Rest 8 ist der **dritte** Rest der Division; deshalb beginnt die Periode ab der **dritten** Nachkommastelle).

<u>Resultat</u>: Es gibt keine rationale Zahl, die sich als unendlich-nichtperiodische Dezimalzahl darstellen lässt.

<u>Folgerungen</u>: 1.) Jeder Schüler weiß intuitiv, dass sich auch die unendlich-nichtperiodischen Dezimalzahlen auf der Zahlengeraden einordnen lassen. Damit lässt sich auch die Frage aus dem vorletzten Kapitel beantworten. Obwohl die rationalen Zahlen dicht sind, überdecken sie jedoch nicht vollständig die Zahlengerade, da beliebig viele unendlich-nichtperiodische Dezimalzahlen keine rationalen Zahlen sind. Wenn man alle rationalen Zahlen auf die Zahlengerade überträgt, so sind noch Lücken auf der Zahlengeraden vorhanden.

2.) Gregor Cantor hat nachgewiesen, dass die Menge aller Dezimalzahlen (es ist die Menge der reellen Zahlen) überabzählbar ist. Außerdem konnte er nachweisen, dass die reellen Zahlen die Zahlengerade vollständig bedecken. Der Beweis für diese Aussagen erfolgt in „Ewalds Mathespielwiese – Teil 3". Die Menge der unendlich-nichtperiodischen Dezimalzahlen erhält man, indem man aus der Menge aller Dezimalzahlen sämtliche endlichen und unendlich-periodischen Dezimalzahlen herausfiltert. Da die endlichen und unendlich- periodischen Dezimalzahlen die Menge der rationalen Zahlen bilden (das wurde in diesem Kapitel bewiesen), die Menge der rationalen Zahlen aber abzählbar unendlich ist (das wurde im Kapitel 1.1.5 bewiesen), muss die Restmenge, nämlich die Menge der unendlich-nichtperiodischen Dezimalzahlen, überabzählbar sein.

Mit anderen Worten:
♦ Es gibt mehr unendlich-nichtperiodische Dezimalzahlen als rationale Zahlen.
♦ Auf der Zahlengeraden sind nach dem Eintragen sämtlicher rationaler Zahlen noch mehr Lücken als rationale Zahlen vorhanden.

3.) Alle Zahlen der Zahlengeraden, die sich nicht als Bruch darstellen lassen, werden irrationale Zahlen genannt. Somit müssen die irrationalen Zahlen unendlich-nichtperiodische Dezimalzahlen sein.

Ewalds Mathespielwiese
Abschnitt 2

<u>Themeninhalte von Abschnitt 2</u>:

2.1 Ausgewählte mathematische Beispiele aus dem Bereich der rationalen Zahlen
2.1.1 Der Fall mit den Stammbrüchen
2.1.2 Der Fall mit den Bienenwaben
2.1.3 Der Fall mit der Parkettierung von ebenen Flächen
2.1.4 Der Fall mit den Paradoxien in der Mathematik
2.1.5 Der Fall mit dem Näherungsverfahren zur Bestimmung von Nullstellen
2.1.6 Der Fall mit den verschiedenen Lösungsverfahren linearer Gleichungssysteme
    <u>Fall 1</u>: Das Lösen mit Hilfe des Additions-, Einsetz- und Gleichsetzverfahrens
    <u>Fall 2</u>: Das Lösen mit Hilfe des Gauß´schen Verfahrens
    <u>Fall 3</u>: Das Lösen mit Hilfe von Determinanten (Cramersche Regel)
        A. Das Rechnen mit Determinanten
        B. Das Lösen von linearen Gleichungssystemen mit Hilfe von Determinanten
    <u>Fall 4</u>: Das Lösen mit Hilfe von Matrizen
        A. Das Rechnen mit Matrizen
        B. Das Lösen von linearen Gleichungssystemen mit Hilfe von Matrizen
        C. Weitere Anwendungsgebiete von Matrizen
    <u>Fall 5</u>: Das Lösen mit Hilfe der analytischen Geometrie
        A. Das Rechnen mit Vektoren
        B. Zusammenhang zwischen linearen Gleichungssystemen und
          Geraden- bzw. Ebenengleichungen in vektorieller Darstellung
2.1.7 Der Fall mit den verschiedenen Kriterien bezüglich der Lösbarkeit linearer
    Gleichungssysteme

2.1 <u>Ausgewählte mathematische Beispiele aus dem Bereich der rationalen Zahlen</u>

2.1.1 <u>Der Fall mit den Stammbrüchen</u>

Ich möchte Sie aus zwei Gründen mit den Stammbrüchen bekannt machen.

<u>1. Grund</u>: Die alte ägyptische Kultur kannte bereits die Stammbrüche. Fast alle Bruchzahlen wurden von den Ägyptern als Summe von Stammbrüchen dargestellt. Der Grund, Sie mit den Stammbrüchen vertraut zu machen, ist also ein historischer Grund.

<u>2. Grund</u>: In der Thematik „Stammbrüche" gibt es noch unbewiesene Vermutungen. Mit zwei dieser Vermutungen möchte ich Sie bekannt machen. Vielleicht fällt Ihnen ja zu diesen Vermutungen ein Beweis ein.

Aber jetzt zu der alles entscheidenden Frage: **Was ist ein Stammbruch?**

<u>Antwort</u>: Ein Stammbruch ist ein positiver Bruch, dessen Zähler 1 und dessen Nenner eine beliebige natürliche Zahl ist.

<u>Beispiele</u>: Folgende Brüche sind Stammbrüche:
$$\frac{1}{2},\ \frac{1}{5},\ \frac{1}{8},\ \frac{1}{100}$$
$$\text{allgemein: } \frac{1}{n}$$

Wie man leicht einsieht, lässt sich jeder Bruch als Summe von Stammbrüchen darstellen. Man muss lediglich den Zähler als Summe von lauter Einsen schreiben.

<u>Beispiele</u>:
$$\frac{3}{5} = \frac{1}{5} + \frac{1}{5} + \frac{1}{5}$$
$$\frac{8}{7} = \frac{1}{7} + \frac{1}{7} + \frac{1}{7} + \frac{1}{7} + \frac{1}{7} + \frac{1}{7} + \frac{1}{7} + \frac{1}{7}$$

<u>Frage</u>: Kann man auch alle Brüche als Summen von Stammbrüchen schreiben, wobei die Nenner alle verschieden sind?

<u>Antwort</u>: Mit dieser Frage hat sich der englische Mathematiker James Sylvester im Jahre 1880 beschäftigt. Er konnte beweisen, dass dieses für alle Brüche möglich ist.

<u>Beispiele</u>:
$$\frac{71}{105} = \frac{1}{2} + \frac{1}{6} + \frac{1}{105}$$

$$\frac{25}{36} = \frac{1}{2} + \frac{1}{6} + \frac{1}{36}$$

$$\frac{16}{63} = \frac{1}{4} + \frac{1}{252}$$

$$\frac{59}{120} = \frac{1}{3} + \frac{1}{7} + \frac{1}{65} + \frac{1}{10920}$$

1. Beispiel: Schauen wir uns das erste Beispiel genauer an. Wie erhält man diese drei Stammbrüche? Wir suchen zunächst den größten Stammbruch, der nicht größer als $\frac{71}{105}$ ist. Der Stammbruch, der genau $\frac{71}{105}$ ergibt, lautet $\frac{1}{\frac{105}{71}}$. Anders geschrieben würde dieser Stammbruch $\frac{1}{1{,}4788\ldots}$ lauten, wobei der Nenner eine Dezimalzahl ist. Da der Nenner eine natürliche Zahl sein muss, muss der Nenner 2 lauten, da $\frac{1}{2} < \frac{1}{1{,}4788\ldots}$ ist. Damit ist die

Forderung erfüllt, dass dieser Stammbruch nicht größer als $\frac{71}{105}$ ist. Jetzt subtrahieren wir: $\frac{71}{105} - \frac{1}{2} = \frac{37}{210}$. Anschließend suchen wir den größten Stammbruch, der nicht größer als $\frac{37}{210}$ ist. Der genaue Stammbruch lautet $\frac{1}{\frac{210}{37}}$. Der Nenner des Stammbruches ist aber keine natürliche Zahl. Wir suchen deshalb die natürliche Zahl, die etwas größer als $\frac{210}{37}$ ist. Das ist die Zahl 6; es gilt $\frac{1}{6} < \frac{37}{210}$. Jetzt subtrahieren wir: $\frac{37}{210} - \frac{1}{6} = \frac{1}{105}$. Weil wir als Ergebnis der Subtraktion einen Stammbruch erhalten haben, sind wir mit der Prozedur fertig. Der Bruch $\frac{71}{105}$ lässt sich als Summe der errechneten Stammbrüche schreiben, also $\frac{71}{105} = \frac{1}{2} + \frac{1}{6} + \frac{1}{105}$.

Die Darstellung des Bruches als Summe von Stammbrüchen mit verschiedenen Nennern ist aber nicht eindeutig. Der obige Bruch lässt sich auch folgendermaßen schreiben:

$$\frac{71}{105} = \frac{1}{3} + \frac{1}{5} + \frac{1}{7}$$

2. Beispiel: Schauen wir uns das zweite Beispiel an. Der Bruch $\frac{25}{36}$ soll als Summe von Stammbrüchen geschrieben werden.

1. Schritt: $\frac{1}{\frac{36}{25}} = \frac{1}{1,44\ldots}$ → Der Nenner wird auf die nächst größere natürliche Zahl aufgerundet.

→ $\frac{1}{2} < \frac{25}{36}$

→ $\frac{25}{36} - \frac{1}{2} = \frac{7}{36}$

2. Schritt: $\frac{1}{\frac{36}{7}} = \frac{1}{5,14\ldots}$ → Der Nenner wird auf die nächst größere natürliche Zahl aufgerundet.

→ $\frac{1}{6} < \frac{7}{36}$

→ $\frac{7}{36} - \frac{1}{6} = \frac{1}{36}$ → Das Verfahren der Stammbruchsuche ist beendet, weil die Differenz ein Stammbruch ist.

→ $\frac{25}{36} = \frac{1}{2} + \frac{1}{6} + \frac{1}{36}$

→ Die Darstellung des Bruches als Summe von Stammbrüchen mit verschiedenen Nennern ist aber auch hier nicht eindeutig. Der obige Bruch lässt sich auch folgendermaßen schreiben:

$$\frac{25}{36} = \frac{1}{2} + \frac{1}{10} + \frac{1}{15} + \frac{1}{36}$$

3. Beispiel: Schauen wir uns das dritte Beispiel an. Der Bruch $\frac{16}{63}$ soll als Summe von Stammbrüchen geschrieben werden.

1. Schritt: $\frac{1}{\frac{63}{16}} = \frac{1}{3,9375}$ → Der Nenner wird auf die nächst größere natürliche Zahl aufgerundet.

→ $\frac{1}{4} < \frac{16}{63}$

→ $\frac{16}{63} - \frac{1}{4} = \frac{1}{252}$

→ Das Verfahren der Stammbruchsuche ist beendet, weil die Differenz ein Stammbruch ist.

→ $\frac{16}{63} = \frac{1}{4} + \frac{1}{252}$

→ Die Darstellung des Bruches als Summe von Stammbrüchen mit verschiedenen Nennern ist aber nicht eindeutig. Der obige Bruch lässt sich auch folgendermaßen schreiben:

$$\frac{16}{63} = \frac{1}{7} + \frac{1}{9}$$

4. Beispiel: Schauen wir uns das vierte Beispiel an. Der Bruch $\frac{59}{120}$ soll als Summe von Stammbrüchen geschrieben werden.

1. Schritt: $\dfrac{1}{\frac{120}{59}} = \dfrac{1}{2,03\ldots}$ → Der Nenner wird auf die nächst größere natürliche Zahl aufgerundet.

$$\to \frac{1}{3} < \frac{59}{120}$$

$$\to \frac{59}{120} - \frac{1}{3} = \frac{19}{120}$$

2. Schritt: $\dfrac{1}{\frac{120}{19}} = \dfrac{1}{6,315\ldots}$ → Der Nenner wird auf die nächst größere natürliche Zahl aufgerundet.

$$\to \frac{1}{7} < \frac{19}{120}$$

$$\to \frac{19}{120} - \frac{1}{7} = \frac{13}{840}$$

3. Schritt: $\dfrac{1}{\frac{840}{13}} = \dfrac{1}{64,61\ldots}$ → Der Nenner wird auf die nächst größere natürliche Zahl aufgerundet.

$$\to \frac{1}{65} < \frac{13}{840}$$

$$\to \frac{13}{840} - \frac{1}{65} = \frac{1}{10920}$$ → Das Verfahren der Stammbruchsuche ist beendet, weil die Differenz ein Stammbruch ist.

$$\to \frac{59}{120} = \frac{1}{3} + \frac{1}{7} + \frac{1}{65} + \frac{1}{10920}$$

→ Die Darstellung des Bruches als Summe von Stammbrüchen mit verschiedenen Nennern ist aber nicht eindeutig. Der obige Bruch lässt sich auch folgendermaßen schreiben:

$$\frac{59}{120} = \frac{1}{5} + \frac{1}{6} + \frac{1}{8}$$

Wir wollen die Ergebnisse dieser vier Beispiele nach den Differenzen (Restbrüchen) gliedern, die bei der Subtraktion des ursprünglichen Bruches mit den gefundenen Stammbrüchen entstehen.

<u>Beispiel 1:</u>

$$\frac{71}{105} - 0 = \frac{71}{105}$$
$$\frac{71}{105} - \frac{1}{2} = \frac{37}{210}$$
$$\frac{71}{105} - \frac{1}{2} - \frac{1}{6} = \frac{1}{105}$$

<u>Beispiel 2:</u>

$$\frac{25}{36} - 0 = \frac{25}{36}$$
$$\frac{25}{36} - \frac{1}{2} = \frac{7}{36}$$
$$\frac{25}{36} - \frac{1}{2} - \frac{1}{6} = \frac{1}{36}$$

<u>Beispiel 3:</u>

$$\frac{16}{63} - 0 = \frac{16}{63}$$
$$\frac{16}{63} - \frac{1}{4} = \frac{1}{252}$$

<u>Beispiel 4:</u>

$$\frac{59}{120} - 0 = \frac{59}{120}$$
$$\frac{59}{120} - \frac{1}{3} = \frac{19}{120}$$
$$\frac{59}{120} - \frac{1}{3} - \frac{1}{7} = \frac{13}{840}$$
$$\frac{59}{120} - \frac{1}{3} - \frac{1}{7} - \frac{1}{65} = \frac{1}{10920}$$

<u>Folgerungen:</u> Anhand der vier Beispiele kann man folgende Aussagen treffen:

1.) Die Zerlegung eines Bruches in eine Summe von Stammbrüchen mit verschiedenen Nennern muss nicht eindeutig sein. Es gilt: $\frac{2}{101} = \frac{1}{51} + \frac{1}{5151}$. Ebenso gilt:

$$\frac{2}{101} = \frac{1}{101} + \frac{1}{202} + \frac{1}{303} + \frac{1}{606}.$$

2.) Die Zerlegung eines Bruches in eine Summe von Stammbrüchen mit verschiedenen Nennern nach dem Verfahren der größten Stammbrüche liefert nicht immer die minimale Anzahl an Stammbrüchen (siehe Beispiel 4). Es gilt:
$$\frac{59}{120} = \frac{1}{3} + \frac{1}{7} + \frac{1}{65} + \frac{1}{10920}.$$ Ebenso gilt: $\frac{59}{120} = \frac{1}{4} + \frac{1}{5} + \frac{1}{24}$.

3.) Die Gliederung nach den Differenzen (Restbrüchen) zeigt, dass die Zähler der Restbrüche immer kleiner werden, bis sie die Zahl 1 erreichen.

Die Restbrüche aus Beispiel 1 lauten: $\frac{71}{105}; \frac{37}{210}; \frac{1}{105}$

Die Restbrüche aus Beispiel 2 lauten: $\frac{25}{36}; \frac{7}{36}; \frac{1}{36}$

Die Restbrüche aus Beispiel 3 lauten: $\frac{16}{63}; \frac{1}{252}$

Die Restbrüche aus Beispiel 4 lauten: $\frac{59}{120}; \frac{19}{120}; \frac{13}{840}; \frac{1}{10920}$

Da die Zähler natürliche Zahlen sind, wird die Zahl 1 nach endlich vielen Schritten erreicht. Das bedeutet, dass man jeden Bruch nach endlich vielen Schritten in eine Summe von Stammbrüchen mit unterschiedlichen Nennern zerlegen kann. Diese Vermutung hat der Mathematiker James Sylvester bewiesen.

<u>Satz</u>: Jeder gekürzte Bruch, bei dem der Zähler 2 und der Nenner größer als 2 ist, lässt sich als Summe von zwei Stammbrüchen mit verschiedenen Nennern schreiben. Es gilt immer die folgende Beziehung:

$$\frac{2}{n} = \frac{1}{\frac{1}{2}n+\frac{1}{2}} + \frac{1}{n(\frac{1}{2}n+\frac{1}{2})}$$

<u>Beweis</u>: Wir müssen zeigen, dass diese Gleichung für alle n gilt. Die Definitionsmenge ist die Menge der natürlichen Zahlen.

$$\frac{2}{n} = \frac{1}{\frac{1}{2}n+\frac{1}{2}} + \frac{1}{n(\frac{1}{2}n+\frac{1}{2})} \;\Big|\cdot\; n(\frac{1}{2}n + \frac{1}{2})$$ Es wird mit dem Hauptnenner multipliziert.

$$\rightarrow \frac{2n(\frac{1}{2}n+\frac{1}{2})}{n} = \frac{n(\frac{1}{2}n+\frac{1}{2})}{\frac{1}{2}n+\frac{1}{2}} + \frac{n(\frac{1}{2}n+\frac{1}{2})}{n(\frac{1}{2}n+\frac{1}{2})}$$ Es wird jetzt gekürzt.

$\rightarrow 2(\frac{1}{2}n + \frac{1}{2}) = n + 1$

$\rightarrow n + 1 = n + 1 \,|\, - n$

$\rightarrow 1 = 1$

$\rightarrow$ Es handelt sich hier um eine wahre Aussage

$\rightarrow$ Die Lösungsmenge ist die Menge der natürlichen Zahlen

$\rightarrow$ Jede natürliche Zahl ist eine Lösung der obigen Gleichung.

Zum Abschluss möchte ich Ihnen noch die unbewiesenen Vermutungen aus dem Bereich der Stammbrüche mitteilen.

<u>Erste unbewiesene Vermutung</u>: Es wird vermutet, dass jeder Bruch mit einem ungeraden Nenner als Summe von Stammbrüchen geschrieben werden kann, die alle ungerade und verschiedene Nenner besitzen.

<u>Zweite unbewiesene Vermutung</u>: Jeder Bruch der Form $\frac{4}{n}$, wobei n eine natürliche Zahl und größer als 1 ist, lässt sich als Summe von genau drei Stammbrüchen darstellen. Diese Vermutung wurde vom ungarischen Mathematiker Paul Erdös geäußert.

Literatur: Dominic Olivastro: „Das Chinesische Dreieck"; Droemer Knaur Verlag; München 1995; Seite 54 – 56
Jiri Sedlacek: „Keine Angst vor Mathematik"; Gondrom-Verlag; Bindlach 1986; Seite 55 - 58

2.1.2 Der Fall mit den Bienenwaben

Sie wissen sicherlich, dass die Bienen wunderbare sechseckige Waben konstruieren. Das Verblüffende aus mathematischer Sicht bezieht sich auf zwei Aspekte dieser Konstruktion:

1. Bei den Sechsecken handelt es sich um regelmäßige Sechsecke. Das bedeutet, dass die Seitenlängen eines einzelnen Sechsecks und aller anderen Sechsecke identisch sind und es sich um Sehnensechsecke handelt. Ein Sehnensechseck liegt vor, wenn man das Sechseck einem Kreis einbeschreiben kann und die Ecken des Sechsecks alle auf dem Kreisbogen liegen. Sämtliche Sechsecke sind kongruent, also deckungsgleich.

2. Zwischen den Sechsecken sind keine Lücken vorhanden, da diese Sechsecke lückenlos eine Ebene ausfüllen.

Frage: Warum konstruieren die Bienen Sechsecke? Wäre die Konstruktion von regelmäßigen Dreiecken, Vierecken, Fünfecken bzw. n-Ecken nicht ebenso gut möglich?

Antwort: In einigen Biologiebüchern steht sinngemäß, dass die Bienen bestrebt sind, ihre Waben lückenlos aneinanderzureihen. Für die Konstruktion der Waben, die alle ein bestimmtes Volumen haben müssen, möchten sie aber möglichst wenig Wachs verbrauchen.

In die Sprache der Mathematik übersetzt, bedeutet dies, dass man zwei Fragen beantworten muss.

Frage 1: Wie viele regelmäßige n-Ecke gibt es überhaupt, mit denen man eine ebene Fläche lückenlos ausfüllen kann?
(Die Beantwortung dieser Frage ist für die Konstruktion des Wabenbodens bzw. des Wabendeckels wichtig.)

Frage 2: Ist das regelmäßige Sechseck das n-Eck, das bei gegebenem Flächeninhalt den kleinsten Umfang aufweist?
(Die Beantwortung dieser Frage ist für die Konstruktion des Wabenkörpers bezüglich einer minimalen Oberfläche wichtig.)

Um die erste Frage beantworten zu können, möchte ich die Ausfüllung einer ebenen Fläche mit regelmäßigen Vierecken grafisch veranschaulichen.

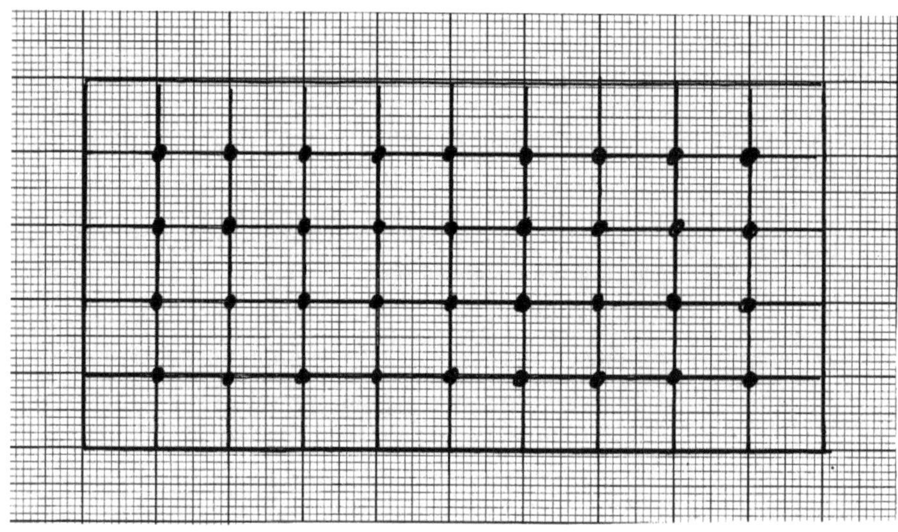

Die eingekreisten Schnittpunkte wollen wir Stoßpunkte nennen. In jedem Stoßpunkt treffen vier Vierecke lückenlos zusammen. Damit dies möglich ist, also keine Lücke entsteht, muss der Innenwinkel des Vierecks ganzzahlig im Winkel von 360° enthalten sein. Somit brauchen wir zunächst eine Formel für den Innenwinkel regelmäßiger n-Ecke.

n-Eck	Summe der Innenwinkel im n-Eck	Größe des Innenwinkels α
3-Eck	180° $\rightarrow$ (180° = 1 · 180°)	180°/3 = 60°
4-Eck	360° $\rightarrow$ (360° = **2** · 180°) (Zerlegung des 4-Ecks in zwei Dreiecke)	360°/4 = 90°
5-Eck	540° $\rightarrow$ (540° = **3** · 180°) (Zerlegung des 5-Ecks in ein 4-Eck und ein 3-Eck)	540°/5 = 108°
6-Eck	720° $\rightarrow$ (720° = **4** · 180°) (Zerlegung des 6-Ecks in ein 5-Eck und ein 3-Eck)	720°/6 = 120°
n-Eck	**Summe d. Innenwinkel = (n – 2) · 180°**	**(n – 2) · 180°/n**

Bezüglich des Innenwinkels α gilt also die folgende Formel: $\alpha = \dfrac{(n-2)}{n} \cdot 180°$

Jetzt muss die Division $360 : \dfrac{(n-2)\cdot 180}{n}$ eine ganze Zahl ohne Rest ergeben. Wenn dies der Fall ist, kann man die regelmäßigen n-Ecke so verlegen, dass eine ebene Fläche lückenlos ausgefüllt wird.

$\rightarrow$ $360 : \dfrac{(n-2)\cdot 180}{n} = \dfrac{360 \cdot n}{(n-2)\cdot 180} = \dfrac{2n}{(n-2)}$

$\rightarrow$ Jetzt wird das Ergebnis mit Hilfe der Polynomdivision umgeformt.

$\rightarrow$ 2n : (n – 2) = 2
$\qquad$ -(2n – 4)
$\qquad\qquad$ 4

$\rightarrow$ Es bleibt ein Divisionsrest, nämlich die Zahl 4, über.

$\rightarrow$ Somit ist der Ausdruck $\dfrac{2n}{(n-2)}$ identisch mit dem Ausdruck $2 + \dfrac{4}{n-2}$

$\rightarrow$ $\dfrac{2n}{(n-2)} = 2 + \dfrac{4}{n-2}$

$\rightarrow$ Damit der Bruch $\dfrac{2n}{(n-2)}$ eine ganze Zahl ist, muss der Bruch $\dfrac{4}{n-2}$ ebenfalls eine ganze Zahl sein, denn nur eine ganze Zahl, die zur Zahl 2 addiert wird, ist wieder eine ganze Zahl.

$\rightarrow$ Wie man leicht nachvollziehen kann, ist das für die Zahlen n = 3; 4 und 6 der Fall. Falls n größer als 6 ist, wird der Nenner größer als der Zähler. Damit liegt dann immer ein echter Bruch vor.

<u>Fazit</u>: Die Bienen hätten also auch dreieckige oder viereckige Waben bauen können. Auch mit diesen Waben hätten sie lückenlos eine Fläche ausfüllen können. Mit allen anderen regelmäßigen n-eckigen Waben hätte das lückenlose Zusammenfügen nicht geklappt. Somit ist die Frage 1 beantwortet.

Hier sind die drei möglichen Bienenwabenformen (Dreieckform, Viereckform, Sechseckform) grafisch dargestellt:

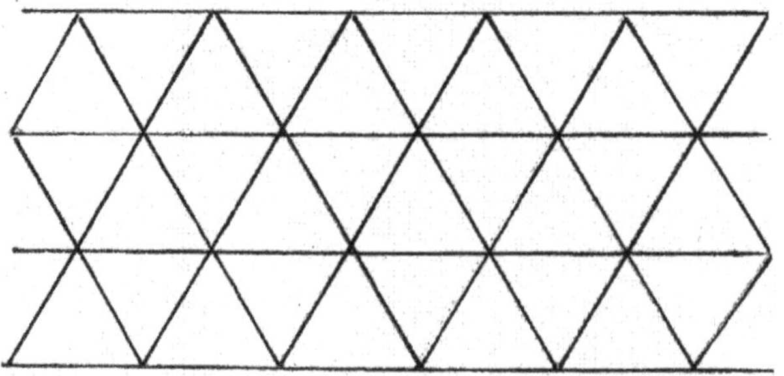

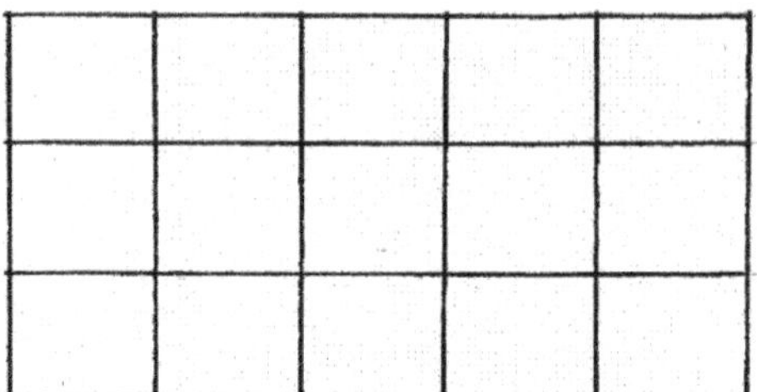

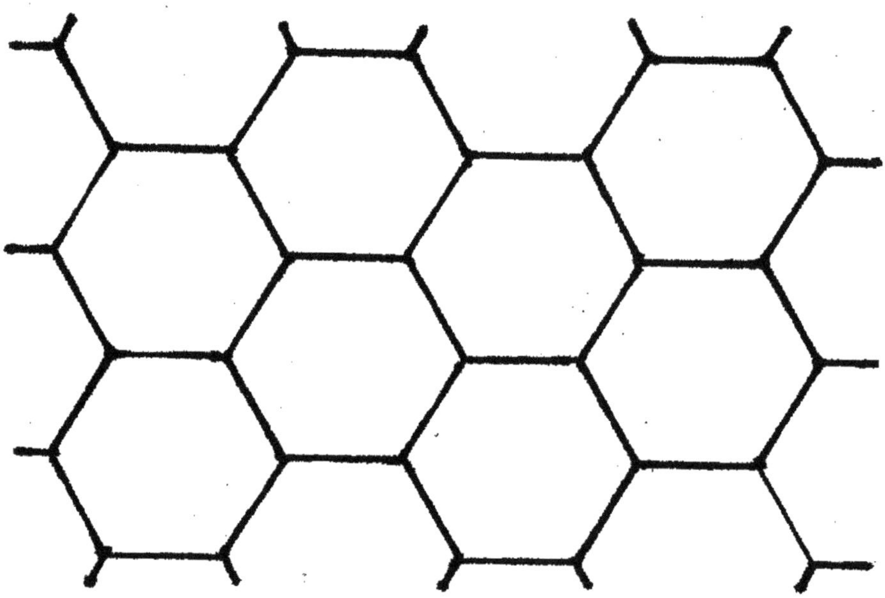

Anscheinend hat die sechseckige Wabe bei gegebenem Flächeninhalt den kleinsten Umfang. Das wollen wir jetzt genauer untersuchen.

1. <u>Flächeninhalt des regelmäßigen Dreiecks mit der Seitenlänge a</u>:

Wir unterteilen das gleichseitige Dreieck mit der Seitenlänge a in zwei rechtwinklige Dreiecke. Dann kann man den Satz des Pythagoras anwenden.

Es gilt: $A = \dfrac{gh}{2} \rightarrow A = \dfrac{ah}{2}$

$\rightarrow$ Satz des Pythagoras: $h^2 + \left(\dfrac{a}{2}\right)^2 = a^2 \,|\, -\left(\dfrac{a}{2}\right)^2$

$\rightarrow h^2 = a^2 - \dfrac{a^2}{4} = \dfrac{3}{4}a^2 \,|\, \sqrt{}$

$\rightarrow h = \sqrt{0,75a^2}$

$\rightarrow h = \dfrac{a}{2}\sqrt{3}$

$\rightarrow A = \dfrac{ah}{2} = \dfrac{a \cdot \frac{a}{2} \cdot \sqrt{3}}{2} = \dfrac{a^2}{4}\sqrt{3}$

2. <u>Flächeninhalt des regelmäßigen Vierecks mit der Seitenlänge b</u>:

$A = \mathbf{b^2}$

3. <u>Flächeninhalt des regelmäßigen Sechsecks mit der Seitenlänge c</u>:

Das Sechseck lässt sich aus sechs gleichseitigen Dreiecken zusammensetzen.

Deshalb gilt: $A = 6 \cdot \dfrac{c^2}{4} \cdot \sqrt{3} = \dfrac{3}{2}c^2 \cdot \sqrt{3}$

Von diesen drei geometrischen Figuren berechnet man jetzt den Umfang. Der Flächeninhalt A ist für alle drei geometrischen Figuren identisch. Der Leser kann für den Flächeninhalt eine beliebige Maßzahl wählen. Man kann jedoch den Flächeninhalt auch weiterhin mit A bezeichnen.

1. <u>Umfang des regelmäßigen Dreiecks</u>:

$A = \dfrac{a^2}{4}\sqrt{3} \,|\cdot 4 \,|: \sqrt{3} \,|\, \sqrt{}$

$\rightarrow a = \sqrt{\dfrac{4A}{\sqrt{3}}}$

$\rightarrow U = 3a$

$\rightarrow U = 3 \cdot \sqrt{\dfrac{4A}{\sqrt{3}}} = \dfrac{6}{\sqrt[4]{3}} \cdot \sqrt{A} = \mathbf{4{,}559 \cdot \sqrt{A}}$

2. <u>Umfang des regelmäßigen Vierecks</u>:

$A = b^2 \,|\, \sqrt{}$

$\rightarrow b = \sqrt{A}$

$\rightarrow U = 4b$

$\rightarrow U = \mathbf{4 \cdot \sqrt{A}}$

3. <u>Umfang des regelmäßigen Sechsecks</u>:

$A = \dfrac{3}{2}c^2 \cdot \sqrt{3} \,|\cdot 2 \,|: 3 \,|: \sqrt{3} \,|\, \sqrt{}$

$\rightarrow c = \sqrt{\dfrac{2A}{3\sqrt{3}}}$

$\rightarrow U = 6c$

$\rightarrow U = 6 \cdot \sqrt{\dfrac{2A}{3\sqrt{3}}} = \dfrac{6\sqrt{2}}{\sqrt{3} \cdot \sqrt[4]{3}} \cdot \sqrt{A} = \mathbf{3{,}722 \cdot \sqrt{A}}$

<u>Überlegung</u>: Damit alle Bienenwaben ein konstantes Volumen V haben, müssen die Seitenwände der Waben alle die gleiche Höhe h besitzen. Damit der Wachsverbrauch für die Konstruktion der Waben minimal ist, muss die Oberfläche der Wabe minimal werden. Für die Oberflächen ergeben sich die folgenden Rechnungen:

Oberfläche der Bienenwabe mit einem regelmäßigen Dreieck als Grundfläche:

$$V = A \cdot h$$
$$O = 2A + U \cdot h \quad \text{(Boden + Deckel + Mantel)}$$
$$\rightarrow \quad O = 2A + 4{,}559 \cdot \sqrt{A} \cdot h$$

Oberfläche der Bienenwabe mit einem regelmäßigen Viereck als Grundfläche:

$$V = A \cdot h$$
$$O = 2A + U \cdot h \quad \text{(Boden + Deckel + Mantel)}$$
$$\rightarrow \quad O = 2A + 4 \cdot \sqrt{A} \cdot h$$

Oberfläche der Bienenwabe mit einem regelmäßigen Sechseck als Grundfläche:

$$V = A \cdot h$$
$$O = 2A + U \cdot h \quad \text{(Boden + Deckel + Mantel)}$$
$$\rightarrow \quad O = 2A + 3{,}722 \cdot \sqrt{A} \cdot h$$

Fazit: Die drei Rechnungen zeigen, dass die Bienen die ökonomischste Form der Wabenkonstruktion gewählt haben.

Falls der Boden der Wabe für die Einlagerung der Eier einen bestimmten Flächeninhalt haben muss, ist der Umfang des Bodens bei einer regelmäßigen sechseckigen Wabe sowie deren Oberfläche am kleinsten. Damit ist die Frage 2 beantwortet.

Literatur: Jiri Sedlacek: „Keine Angst vor Mathematik"; Gondrom-Verlag; Bindlach 1986; Seite 68 - 71

2.1.3 Der Fall mit der Parkettierung von ebenen Flächen

Unter **Parkettierung** versteht man die lückenlose Ausfüllung einer ebenen Fläche mit n-Ecken. Drei Beispiele des Parkettierens mit einer einzigen regelmäßigen geometrischen Figur haben Sie im vorigen Kapitel kennengelernt. Dort haben Sie erfahren, dass eine Parkettierung nur mit regelmäßigen Dreiecken, Vierecken oder Sechsecken möglich ist. Wenn man zwei oder mehrere regelmäßige n-Ecke, wobei die Seitenlängen aller n-Ecke identisch sind, zulässt, aber festlegt, dass jeder Stoßpunkt in gleicher Weise von den n-Ecken umgeben wird, dann gibt es noch weitere acht Möglichkeiten der Parkettierung. Diese acht Möglichkeiten wollen wir rechnerisch herleiten und anschließend die Parkettierungsmöglichkeiten grafisch veranschaulichen.

Wir wollen zunächst den Fall behandeln, dass in jedem Stoßpunkt drei n-Ecke zusammenstoßen. Wir wollen diese drei n-Ecke mit a-Eck, b-Eck und c-Eck bezeichnen. Für die Innenwinkel der regelmäßigen n-Ecke gilt laut vorherigem Kapitel: $\alpha = \dfrac{(a-2)}{a} \cdot 180°$;

$\beta = \dfrac{(b-2)}{b} \cdot 180°$; $\gamma = \dfrac{(c-2)}{c} \cdot 180°$, wobei α der Innenwinkel des a-Ecks, β der Innenwinkel des b-Ecks und γ der Innenwinkel des c-Ecks ist. Diese drei Innenwinkel müssen zusammen 360° ergeben, da man die drei n-Ecke lückenlos um die Stoßpunkte anordnen möchte. Somit gilt:

$$\frac{(a-2)}{a} \cdot 180° + \frac{(b-2)}{b} \cdot 180° + \frac{(c-2)}{c} \cdot 180° = 360° \;|: 180°$$

$$\rightarrow \frac{(a-2)}{a} + \frac{(b-2)}{b} + \frac{(c-2)}{c} = 2 \;\text{(Die Brüche werden in Einzelbrüche zerlegt)}$$

$$\rightarrow \frac{a}{a} - \frac{2}{a} + \frac{b}{b} - \frac{2}{b} + \frac{c}{c} - \frac{2}{c} = 2$$

$\rightarrow 1 - \dfrac{2}{a} + 1 - \dfrac{2}{b} + 1 - \dfrac{2}{c} = 2 \mid - 3$

$\rightarrow -\dfrac{2}{a} - \dfrac{2}{b} - \dfrac{2}{c} = -1 \mid \cdot (-1)$

$\rightarrow \dfrac{2}{a} + \dfrac{2}{b} + \dfrac{2}{c} = 1 \mid : 2$

$\rightarrow \dfrac{1}{a} + \dfrac{1}{b} + \dfrac{1}{c} = \dfrac{1}{2}$ **(Hauptgleichung)**

$\rightarrow$ Es geht also darum, den Bruch $\dfrac{1}{2}$ als Summe von drei Stammbrüchen zu schreiben. Wie Sie aus dem Kapitel über Stammbrüche wissen, muss die Zerlegung von $\dfrac{1}{2}$ in drei Stammbrüchen nicht eindeutig sein. Da a, b und c die Anzahl der Ecken der jeweiligen geometrischen Figur angibt, gilt folgende Ungleichung:

a <= b <= c (Hauptungleichung)

$\rightarrow \dfrac{1}{a} >= \dfrac{1}{b} >= \dfrac{1}{c}$

$\rightarrow \dfrac{1}{2} = \dfrac{1}{a} + \dfrac{1}{b} + \dfrac{1}{c} <= \dfrac{1}{a} + \dfrac{1}{a} + \dfrac{1}{a}$

$\rightarrow \dfrac{1}{2} <= \dfrac{3}{a} \mid \cdot 2a$

$\rightarrow$ **a <= 6 (Ungleichung 1)**

Andererseits gilt die folgende Beziehung: $\dfrac{1}{a} + \dfrac{1}{b} + \dfrac{1}{c} = \dfrac{1}{2}$

$\rightarrow \dfrac{1}{a} < \dfrac{1}{2}$, da $\dfrac{1}{b} + \dfrac{1}{c} > 0$ ist

$\rightarrow$ **a > 2 (Ungleichung 2)**

$\rightarrow$ Für a kommen die Werte 3, 4, 5 und 6 infrage, wenn wir Ungleichung 1 und 2 zugrunde legen.

$\rightarrow$ Jetzt führen wir eine Fallunterscheidung durch, indem wir zunächst a = 3 festsetzen.

1. Fall: $\boxed{a = 3}$

$\dfrac{1}{a} + \dfrac{1}{b} + \dfrac{1}{c} = \dfrac{1}{2}$ (Hauptgleichung)

$\rightarrow \dfrac{1}{3} + \dfrac{1}{b} + \dfrac{1}{c} = \dfrac{1}{2} \mid - \dfrac{1}{3}$

$\rightarrow \dfrac{1}{b} + \dfrac{1}{c} = \dfrac{1}{6}$

$\rightarrow$ Da b <= c ist, gilt: $\dfrac{1}{6} = \dfrac{1}{b} + \dfrac{1}{c} <= \dfrac{1}{b} + \dfrac{1}{b}$

$\rightarrow \dfrac{1}{6} <= \dfrac{2}{b} \mid \cdot 6b$

$\rightarrow$ **b <= 12 (Ungleichung 1)**

Andererseits gilt die folgende Beziehung: $\dfrac{1}{b} + \dfrac{1}{c} = \dfrac{1}{6}$

$\rightarrow \dfrac{1}{b} < \dfrac{1}{6}$, da $\dfrac{1}{c} > 0$ ist

$\rightarrow$ **b > 6 (Ungleichung 2)**

$\rightarrow$ Für b kommen die Werte 7, 8, 9, 10, 11 und 12 infrage, wenn wir Ungleichung 1 und 2 zugrunde legen.

$\rightarrow$ Wir setzen jetzt alle möglichen Werte für b in die Gleichung $\dfrac{1}{a} + \dfrac{1}{b} + \dfrac{1}{c} = \dfrac{1}{2}$ ein und lösen nach c auf. Für a setzen wir jedes Mal den Wert 3 ein.

$\rightarrow$ Fall 1.1: a = 3; b = 7

$\rightarrow \dfrac{1}{3} + \dfrac{1}{7} + \dfrac{1}{c} = \dfrac{1}{2} \mid - \dfrac{1}{3} \mid - \dfrac{1}{7}$

$\rightarrow \dfrac{1}{c} = \dfrac{1}{42} \rightarrow$ c = 42

$\rightarrow$ Das Tripel (3; 7; 42) ist eine Lösung.

$\rightarrow$ <u>Fall 1.2</u>: a = 3; b = 8

$\rightarrow \dfrac{1}{3} + \dfrac{1}{8} + \dfrac{1}{c} = \dfrac{1}{2} \;\Big|\; -\dfrac{1}{3}\Big| -\dfrac{1}{8}$

$\rightarrow \dfrac{1}{c} = \dfrac{1}{24} \rightarrow$ c = 24

$\rightarrow$ Das Tripel (3; 8; 24) ist eine Lösung.

$\rightarrow$ <u>Fall 1.3</u>: a = 3; b = 9

$\rightarrow \dfrac{1}{3} + \dfrac{1}{9} + \dfrac{1}{c} = \dfrac{1}{2} \;\Big|\; -\dfrac{1}{3}\;\Big| -\dfrac{1}{9}$

$\rightarrow \dfrac{1}{c} = \dfrac{1}{18} \rightarrow$ c = 18

$\rightarrow$ Das Tripel (3; 9; 18) ist eine Lösung.

$\rightarrow$ <u>Fall 1.4</u>: a = 3; b = 10

$\rightarrow \dfrac{1}{3} + \dfrac{1}{10} + \dfrac{1}{c} = \dfrac{1}{2} \;\Big|\; -\dfrac{1}{3}\;\Big| -\dfrac{1}{10}$

$\rightarrow \dfrac{1}{c} = \dfrac{1}{15} \rightarrow$ c = 15

$\rightarrow$ Das Tripel (3; 10; 15) ist eine Lösung.

$\rightarrow$ <u>Fall 1.5</u>: a = 3; b = 11

$\rightarrow \dfrac{1}{3} + \dfrac{1}{11} + \dfrac{1}{c} = \dfrac{1}{2} \;\Big|\; -\dfrac{1}{3}\;\Big| -\dfrac{1}{11}$

$\rightarrow \dfrac{1}{c} = \dfrac{5}{66} \rightarrow$ c = $\dfrac{66}{5}$

$\rightarrow$ Da c die Anzahl der Ecken einer geometrischen Figur angibt, muss c eine natürliche Zahl sein. Da c hier aber ein Bruch ist, besitzt die Hauptgleichung keine Lösung.

$\rightarrow$<u>Fall 1.6</u>: a = 3; b = 12

$\rightarrow \dfrac{1}{3} + \dfrac{1}{12} + \dfrac{1}{c} = \dfrac{1}{2} \;\Big|\; -\dfrac{1}{3}\;\Big| -\dfrac{1}{12}$

$\rightarrow \dfrac{1}{c} = \dfrac{1}{12} \rightarrow$ c = 12

$\rightarrow$ Das Tripel (3; 12; 12) ist eine Lösung.

2. Fall: $\boxed{\text{a = 4}}$

$\dfrac{1}{a} + \dfrac{1}{b} + \dfrac{1}{c} = \dfrac{1}{2}$ (Hauptgleichung)

$\rightarrow \dfrac{1}{4} + \dfrac{1}{b} + \dfrac{1}{c} = \dfrac{1}{2} \;\Big| -\dfrac{1}{4}$

$\rightarrow \dfrac{1}{b} + \dfrac{1}{c} = \dfrac{1}{4}$

$\rightarrow$ Da b <= c ist, gilt: $\dfrac{1}{4} = \dfrac{1}{b} + \dfrac{1}{c} <= \dfrac{1}{b} + \dfrac{1}{b}$

$\rightarrow \dfrac{1}{4} <= \dfrac{2}{b} \;\Big| \cdot$ 4b

→ **b <= 8 (Ungleichung 1)**

Andererseits gilt die folgende Beziehung: $\dfrac{1}{b} + \dfrac{1}{c} = \dfrac{1}{4}$

$\rightarrow \dfrac{1}{b} < \dfrac{1}{4}$, da $\dfrac{1}{c} > 0$ ist

→ **b > 4 (Ungleichung 2)**

→ Für b kommen die Werte 5, 6, 7 und 8 infrage, wenn wir Ungleichung 1 und 2 zugrunde legen.

→ Wir setzen jetzt alle möglichen Werte für b in die Gleichung $\dfrac{1}{a} + \dfrac{1}{b} + \dfrac{1}{c} = \dfrac{1}{2}$ ein und lösen nach c auf. Für a setzen wir jedes Mal den Wert 4 ein.

→ <u>Fall 2.1</u>: a = 4; b = 5

$\rightarrow \dfrac{1}{4} + \dfrac{1}{5} + \dfrac{1}{c} = \dfrac{1}{2} \left| - \dfrac{1}{4} \right| - \dfrac{1}{5}$

$\rightarrow \dfrac{1}{c} = \dfrac{1}{20} \rightarrow c = 20$

→ Das Tripel (4; 5; 20) ist eine Lösung.

→ <u>Fall 2.2</u>: a = 4; b = 6

$\rightarrow \dfrac{1}{4} + \dfrac{1}{6} + \dfrac{1}{c} = \dfrac{1}{2} \left| - \dfrac{1}{4} \right| - \dfrac{1}{6}$

$\rightarrow \dfrac{1}{c} = \dfrac{1}{12} \rightarrow c = 12$

→ Das Tripel (4; 6; 12) ist eine Lösung.

→ <u>Fall 2.3</u>: a = 4; b = 7

$\rightarrow \dfrac{1}{2} + \dfrac{1}{7} + \dfrac{1}{c} = \dfrac{1}{2} \left| - \dfrac{1}{4} \right| - \dfrac{1}{7}$

$\rightarrow \dfrac{1}{c} = \dfrac{3}{28} \rightarrow c = \dfrac{28}{3}$

→ Da c die Anzahl der Ecken einer geometrischen Figur angibt, muss c eine natürliche Zahl sein. Da c hier aber ein Bruch ist, besitzt die Hauptgleichung keine Lösung.

→ <u>Fall 2.4</u>: a = 4; b = 8

$\rightarrow \dfrac{1}{4} + \dfrac{1}{8} + \dfrac{1}{c} = \dfrac{1}{2} \left| - \dfrac{1}{4} \right| - \dfrac{1}{8}$

$\rightarrow \dfrac{1}{c} = \dfrac{1}{8} \rightarrow c = 8$

→ Das Tripel (4; 8; 8) ist eine Lösung.

3. Fall: $\boxed{a = 5}$

$\dfrac{1}{a} + \dfrac{1}{b} + \dfrac{1}{c} = \dfrac{1}{2}$ (Hauptgleichung)

$\rightarrow \dfrac{1}{5} + \dfrac{1}{b} + \dfrac{1}{c} = \dfrac{1}{2} \left| - \dfrac{1}{5} \right.$

$\rightarrow \dfrac{1}{b} + \dfrac{1}{c} = \dfrac{3}{10}$

→ Da b <= c ist, gilt: $\dfrac{3}{10} = \dfrac{1}{b} + \dfrac{1}{c} <= \dfrac{1}{b} + \dfrac{1}{b}$

$\rightarrow \dfrac{3}{10} <= \dfrac{2}{b} \left| \cdot 10b \right.$

→ 3b <= 20|: 3

→ $b \leq \dfrac{20}{3}$ **(Ungleichung 1)**

Andererseits gilt die folgende Beziehung: $\dfrac{1}{b} + \dfrac{1}{c} = \dfrac{3}{10}$

$\qquad\qquad$ → $\dfrac{1}{b} < \dfrac{3}{10}$, da $\dfrac{1}{c} > 0$ ist

$\qquad\qquad$ → $b > \dfrac{10}{3}$ **(Ungleichung 2)**

Aufgrund der Hauptungleichung gilt außerdem $b \geq a$, also **b >= 5 (Ungleichung 3)**.

→ Für b kommen die Werte 5 und 6 infrage, wenn wir Ungleichung 1, 2 und 3 zugrunde legen.

→ Wir setzen jetzt alle möglichen Werte für b in die Gleichung $\dfrac{1}{a} + \dfrac{1}{b} + \dfrac{1}{c} = \dfrac{1}{2}$ ein und lösen nach c auf. Für a setzen wir jedes Mal den Wert 5 ein.

→ <u>Fall 3.1</u>: a = 5; b = 5

→ $\dfrac{1}{5} + \dfrac{1}{5} + \dfrac{1}{c} = \dfrac{1}{2} \,\Big|- \dfrac{1}{5}\,\Big|- \dfrac{1}{5}$

→ $\dfrac{1}{c} = \dfrac{1}{10}$ → c = 10

→ Das Tripel (5; 5; 10) ist eine Lösung.

→ <u>Fall 3.2</u>: a = 5; b = 6

→ $\dfrac{1}{5} + \dfrac{1}{6} + \dfrac{1}{c} = \dfrac{1}{2} \,\Big|- \dfrac{1}{5}\,\Big|- \dfrac{1}{6}$

→ $\dfrac{1}{c} = \dfrac{2}{15}$ → $c = \dfrac{15}{2}$

→ Da c die Anzahl der Ecken einer geometrischen Figur angibt, muss c eine natürliche Zahl sein. Da c hier aber ein Bruch ist, besitzt die Hauptgleichung keine Lösung.

4. Fall: $\boxed{a = 6}$

$\qquad \dfrac{1}{a} + \dfrac{1}{b} + \dfrac{1}{c} = \dfrac{1}{2}$ (Hauptgleichung)

→ $\dfrac{1}{6} + \dfrac{1}{b} + \dfrac{1}{c} = \dfrac{1}{2} \,\Big|- \dfrac{1}{6}$

→ $\dfrac{1}{b} + \dfrac{1}{c} = \dfrac{2}{6}$

→ Da $b \leq c$ ist, gilt: $\dfrac{2}{6} = \dfrac{1}{b} + \dfrac{1}{c} \leq \dfrac{1}{b} + \dfrac{1}{b}$

→ $\dfrac{2}{6} \leq \dfrac{2}{b} \,\Big|\cdot 6b$

→ $2b \leq 12 \,|: 2$

→ **b <= 6 (Ungleichung 1)**

Andererseits gilt die folgende Beziehung: $\dfrac{1}{b} + \dfrac{1}{c} = \dfrac{2}{6}$

$\qquad\qquad$ → $\dfrac{1}{b} < \dfrac{2}{6}$, da $\dfrac{1}{c} > 0$ ist

$\qquad\qquad$ → $b > 3$ **(Ungleichung 2)**

Aufgrund der Hauptungleichung gilt außerdem $b \geq a$, also **b >= 6 (Ungleichung 3)**.

→ Für b kommt lediglich der Wert 6 infrage, wenn wir Ungleichung 1, 2 und 3 zugrunde legen.

→ Wir setzen jetzt diesen Wert für b in die Gleichung $\dfrac{1}{a} + \dfrac{1}{b} + \dfrac{1}{c} = \dfrac{1}{2}$ ein und lösen nach c auf. Für a setzen wir den Wert 6 ein.

→ <u>Fall 4.1</u>: $a = 6$; $b = 6$

→ $\dfrac{1}{6} + \dfrac{1}{6} + \dfrac{1}{c} = \dfrac{1}{2} \,\big|- \dfrac{1}{6} \,\big|- \dfrac{1}{6}$

→ $\dfrac{1}{c} = \dfrac{1}{6}$ → $c = 6$

→ Das Tripel (6; 6; 6) ist eine Lösung.

<u>Fazit</u>: Mit Hilfe der Fallunterscheidung haben wir alle Lösungen gefunden, die die Hauptgleichung $\dfrac{1}{a} + \dfrac{1}{b} + \dfrac{1}{c} = \dfrac{1}{2}$ erfüllen. Aus Gründen der Übersichtlichkeit möchte ich noch einmal sämtliche Lösungen auflisten. Sie lauten:

(3; 7; 42)	(4; 5; 20)
(3; 8; 24)	(4; 6; 12)
(3; 9; 18)	(4; 8; 8)
(3; 10; 15)	(5; 5; 10)
(3; 12; 12)	(6; 6; 6)

<u>Frage</u>: Können diese Tripel (regelmäßige n-Ecke) eine ebene Fläche lückenlos ausfüllen, wenn wir als Bedingung festhalten, dass jeder Stoßpunkt in gleicher Weise von den n-Ecken umgeben sein muss?

<u>Antwort</u>: Bei den ersten vier Tripel (3; 7; 42), (3; 8; 24), (3; 9; 18) und (3; 10; 15) kommen jedes Mal genau ein Dreieck und zwei weitere verschiedene n-Ecke vor. Die Eckpunkte (Stoßpunkte) des Dreiecks müssen abwechselnd von den beiden übrigen n-Ecken umgeben werden. Das ist aber nicht möglich. Bei einem Dreieck werden in mindestens einem Eckpunkt immer zwei gleiche n-Ecke zusammenstoßen. Damit ist die obige Bedingung verletzt.

<u>Skizze zum ersten Tripel:</u>

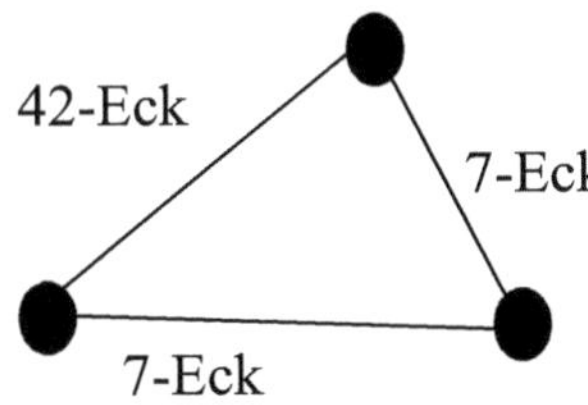

→ Es stoßen zwei gleiche n-Ecke (hier: zwei Siebenecke) in einem Eckpunkt des Dreiecks zusammen. Somit ist die Bedingung verletzt, dass jeder Eckpunkt in gleicher Weise von den übrigen n-Ecken umgeben sein muss.

Auch das Tripel (4; 5; 20) erfüllt nicht die obige Bedingung, da es unmöglich ist, das 4-Eck und das 20-Eck abwechselnd um das 5-Eck zu gruppieren. Bei einem 5-Eck werden in mindestens einem Eckpunkt immer zwei gleiche n-Ecke zusammenstoßen.
Analoge Überlegungen führen zu der Aussage, dass das Tripel (5; 5; 10) auch keine Lösung ist.

Die Tripel (6; 6; 6), (4; 6; 12), (4; 8; 8) und (3; 12; 12) sind Lösungen des Problems.

<u>Begründung</u>: ♦ Das Tripel (6; 6; 6) erfüllt die Bedingung der lückenlosen Ausfüllung einer ebenen Fläche. Die Bedingung, dass jeder Eckpunkt des Sechsecks in gleicher Weise von den übrigen Sechsecken umgeben wird, ist erfüllt. Dieses wurde bereits im letzten Kapitel „Der Fall mit den Bienenwaben" nachgewiesen.
♦ Das Tripel (4; 6; 12) erfüllt ebenfalls die Bedingung der lückenlosen Ausfüllung einer

ebenen Fläche. Es ist nämlich möglich, um ein 4-Eck abwechselnd ein 6-Eck und ein 12-Eck zu gruppieren. Außerdem ist es möglich, um ein 6-Eck abwechselnd ein 4-Eck und ein 12-Eck zu gruppieren. Auch ist es möglich, um ein 12-Eck abwechselnd ein 4-Eck und ein 6-Eck zu gruppieren.
Erst, wenn alle drei Gruppierungsmöglichkeiten gewährleistet sind, liegt eine Lösung des Parkettierungsproblems vor.
♦ Das Tripel (4; 8; 8) erfüllt ebenfalls die Bedingung der lückenlosen Ausfüllung einer ebenen Fläche. Es lassen sich um ein 4-Eck lauter 8-Ecke gruppieren. Außerdem lässt sich um ein 8-Eck abwechselnd ein 4-Eck und ein 8-Eck gruppieren.
♦ Das Tripel (3; 12; 12) erfüllt ebenfalls die Bedingung, da man um ein 3-Eck lauter 12-Ecke gruppieren kann. Außerdem kann man um ein 12-Eck abwechselnd ein 3-Eck und ein 12-Eck gruppieren.

Die grafische Veranschaulichung der vier erwähnten Tripel, die eine lückenlose Ausfüllung einer ebenen Fläche gewährleisten, finden Sie im Anhang.

Wir wollen jetzt den Fall behandeln, dass in jedem Stoßpunkt vier n-Ecke zusammenstoßen. Wir erhalten somit die folgende Gleichung:

$$\frac{(a-2)}{a} \cdot 180° + \frac{(b-2)}{b} \cdot 180° + \frac{(c-2)}{c} \cdot 180° + \frac{(d-2)}{d} \cdot 180° = 360° \; |:180°$$

$$\rightarrow \frac{(a-2)}{a} + \frac{(b-2)}{b} + \frac{(c-2)}{c} + \frac{(d-2)}{d} = 2 \text{ (Die Brüche werden in Einzelbrüche zerlegt)}$$

$$\rightarrow \frac{a}{a} - \frac{2}{a} + \frac{b}{b} - \frac{2}{b} + \frac{c}{c} - \frac{2}{c} + \frac{d}{d} - \frac{2}{d} = 2$$

$$\rightarrow 1 - \frac{2}{a} + 1 - \frac{2}{b} + 1 - \frac{2}{c} + 1 - \frac{2}{d} = 2 \; |-4$$

$$\rightarrow - \frac{2}{a} - \frac{2}{b} - \frac{2}{c} - \frac{2}{d} = -2 \; |\cdot (-1)$$

$$\rightarrow \frac{2}{a} + \frac{2}{b} + \frac{2}{c} + \frac{2}{d} = 2 \; |: 2$$

$$\rightarrow \frac{1}{a} + \frac{1}{b} + \frac{1}{c} + \frac{1}{d} = 1 \quad \textbf{(Hauptgleichung)}$$

$\rightarrow$ Da a, b, c und d die Anzahl der Ecken der jeweiligen geometrischen Figur angibt, gilt die folgende Ungleichung:

a <= b <= c <= d   (Hauptungleichung)

$$\rightarrow \frac{1}{a} >= \frac{1}{b} >= \frac{1}{c} >= \frac{1}{d}$$

$$\rightarrow 1 = \frac{1}{a} + \frac{1}{b} + \frac{1}{c} + \frac{1}{d} <= \frac{1}{a} + \frac{1}{a} + \frac{1}{a} + \frac{1}{a}$$

$$\rightarrow 1 <= \frac{4}{a} \; |\cdot a$$

$\rightarrow$ **a <= 4 (Ungleichung 1)**

Andererseits gilt die folgende Beziehung: $\dfrac{1}{a} + \dfrac{1}{b} + \dfrac{1}{c} + \dfrac{1}{d} = 1$

$$\rightarrow \frac{1}{a} < 1, \text{ da } \frac{1}{b} + \frac{1}{c} + \frac{1}{d} > 0 \text{ ist}$$

$$\rightarrow \textbf{a > 1 (Ungleichung 2)}$$

$\rightarrow$ Weiterhin muss die Beziehung **a >= 3** gelten, da eine geschlossene geometrische Figur mindestens 3 Ecken besitzt (**Ungleichung 3**)

$\rightarrow$ Für a kommen die Werte 3 und 4 infrage, wenn wir Ungleichung 1, 2 und 3 zugrunde legen.

$\rightarrow$ Jetzt führen wir eine Fallunterscheidung durch, indem wir zunächst a = 3 festsetzen.

1. Fall: $\boxed{a = 3}$

$$\frac{1}{3} + \frac{1}{b} + \frac{1}{c} + \frac{1}{d} = 1 \; |-\frac{1}{3} \text{ (Hauptgleichung)}$$

$\rightarrow \dfrac{1}{b} + \dfrac{1}{c} + \dfrac{1}{d} = \dfrac{2}{3}$

$\rightarrow \dfrac{2}{3} = \dfrac{1}{b} + \dfrac{1}{c} + \dfrac{1}{d} <= \dfrac{1}{b} + \dfrac{1}{b} + \dfrac{1}{b}$

$\rightarrow \dfrac{3}{b} >= \dfrac{2}{3} \,|\cdot 3b$

$\rightarrow 9 >= 2b \,|: 2$

$\rightarrow$ b <= 4,5 **(Ungleichung 1)**

$\rightarrow$ Da die Mindestanzahl an Ecken bei geschlossenen Figuren mindestens 3 beträgt und außerdem a <= b gilt, nimmt b die Werte 3 und 4 an.

<u>Fall 1.1</u>: $\boxed{a = 3;\ b = 3}$

$\dfrac{1}{3} + \dfrac{1}{3} + \dfrac{1}{c} + \dfrac{1}{d} = 1 \,|- \dfrac{2}{3}$ (Hauptgleichung)

$\rightarrow \dfrac{1}{c} + \dfrac{1}{d} = \dfrac{1}{3}$

$\rightarrow \dfrac{1}{3} = \dfrac{1}{c} + \dfrac{1}{d} <= \dfrac{1}{c} + \dfrac{1}{c}$

$\rightarrow \dfrac{2}{c} >= \dfrac{1}{3} \,|\cdot 3c$

$\rightarrow 6 >= c$ **(Ungleichung 1)**

Andererseits gilt die folgende Beziehung: $\dfrac{1}{c} + \dfrac{1}{d} = \dfrac{1}{3}$

$\rightarrow \dfrac{1}{c} < \dfrac{1}{3}$, da $\dfrac{1}{d} > 0$ ist

$\rightarrow$ **c > 3 (Ungleichung 2)**

$\rightarrow$ Weiterhin muss die Beziehung **c >= 3** gelten, da eine geschlossene geometrische Figur mindestens 3 Ecken besitzt **(Ungleichung 3)**

$\rightarrow$ Für c kommen unter Berücksichtigung von Ungleichung1, 2 und 3 die Zahlen 4, 5 und 6 infrage.

$\rightarrow$ Wir kombinieren jetzt alle Werte für a = 3, b = 3 und c, um die Gleichung

$\dfrac{1}{a} + \dfrac{1}{b} + \dfrac{1}{c} + \dfrac{1}{d} = 1$ nach d aufzulösen.

$\rightarrow$ <u>Fall 1.1.1</u>: $\boxed{a = 3;\ b = 3;\ c = 4}$

$\rightarrow \dfrac{1}{3} + \dfrac{1}{3} + \dfrac{1}{4} + \dfrac{1}{d} = 1 \,|- \dfrac{11}{12}$

$\rightarrow \dfrac{1}{d} = \dfrac{1}{12}$

$\rightarrow$ d = 12

$\rightarrow$ Fall 1.1.2: $\boxed{a = 3;\ b = 3;\ c = 5}$

$\rightarrow \dfrac{1}{3} + \dfrac{1}{3} + \dfrac{1}{5} + \dfrac{1}{d} = 1 \,|- \dfrac{13}{15}$

$\rightarrow \dfrac{1}{d} = \dfrac{2}{15}$

$\rightarrow$ d $= \dfrac{15}{2}$ (es ist keine Lösung, da d keine natürliche Zahl ist)

$\rightarrow$ <u>Fall 1.1.3</u>: $\boxed{a = 3;\ b = 3;\ c = 6}$

$\rightarrow \dfrac{1}{3} + \dfrac{1}{3} + \dfrac{1}{6} + \dfrac{1}{d} = 1 \,|- \dfrac{5}{6}$

$\rightarrow \dfrac{1}{d} = \dfrac{1}{6}$

$\rightarrow$ d = 6

<u>Fall 1.2</u>: $\boxed{a = 3;\ b = 4}$

$$\frac{1}{3} + \frac{1}{4} + \frac{1}{c} + \frac{1}{d} = 1\ \Big|\ -\frac{7}{12} \quad \text{(Hauptgleichung)}$$

$$\to \frac{1}{c} + \frac{1}{d} = \frac{5}{12}$$

$$\to \frac{5}{12} = \frac{1}{c} + \frac{1}{d} <= \frac{1}{c} + \frac{1}{c}$$

$$\to \frac{2}{c} >= \frac{5}{12}\ \Big|\ \cdot 12c$$

$$\to 24 >= 5c\ |: 5$$

$$\to c <= \frac{24}{5}\ \textbf{(Ungleichung 1)}$$

Andererseits gilt die folgende Beziehung: $\dfrac{1}{c} + \dfrac{1}{d} = \dfrac{5}{12}$

$$\to \frac{1}{c} < \frac{5}{12}, \text{ da } \frac{1}{d} > 0 \text{ ist}$$

$$\to c > \frac{12}{5}\ \textbf{(Ungleichung 2)}$$

$\to$ Weiterhin muss die Beziehung $\mathbf{c >= 3}$ gelten, da eine geschlossene geometrische Figur mindestens 3 Ecken besitzt. Außerdem gilt c >= b, also c >= 4 **(Ungleichung 3)**

$\to$ Für c kommt unter Berücksichtigung von Ungleichung1, 2 und 3 lediglich die Zahl 4 infrage.

$\to$ Wir kombinieren jetzt die Werte für a = 3, b = 4 und c = 4, um die Gleichung

$$\frac{1}{a} + \frac{1}{b} + \frac{1}{c} + \frac{1}{d} = 1 \text{ nach d aufzulösen.}$$

$\to$ <u>Fall 1.2.1</u>: $\boxed{a = 3;\ b = 4;\ c = 4}$

$$\to \frac{1}{3} + \frac{1}{4} + \frac{1}{4} + \frac{1}{d} = 1\ \Big|\ -\frac{10}{12}$$

$$\to \frac{1}{d} = \frac{2}{12}$$

$$\to d = 6$$

2. Fall: $\boxed{a = 4}$

$$\frac{1}{4} + \frac{1}{b} + \frac{1}{c} + \frac{1}{d} = 1\ \Big|\ -\frac{1}{4} \quad \text{(Hauptgleichung)}$$

$$\to \frac{1}{b} + \frac{1}{c} + \frac{1}{d} = \frac{3}{4}$$

$$\to \frac{3}{4} = \frac{1}{b} + \frac{1}{c} + \frac{1}{d} <= \frac{1}{b} + \frac{1}{b} + \frac{1}{b}$$

$$\to \frac{3}{b} >= \frac{3}{4}\ \Big|\ \cdot 4b$$

$$\to 12 >= 3b\ |: 3$$

$$\to b <= 4\ \textbf{(Ungleichung 1)}$$

$\to$ Da die Mindestanzahl an Ecken bei geschlossenen Figuren mindestens 3 beträgt und außerdem a <= b gilt, also 4 <= b, nimmt b unter Berücksichtigung der Ungleichung 1 lediglich den Wert 4 an.

<u>Fall 2.1</u>: $\boxed{a = 4;\ b = 4}$

$$\frac{1}{4} + \frac{1}{4} + \frac{1}{c} + \frac{1}{d} = 1\ \Big|\ -\frac{2}{4} \quad \text{(Hauptgleichung)}$$

$$\to \frac{1}{c} + \frac{1}{d} = \frac{1}{2}$$

$$\rightarrow \frac{1}{2} = \frac{1}{c} + \frac{1}{d} <= \frac{1}{c} + \frac{1}{c}$$

$$\rightarrow \frac{2}{c} >= \frac{1}{2} \;|\cdot 2c$$

$\rightarrow 4 >= c$ **(Ungleichung 1)**

Andererseits gilt die folgende Beziehung: $\frac{1}{c} + \frac{1}{d} = \frac{1}{2}$

$$\rightarrow \frac{1}{c} < \frac{1}{2}, \text{ da } \frac{1}{d} > 0 \text{ ist}$$

$\rightarrow$ **c > 2 (Ungleichung 2)**

$\rightarrow$ Da die Mindestanzahl an Ecken bei geschlossenen Figuren mindestens 3 beträgt und außerdem b <= c gilt, also 4 <= c, nimmt c unter Berücksichtigung der Ungleichung 1 lediglich den Wert 4 an.

$\rightarrow$ Wir kombinieren jetzt die Werte für a = 4, b = 4 und c = 4, um die Gleichung

$\frac{1}{a} + \frac{1}{b} + \frac{1}{c} + \frac{1}{d} = 1$ nach d aufzulösen.

$\rightarrow$ <u>Fall 2.1.1</u>: $\boxed{a = 4;\ b = 4;\ c = 4}$

$$\rightarrow \frac{1}{4} + \frac{1}{4} + \frac{1}{4} + \frac{1}{d} = 1 \;\left|-\frac{3}{4}\right.$$

$$\rightarrow \frac{1}{d} = \frac{1}{4}$$

$\rightarrow$ d = 4

<u>Fazit</u>: Aufgrund der Fallunterscheidung kommen folgende Tupel als mögliche Lösungen infrage, wenn in jedem Stoßpunkt vier n-Ecke zusammenstoßen sollen und eine lückenlose Ausfüllung einer ebenen Fläche gewährleistet sein soll. Die Tupel lauten:

(3; 3; 4; 12); (3; 4; 4; 6); (3; 3; 6; 6); (4; 4; 4; 4)

<u>Frage</u>: Sind dies aber auch reale Lösungen?

<u>Antwort</u>: Es kommen nur die letzten drei Tupel infrage. Davon kann man sich aufgrund der grafischen Veranschaulichung überzeugen (siehe Anhang).

Wir wollen jetzt den Fall behandeln, dass in jedem Stoßpunkt fünf n-Ecke zusammenstoßen. Wir erhalten somit die folgende Gleichung:

$$\frac{(a-2)}{a}\cdot 180° + \frac{(b-2)}{b}\cdot 180° + \frac{(c-2)}{c}\cdot 180° + \frac{(d-2)}{d}\cdot 180° + \frac{(e-2)}{e}\cdot 180° = 360° \;|: 180°$$

$$\rightarrow \frac{(a-2)}{a} + \frac{(b-2)}{b} + \frac{(c-2)}{c} + \frac{(d-2)}{d} + \frac{(e-2)}{e} = 2 \quad \text{(Zerlegung in Einzelbrüche)}$$

$$\rightarrow \frac{a}{a} - \frac{2}{a} + \frac{b}{b} - \frac{2}{b} + \frac{c}{c} - \frac{2}{c} + \frac{d}{d} - \frac{2}{d} + \frac{e}{e} - \frac{2}{e} = 2$$

$$\rightarrow 1 - \frac{2}{a} + 1 - \frac{2}{b} + 1 - \frac{2}{c} + 1 - \frac{2}{d} + 1 - \frac{2}{e} = 2 \;|- 5$$

$$\rightarrow -\frac{2}{a} - \frac{2}{b} - \frac{2}{c} - \frac{2}{d} - \frac{2}{e} = -3 \;|\cdot (-1)$$

$$\rightarrow \frac{2}{a} + \frac{2}{b} + \frac{2}{c} + \frac{2}{d} + \frac{2}{e} = 3 \;|: 2$$

$$\rightarrow \frac{1}{a} + \frac{1}{b} + \frac{1}{c} + \frac{1}{d} + \frac{1}{e} = \frac{3}{2} \quad \textbf{(Hauptgleichung)}$$

$\rightarrow$ Da a, b, c, d und e die Anzahl der Ecken der jeweiligen geometrischen Figur angibt, gilt die folgende Ungleichung:

a <= b <= c <= d <= e (Hauptungleichung)

$$\rightarrow \frac{1}{a} >= \frac{1}{b} >= \frac{1}{c} >= \frac{1}{d} >= \frac{1}{e}$$

$$\rightarrow \frac{3}{2} = \frac{1}{a} + \frac{1}{b} + \frac{1}{c} + \frac{1}{d} + \frac{1}{e} <= \frac{1}{a} + \frac{1}{a} + \frac{1}{a} + \frac{1}{a} + \frac{1}{a}$$

$\rightarrow \dfrac{3}{2} <= \dfrac{5}{a} \mid \cdot 2a$

$\rightarrow 3a <= 10 \mid : 3$

$\rightarrow a <= \dfrac{10}{3}$ **(Ungleichung 1)**

Andererseits gilt die folgende Beziehung: $\dfrac{1}{a} + \dfrac{1}{b} + \dfrac{1}{c} + \dfrac{1}{d} + \dfrac{1}{e} = \dfrac{3}{2}$

$$\rightarrow \dfrac{1}{a} < \dfrac{3}{2}, \text{ da } \dfrac{1}{b} + \dfrac{1}{c} + \dfrac{1}{d} + \dfrac{1}{e} > 0 \text{ ist}$$

$$\rightarrow \mathbf{a} > \dfrac{2}{3} \textbf{ (Ungleichung 2)}$$

$\rightarrow$ Weiterhin muss die Beziehung **a >= 3** gelten, da eine geschlossene geometrische Figur mindestens 3 Ecken besitzt (**Ungleichung 3**)

$\rightarrow$ Für a kommt lediglich der Wert 3 in Frage, wenn wir Ungleichung 1, 2 und 3 zugrunde legen.

$\rightarrow$ Jetzt führen wir eine Fallunterscheidung durch, indem wir a = 3 wählen.

1. Fall: $\boxed{a = 3}$

$\dfrac{1}{3} + \dfrac{1}{b} + \dfrac{1}{c} + \dfrac{1}{d} + \dfrac{1}{e} = \dfrac{3}{2} \mid - \dfrac{1}{3}$ (Hauptgleichung)

$\rightarrow \dfrac{1}{b} + \dfrac{1}{c} + \dfrac{1}{d} + \dfrac{1}{e} = \dfrac{7}{6}$

$\rightarrow \dfrac{7}{6} = \dfrac{1}{b} + \dfrac{1}{c} + \dfrac{1}{d} + \dfrac{1}{e} <= \dfrac{1}{b} + \dfrac{1}{b} + \dfrac{1}{b} + \dfrac{1}{b}$

$\rightarrow \dfrac{4}{b} >= \dfrac{7}{6} \mid \cdot 6b$

$\rightarrow 24 >= 7b \mid : 7$

$\rightarrow b <= \dfrac{24}{7}$ **(Ungleichung 1)**

$\rightarrow$ Da die Mindestanzahl an Ecken bei geschlossenen Figuren mindestens 3 beträgt und außerdem a <= b gilt, muss 3 <= b und b <= $\dfrac{24}{7}$ gelten. Somit nimmt b lediglich den Wert 3 an.

Fall 1.1: $\boxed{a = 3; \ b = 3}$

$\dfrac{1}{3} + \dfrac{1}{3} + \dfrac{1}{c} + \dfrac{1}{d} + \dfrac{1}{e} = \dfrac{3}{2} \mid - \dfrac{2}{3}$ (Hauptgleichung)

$\rightarrow \dfrac{1}{c} + \dfrac{1}{d} + \dfrac{1}{e} = \dfrac{5}{6}$

$\rightarrow \dfrac{5}{6} = \dfrac{1}{c} + \dfrac{1}{d} + \dfrac{1}{e} <= \dfrac{1}{c} + \dfrac{1}{c} + \dfrac{1}{c}$

$\rightarrow \dfrac{3}{c} >= \dfrac{5}{6} \mid \cdot 6c$

$\rightarrow 18 >= 5c \mid : 5$

$\rightarrow c <= \dfrac{18}{5}$ **(Ungleichung 1)**

Andererseits gilt die folgende Beziehung: $\dfrac{1}{c} + \dfrac{1}{d} + \dfrac{1}{e} = \dfrac{5}{6}$

$$\rightarrow \dfrac{1}{c} < \dfrac{5}{6}, \text{ da } \dfrac{1}{d} + \dfrac{1}{e} > 0 \text{ ist}$$

$$\rightarrow c > \dfrac{6}{5} \textbf{ (Ungleichung 2)}$$

$\rightarrow$ Da die Mindestanzahl an Ecken bei geschlossenen Figuren mindestens 3 beträgt und außerdem b <= c gilt, muss 3 <= c und c <= $\dfrac{18}{5}$ gelten. Somit nimmt c lediglich den Wert 3 an.

→ <u>Fall 1.1.1</u>: $\boxed{a = 3;\ b = 3;\ c = 3}$

→ $\dfrac{1}{3} + \dfrac{1}{3} + \dfrac{1}{3} + \dfrac{1}{d} + \dfrac{1}{e} = \dfrac{3}{2}\ \big|- 1$

→ $\dfrac{1}{d} + \dfrac{1}{4} = \dfrac{1}{2}$

→ $\dfrac{1}{2} = \dfrac{1}{d} + \dfrac{1}{e} <= \dfrac{1}{d} + \dfrac{1}{d}$

→ $\dfrac{1}{2} <= \dfrac{2}{d}\ \big|\cdot 2d$

→ $d <= 4$ **(Ungleichung 1)**

Andererseits gilt die folgende Beziehung: $\dfrac{1}{d} + \dfrac{1}{e} = \dfrac{1}{2}$

$$→ \dfrac{1}{d} < \dfrac{1}{2},\ \text{da}\ \dfrac{1}{e} > 0\ \text{ist}$$

$$→ \mathbf{d > 2\ (Ungleichung\ 2)}$$

→ Weiterhin muss die Beziehung d >= 3 und d >= c gelten **(Ungleichung 3)**.

→ Für d kommen unter Berücksichtigung von Ungleichung 1, 2 und 3 die Werte 3 und 4 infrage. Somit ergeben sich die folgenden zwei Möglichkeiten:

→ Fall 1.1.1.1: $\boxed{a = 3;\ b = 3;\ c = 3;\ d = 3}$

→ $\dfrac{1}{3} + \dfrac{1}{3} + \dfrac{1}{3} + \dfrac{1}{3} + \dfrac{1}{e} = \dfrac{3}{2}\ \big|- \dfrac{4}{3}$

→ $\dfrac{1}{e} = \dfrac{1}{6}$

→ e = 6 (Dies ist eine Lösung, da e >= 3 und e >= d und e eine natürliche Zahl ist.)

→ <u>Fall 1.1.1.2</u>: $\boxed{a = 3;\ b = 3;\ c = 3;\ d = 4}$

→ $\dfrac{1}{3} + \dfrac{1}{3} + \dfrac{1}{3} + \dfrac{1}{4} + \dfrac{1}{e} = \dfrac{3}{2}\ \big|- \dfrac{15}{12}$

→ $\dfrac{1}{e} = \dfrac{3}{12}$

→ e = 4 (Dies ist eine Lösung, da e >= 3 und e >= d und e eine natürliche Zahl ist.)

<u>Fazit</u>: Folgende Tupel kommen als mögliche Lösungen infrage, wenn in jedem Stoßpunkt fünf n-Ecke zusammenstoßen sollen und eine lückenlose Ausfüllung einer ebenen Fläche gewährleistet sein soll. Die Tupel heißen:
(3; 3; 3; 3; 6) und (3, 3, 3; 4; 4).
Beide Tupel sind Lösungen des oben genannten Problems. Für das zweite Tupel gibt es sogar zwei Möglichkeiten der Parkettierung. Die grafische Veranschaulichung finden Sie im Anhang.

Wir wollen jetzt den Fall behandeln, dass in jedem Stoßpunkt sechs n-Ecke zusammenstoßen. Wir erhalten somit die folgende Gleichung:

$\dfrac{(a-2)}{a}\cdot 180° + \dfrac{(b-2)}{b}\cdot 180° + \dfrac{(c-2)}{c}\cdot 180° + \dfrac{(d-2)}{d}\cdot 180° + \dfrac{(e-2)}{e}\cdot 180° + \dfrac{(f-2)}{f}\cdot 180° = 360°\ \big|: 180°$

$→ \dfrac{(a-2)}{a} + \dfrac{(b-2)}{b} + \dfrac{(c-2)}{c} + \dfrac{(d-2)}{d} + \dfrac{(e-2)}{e} + \dfrac{(f-2)}{f} = 2$

$→ \dfrac{a}{a} - \dfrac{2}{a} + \dfrac{b}{b} - \dfrac{2}{b} + \dfrac{c}{c} - \dfrac{2}{c} + \dfrac{d}{d} - \dfrac{2}{d} + \dfrac{e}{e} - \dfrac{2}{e} + \dfrac{f}{f} - \dfrac{2}{f} = 2$

$→ 1 - \dfrac{2}{a} + 1 - \dfrac{2}{b} + 1 - \dfrac{2}{c} + 1 - \dfrac{2}{d} + 1 - \dfrac{2}{e} + 1 - \dfrac{2}{f} = 2\ \big|- 6$

$→ -\dfrac{2}{a} - \dfrac{2}{b} - \dfrac{2}{c} - \dfrac{2}{d} - \dfrac{2}{e} - \dfrac{2}{f} = -4\ \big|\cdot (-1)$

$$\rightarrow \frac{2}{a} + \frac{2}{b} + \frac{2}{c} + \frac{2}{d} + \frac{2}{e} + \frac{2}{f} = 4 \;|: 2$$

$$\rightarrow \frac{1}{a} + \frac{1}{b} + \frac{1}{c} + \frac{1}{d} + \frac{1}{e} + \frac{1}{f} = 2 \;\textbf{(Hauptgleichung)}$$

→ Da a, b, c, d, e und f die Anzahl der Ecken der jeweiligen geometrischen Figur angeben, gilt die folgende Ungleichung:

a <= b <= c <= d <= e <= f (Hauptungleichung)

$$\rightarrow \frac{1}{a} >= \frac{1}{b} >= \frac{1}{c} >= \frac{1}{d} >= \frac{1}{e} >= \frac{1}{f}$$

$$\rightarrow 2 = \frac{1}{a} + \frac{1}{b} + \frac{1}{c} + \frac{1}{d} + \frac{1}{e} + \frac{1}{f} <= \frac{1}{a} + \frac{1}{a} + \frac{1}{a} + \frac{1}{a} + \frac{1}{a} + \frac{1}{a}$$

$$\rightarrow 2 <= \frac{6}{a} \;|\cdot a$$

$$\rightarrow 2a <= 6 \;|: 2$$

→ **a <= 3 (Ungleichung 1)**

Andererseits gilt die folgende Beziehung: $\dfrac{1}{a} + \dfrac{1}{b} + \dfrac{1}{c} + \dfrac{1}{d} + \dfrac{1}{e} + \dfrac{1}{f} = 2$

$$\rightarrow \frac{1}{a} < 2,\ \text{da}\ \frac{1}{b} + \frac{1}{c} + \frac{1}{d} + \frac{1}{e} + \frac{1}{f} > 0\ \text{ist}$$

$$\rightarrow a > \frac{1}{2}\ \textbf{(Ungleichung 2)}$$

→ Weiterhin muss die Beziehung **a >= 3** gelten, da eine geschlossene geometrische Figur mindestens 3 Ecken besitzt (**Ungleichung 3**).

→ Für a kommt lediglich der Wert 3 infrage, wenn wir Ungleichung 1, 2 und 3 zugrunde legen.

→ Jetzt führen wir eine Fallunterscheidung durch, indem wir a = 3 wählen.

1. Fall: $\boxed{a = 3}$

$$\frac{1}{3} + \frac{1}{b} + \frac{1}{c} + \frac{1}{d} + \frac{1}{e} + \frac{1}{f} = 2 \;|- \frac{1}{3}\ \text{(Hauptgleichung)}$$

$$\rightarrow \frac{1}{b} + \frac{1}{c} + \frac{1}{d} + \frac{1}{e} + \frac{1}{f} = \frac{5}{3}$$

$$\rightarrow \frac{5}{3} = \frac{1}{b} + \frac{1}{c} + \frac{1}{d} + \frac{1}{e} + \frac{1}{f} <= \frac{1}{b} + \frac{1}{b} + \frac{1}{b} + \frac{1}{b} + \frac{1}{b}$$

$$\rightarrow \frac{5}{b} >= \frac{5}{3} \;|\cdot 3b$$

$$\rightarrow 15 >= 5b \;|: 5$$

→ **b <= 3 (Ungleichung 1)**

→ Da b >= a ist, nimmt b nur den Wert 3 an.

Fall 1.1: $\boxed{a = 3;\ b = 3}$

$$\frac{1}{3} + \frac{1}{3} + \frac{1}{c} + \frac{1}{d} + \frac{1}{e} + \frac{1}{f} = 2 \;|- \frac{2}{3}\ \text{(Hauptgleichung)}$$

$$\rightarrow \frac{1}{c} + \frac{1}{d} + \frac{1}{e} + \frac{1}{f} = \frac{4}{3}$$

$$\rightarrow \frac{4}{3} = \frac{1}{c} + \frac{1}{d} + \frac{1}{e} + \frac{1}{f} <= \frac{1}{c} + \frac{1}{c} + \frac{1}{c} + \frac{1}{c}$$

$$\rightarrow \frac{4}{c} >= \frac{4}{3} \;|\cdot 3c$$

$$\rightarrow 12 >= 4c \;|: 4$$

→ **c <= 3 (Ungleichung 1)**

→ Da c >= a und c >= b gilt, nimmt c nur den Wert 3 an.

<u>Fall 1.1.1</u>: $\boxed{a = 3;\ b = 3;\ c = 3}$

$$\frac{1}{3} + \frac{1}{3} + \frac{1}{3} + \frac{1}{d} + \frac{1}{e} + \frac{1}{f} = 2 \ |- 1 \quad \text{(Hauptgleichung)}$$

$$\rightarrow \frac{1}{d} + \frac{1}{e} + \frac{1}{f} = 1$$

$$\rightarrow 1 = \frac{1}{d} + \frac{1}{e} + \frac{1}{f} <= \frac{1}{d} + \frac{1}{d} + \frac{1}{d}$$

$$\rightarrow \frac{3}{d} >= 1 \ |\cdot d$$

$$\rightarrow 3 >= d$$

$\rightarrow$ d <= 3 (**Ungleichung 1**)

$\rightarrow$ Da d >= a, d >= b und d >= c gilt, nimmt d nur den Wert 3 an.

<u>Fall 1.1.1.1</u>: $\boxed{a = 3;\ b = 3;\ c = 3;\ d = 3}$

$$\frac{1}{3} + \frac{1}{3} + \frac{1}{3} + \frac{1}{3} + \frac{1}{e} + \frac{1}{f} = 2 \ |- \frac{4}{3} \quad \text{(Hauptgleichung)}$$

$$\rightarrow \frac{1}{e} + \frac{1}{f} = \frac{2}{3}$$

$$\rightarrow \frac{2}{3} = \frac{1}{e} + \frac{1}{f} <= \frac{1}{e} + \frac{1}{e}$$

$$\rightarrow \frac{2}{e} >= \frac{2}{3} \ |\cdot 3e$$

$$\rightarrow 6 >= 2e \ |: 2$$

$\rightarrow$ e <= 3 (**Ungleichung 1**)

$\rightarrow$ Da e >= a, e >= b, e >= c und e >= d gilt, nimmt e nur den Wert 3 an.

<u>Fall 1.1.1.1.1</u>: $\boxed{a = 3;\ b = 3;\ c = 3;\ d = 3;\ e = 3}$

$$\frac{1}{3} + \frac{1}{3} + \frac{1}{3} + \frac{1}{3} + \frac{1}{3} + \frac{1}{f} = 2 \ |- \frac{5}{3} \quad \text{(Hauptgleichung)}$$

$$\rightarrow \frac{1}{f} = \frac{1}{3} \ |\cdot 3f$$

$$\rightarrow f = 3$$

$\rightarrow$ Da f >= a, f >= b, f >= c, f >= d und f >= e gilt, nimmt f nur den Wert 3 an.

<u>Fazit</u>: Lediglich das Tupel (3; 3; 3; 3; 3; 3) liefert eine mögliche Lösung des Problems. Die grafische Veranschaulichung finden Sie im Anhang.

<u>Frage</u>: Die abschließende Frage ist die, ob es Parkettierungen der ebenen Fläche mit regelmäßigen n-Ecken gibt, wobei mehr als sechs n-Ecke die Stoßpunkte umgeben.

<u>Antwort</u>: Nein. Diese Antwort kann man folgendermaßen begründen: Bei der Anzahl der n-Ecke, die die Stoßpunkte umgeben, haben wir folgende Ungleichungen aufgestellt:

wenn drei n-Ecke die Stoßpunkte umgeben, gilt: $\dfrac{3}{a} >= \dfrac{1}{2}$

wenn vier n-Ecke die Stoßpunkte umgeben, gilt: $\dfrac{4}{a} >= \dfrac{2}{2}$

wenn fünf n-Ecke die Stoßpunkte umgeben, gilt: $\dfrac{5}{a} >= \dfrac{3}{2}$

wenn sechs n-Ecke die Stoßpunkte umgeben, gilt: $\dfrac{6}{a} >= \dfrac{4}{2}$

Man erkennt bei den Ungleichungen eine Gesetzmäßigkeit zwischen den jeweiligen Zählern.

Die Zähler auf der linken Seite der Ungleichungen sind immer um zwei größer als die Zähler auf der rechten Seite der Ungleichungen.

Somit gilt allgemein:

Wenn m n-Ecke die Stoßpunkte umgeben, gilt: $\dfrac{m}{a} >= \dfrac{m-2}{2}$

Hierbei gibt a die geringste Anzahl an Ecken wieder, die die jeweiligen n-Ecke bei der Gruppierung um die Stoßpunkte besitzen. Die Anzahl a muss mindestens drei betragen, da die Mindestanzahl an Ecken einer geschlossenen geometrischen Figur drei beträgt.

$\rightarrow \dfrac{m}{a} >= \dfrac{m-2}{2} \mid \cdot 2a$

$\rightarrow 2m >= a(m-2) \mid : (m-2)$

$\rightarrow \dfrac{2m}{(m-2)} >= a$ (Wir führen jetzt eine Polynomdivision des Ausdrucks auf der linken Seite durch.)

$\rightarrow 2 + \dfrac{4}{m-2} >= a$

$\rightarrow$ Man erkennt, dass für m > 6 der Ausdruck auf der linken Seite der Ungleichung kleiner als drei wird. Das widerspricht jedoch der Tatsache, dass a nicht kleiner als drei sein kann. Für m > 6 hat die Ungleichung also keine Lösung.

$\rightarrow$ Mit anderen Worten: Es ist nicht möglich, eine lückenlose Parkettierung der ebenen Fläche mit regelmäßigen n-Ecken durchzuführen, wenn mehr als sechs n-Ecke die Stoßpunkte umgeben sollen.

Fazit: Für den Beweis dieses Parkettierungsproblems habe ich fast 15 Seiten benötigt. Viele von Ihnen werden einen solch langen Beweis noch nie gesehen haben. Ich gebe zu, dass aufgrund der Fallunterscheidungen der Beweis auf Sie recht monoton gewirkt haben könnte, da sich die Beweisschritte immer auf ähnliche Art und Weise wiederholten. Dennoch finde ich es sehr wichtig, dass Sie von mir mit einem umfangreichen Beweis konfrontiert wurden, denn in der Mathematik kommt es nicht selten vor, dass Beweise über 100 Seiten lang sind (dies gilt z.B. für den Beweis des Satzes von Fermat durch Andrew Wiles). Auch Sie können sich jetzt zu dem Kreis der Auserwählten zählen, die zumindest einmal in ihrem Leben einen ziemlich langen Beweis gesehen haben und ihn vielleicht sogar nachvollziehen konnten. Manche Formulierungen haben sich mehrfach wiederholt, was im Deutschunterricht bei einer schriftlichen Abhandlung nicht gerne gesehen wird. In der Mathematik wird das aus zwei Gründen häufiger gemacht:
1. So verhindert man bei einem langen Beweis, dass der Leser die Übersicht verliert.
2. Somit wird erreicht, dass sich die einzelnen Beweisschritte besser einprägen.

Literatur: Jiri Sedlacek: „Keine Angst vor Mathematik"; Gondrom-Verlag; Bindlach 1986; Seite 72 – 76
Keith Devlin: „Muster der Mathematik; Akademischer Verlag 1994; Seite 188 - 189

Bemerkung 1: Bisher haben wir Parkettierungen mit regelmäßigen n-Ecken betrachtet. Wählt man das regelmäßige 5-Eck, so lässt sich eine ebene Fläche nicht lückenlos damit ausfüllen. Wählt man jedoch ein nicht regelmäßiges 5-Eck mit zwei parallelen Seiten, so lässt sich die Ebene lückenlos parkettieren. Dabei darf das 5-Eck durchaus gleichseitig sein.

<u>Beispiel</u>:

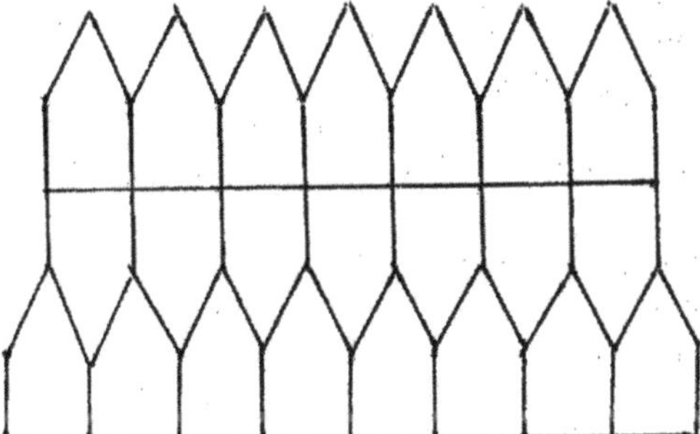

<u>Bemerkung 2</u>: Wählt man ein nicht regelmäßiges 6-Eck, so haben Mathematiker herausgefunden, dass es genau drei Möglichkeiten gibt, eine ebene Fläche lückenlos zu parkettieren.

Wenn man sich die grafische Veranschaulichung aller Parkettierungen, die wir bisher behandelt haben, näher betrachtet, so fällt auf, dass die Ebene mit einem sich wiederholenden Muster bedeckt wird. Diese Art von Parkettierung nennt man **periodisch**. Periodische Parkettierungen besitzen eine Translationssymmetrie. Eine Translation ist eine Verschiebung. Wenn man das Grundmuster der Parkettierung hat, dann kann man durch Verschiebung das Grundmuster über die ganze Ebene fortsetzen.
Die andere Art der Parkettierung nennt man **aperiodisch**. Hier wird das Grundmuster nicht durch Verschiebungen über die ganze Ebene fortgesetzt.

<u>Frage</u>: Kann man überhaupt eine Ebene mit einem oder mehreren verschiedenen n-Ecken aperiodisch überdecken?

<u>Antwort</u>: Im Jahr 1974 hat der Mathematiker Roger Penrose die erste aperiodische Parkettierung einer Ebene gefunden. Hierfür benutzte er zwei verschiedene 4-Ecke. Beim ersten Viereck waren die gegenüberliegenden Seiten parallel. Alle vier Seiten hatten die gleiche Länge. Die beiden kleineren Winkel betrugen jeweils 72° und die beiden größeren Winkel jeweils 108°.
Beim zweiten Viereck waren die gegenüberliegenden Seiten ebenfalls parallel. Alle vier Seiten hatten wieder die gleiche Länge; außerdem war diese Länge mit der Seitenlänge des ersten Vierecks identisch. Die beiden kleineren Winkel betrugen jeweils 36° und die beiden größeren Winkel jeweils 144°. Diese beiden Vierecke reichten aus, um eine ebene Fläche lückenlos aperiodisch zu parkettieren. Das Muster, das hierbei entstand, wird auch **„Penrosemuster"** genannt. Ein Ausschnitt aus dem Penrosemuster sieht folgendermaßen aus:

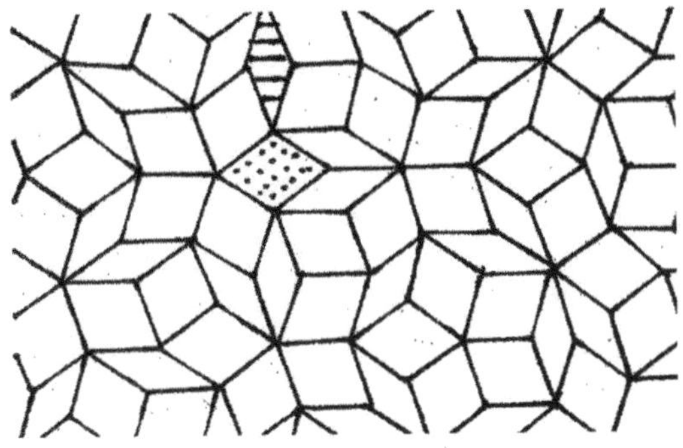

Das gepunktete Viereck hat die Winkel 108° bzw. 72° und das gestrichelte Viereck somit die Winkel 144° bzw. 36°.

Dieses Penrosemuster hat neben der Aperiodizität einige weitere interessante Eigenschaften:

<u>Eigenschaft 1</u>: Die Seitenlänge des ersten Vierecks betrage 1 cm. Wir wollen jetzt die Länge der längeren Diagonalen berechnen. Hierfür wenden wir den Kosinussatz für Dreiecke an:

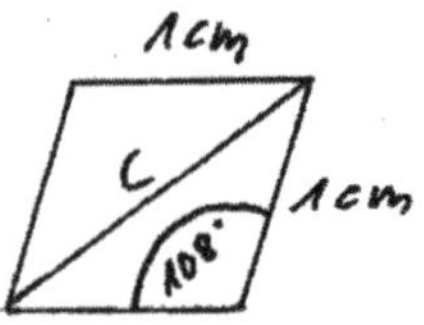

$$c^2 = a^2 + b^2 - 2ab \cdot \cos\gamma$$
$$\rightarrow c^2 = 1^2 + 1^2 - 2 \cdot 1 \cdot 1 \cdot \cos 108°$$
$$\rightarrow c^2 = 2 - 2 \cdot \cos 108°$$
$$\rightarrow c^2 = 2{,}618033989 \, |\sqrt{}$$
$$\rightarrow c = 1{,}618033989$$

Diese Zahl kennen Sie bereits; es ist die Zahl des „Goldenen Schnitts".
<u>Frage</u>: Erhält man die Zahl des „Goldenen Schnitts" auch, wenn die Seitenlängen des Vierecks nicht 1 cm betragen?

<u>Antwort</u>: Diese Frage lässt sich mit dem Strahlensatz beantworten.

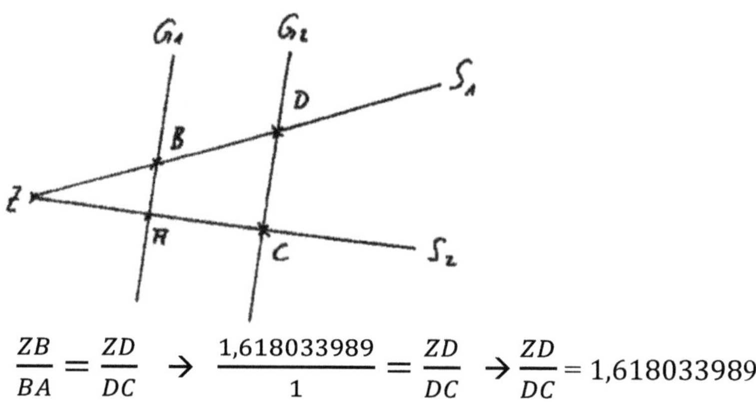

$$\frac{ZB}{BA} = \frac{ZD}{DC} \quad \rightarrow \quad \frac{1{,}618033989}{1} = \frac{ZD}{DC} \quad \rightarrow \quad \frac{ZD}{DC} = 1{,}618033989$$

Das Verhältnis der Diagonallänge zur Seitenlänge ergibt immer 1,618033989, also die Zahl des „Goldenen Schnitts".

<u>Eigenschaft 2</u>: Die Seitenlänge des zweiten Vierecks betrage 1 cm. Wir wollen jetzt die Länge der kürzeren Diagonalen berechnen. Wir wenden wieder den Kosinussatz für Dreiecke an.

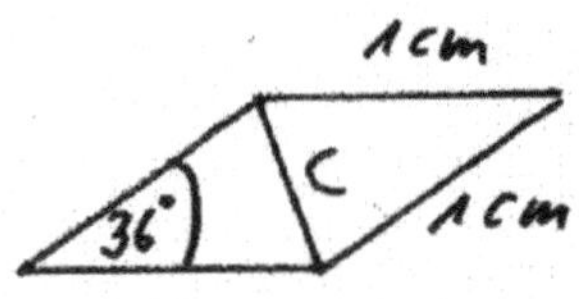

$$c^2 = a^2 + b^2 - 2ab \cdot \cos\gamma$$
$$\rightarrow c^2 = 1^2 + 1^2 - 2 \cdot 1 \cdot 1 \cdot \cos 36°$$
$$\rightarrow c^2 = 2 - 2 \cdot \cos 36°$$
$$\rightarrow c = 0{,}618033988$$

Auch diese Zahl kennen Sie schon. Es ist der reziproke Wert des „Goldenen Schnitts";

also $\dfrac{1}{1,61803398} = 0,618033988$

Wenn die Seitenlängen des Vierecks nicht 1 cm lang sind, dann kann man wieder mit Hilfe des Strahlensatzes nachweisen, dass das Verhältnis der kürzeren Diagonallänge zur Seitenlänge immer 0,618033988 ist.

Literatur: Keith Devlin: „Muster der Mathematik; Akademischer Verlag 1994; Seite 188 - 189

2.1.4 <u>Der Fall mit den Paradoxien in der Mathematik</u>

Das Wort „Paradoxon" bezieht sich auf mathematische Aussagen, die in einem Widerspruch zu den Prinzipien der Logik stehen.

Historisch gesehen, haben Paradoxien immer eine positive Rolle gespielt, um auf verborgene logische Probleme hinzuweisen. Sie haben Mathematiker dazu veranlasst, ihre Theorien zu modifizieren, um Widersprüche auszuschalten.

Ich möchte Ihnen einige Paradoxien vorstellen, die sich im Laufe der historischen Entwicklung der Mathematik ergeben haben.

<u>**1. Paradoxon**</u>: Gegeben sei die Gleichung $x^2 - x = x^2 - 1$.

→ Auf der linken Seite der Gleichung klammern wir den gemeinsamen Faktor x aus. Auf der rechten Seite der Gleichung wenden wir die dritte binomische Formel an. Wir erhalten: $x \, (x - 1) = (x + 1) \, (x - 1)$

→ Auf beiden Seiten dividieren wir durch den gemeinsamen Faktor $(x - 1)$. Wir erhalten: $x = x + 1$

→ Auf beiden Seiten subtrahieren wir x und erhalten als Ergebnis $0 = 1$.

Sie stimmen mir sicher zu, dass $0 = 1$ ein recht paradoxes Ergebnis ist. Entweder besitzt diese Gleichung keine Lösung oder wir haben in den einzelnen Rechenschritten gegen die Prinzipien der Logik verstoßen. Aber, wo ist der Verstoß?

Schauen Sie sich die Gleichung $x^2 - x = x^2 - 1$ noch einmal genau an. Um die Lösungsmenge dieser Gleichung zu bestimmen, würden Sie sicher nicht so eine komplizierte Vorgehensweise wie oben wählen. Die meisten von Ihnen würden folgendermaßen vorgehen:

$$x^2 - x = x^2 - 1 \mid - x^2$$

→ $-x = -1 \mid \cdot (-1)$

→ $x = 1$

→ $L = \{1\}$

Jetzt wissen Sie, dass $x = 1$ die Lösung dieser Gleichung ist. Mit dieser Kenntnis können wir noch einmal die Schritte durchgehen, um den logischen Fehler zu finden. Sie erkennen, dass wir im 2. Schritt durch den gemeinsamen Faktor $(x - 1)$ dividiert haben. In unserem Fall bedeutet das, dass wir durch 0 geteilt haben, denn wir wissen ja bereits, dass $x = 1$ ist.

<u>Fazit</u>: Um ein solches Paradoxon bei Gleichungen zu vermeiden, werden die Rechenoperationen so eingeschränkt, dass keine logischen Widersprüche (hier: $0 = 1$) mehr auftreten. Die Einschränkung lautet hier: **Man darf nicht durch null dividieren.**

<u>**2. Paradoxon:**</u> Die „Alten Griechen" kannten die natürlichen, die ganzen und die rationalen Zahlen. Wenn sie die Länge zweier Strecken ins Verhältnis zueinander setzten, so ergab sich ein Längenverhältnisfaktor, der durch eine natürliche Zahl oder durch einen Bruch beschrieben wurde. Das galt für alle nur denkbaren Strecken.

<u>Beispiel 1</u>: Die Strecke S_1 sei 5 Einheiten und die Strecke S_2 10 Einheiten lang. Wenn wir die Strecken S_1 und S_2 ins Verhältnis zueinander setzen, so gilt $k = \dfrac{S_1}{S_2} = \dfrac{5}{10} = \dfrac{1}{2}$. Hierbei ist k der Längenverhältnisfaktor. Dieser Faktor besagt, dass die Strecke S_1 halb so

lang ist wie die Strecke S_2. Es gilt also: $S_1 = \dfrac{1}{2} \cdot S_2$

Beispiel 2: Die Strecke S_1 sei 7 Einheiten und die Strecke S_2 19 Einheiten lang. Der Längenverhältnisfaktor k beträgt $\dfrac{7}{19}$. Dieser Faktor besagt, dass die Strecke S_1 $\dfrac{7}{19}$ Mal so lang ist wie die Strecke S_2. Es gilt also: $S_1 = \dfrac{7}{19} \cdot S_2$

Nachdem Pythagoras seinen Lehrsatz ($a^2 + b^2 = c^2$) entwickelt hatte, versuchten die Pythagoräer für ein beliebiges Quadrat den Längenverhältnisfaktor k zu bestimmen, der sich ergibt, wenn man die Länge der Diagonale ins Verhältnis zur Länge der Quadratseite setzt. Das Ergebnis, das sie erzielten, war für sie niederschmetternd und brachte die Fundamente der Mathematik ins Wanken.

Frage: Warum war das Ergebnis so niederschmetternd?

Antwort: Wir wollen uns ein Quadrat mit der Seitenlänge a und der Diagonallänge d denken, wobei die Maßzahlen der Längen ganze Zahlen sein sollen.

→ Nach dem Lehrsatz des Pythagoras gilt: $a^2 + a^2 = d^2$

→ $2a^2 = d^2 \mid : a^2$

→ $2 = \dfrac{d^2}{a^2}$

Wir kürzen jetzt d und a um alle gemeinsamen Faktoren. Das dürfen wir tun, da wir dadurch den Wert des Bruches nicht verändern. Der neue Zähler soll r und der neue Nenner s lauten.

→ $2 = \dfrac{r^2}{s^2} \mid \cdot s^2$

→ $2s^2 = r^2 = r \cdot r$

Da der Faktor 2 auf der linken Seite der Gleichung vorhanden ist, muss r^2 eine gerade Zahl sein. Da r^2 sich als $r \cdot r$ schreiben lässt, muss die Zahl r ebenfalls gerade sein. Der Leser kann sich leicht davon überzeugen, dass das Produkt aus zwei identischen Zahlen nur gerade ist, wenn die Zahlen selbst gerade sind. Da r somit eine gerade Zahl ist, kann man r durch 2 teilen, ohne einen Rest zu erhalten.

Es gilt somit: $r = 2 \cdot t$. Das setzen wir in die Gleichung $2 = \dfrac{r^2}{s^2}$ ein.

→ $2 = \dfrac{(2t)^2}{s^2} \mid \cdot s^2$

→ $2s^2 = 4t^2 \mid : 2$

→ $s^2 = 2t^2$

→ Da der Faktor 2 auf der rechten Seite der Gleichung vorhanden ist, muss s^2 und somit auch s eine gerade Zahl sein.

→ Da sowohl r als auch s gerade Zahlen sind, kann man den Bruch $\dfrac{r}{s}$ kürzen, da im Zähler und Nenner der Faktor 2 vorhanden ist. Dies ist aber ein Widerspruch, da der Bruch $\dfrac{r}{s}$ keine gemeinsamen Faktoren mehr enthalten konnte.

Fazit: Die Annahme, dass die Beziehung $2a^2 = d^2$ gültig ist, wenn a und d ganze Zahlen sind, war falsch. Somit ist auch die Beziehung $2 = \dfrac{d^2}{a^2} = \dfrac{d}{a} \cdot \dfrac{d}{a} = \left(\dfrac{d}{a}\right)^2$ nicht gültig, wenn d und a ganze Zahlen sind. Das bedeutet aber, dass es keinen rationalen Längenverhältnisfaktor $\dfrac{d}{a}$ gibt, der mit sich selbst multipliziert die Zahl 2 ergibt.

Konsequenzen aus dieser Erkenntnis:

1.) Die Griechen hatten festgestellt, dass man das Längenverhältnis zweier Strecken nicht immer durch eine rationale Zahl festlegen konnte. Gerade der Lehrsatz ihres großen Meisters Pythagoras hatte sie in den „Abgrund" geführt. Pythagoras hatte bereits nachgewiesen, dass die Diagonale immer länger als eine Quadratseite ist. Da Diagonale und Quadratseite auch konkrete Größen einer geometrischen Figur sind, musste das Längenverhältnis $k = \frac{L(Hypotenuse)}{L(Quadratseite)}$ ebenfalls eine konkrete Größe sein, die größer als 1 sein musste. Die Griechen konnten das Längenverhältnis aber nicht bestimmen, weil es nicht „messbar" war. Der Schock hinsichtlich dieses Ergebnisses war so groß, dass die Pythagoräer diese Problematik verschwiegen. Jeder Pythagoräer leistete einen Eid, diese Problematik nicht an die Öffentlichkeit dringen zu lassen.

2.) Der Schock der Griechen wurde noch größer. Das Längenverhältnis zwischen Diagonale und Quadratseite war für sie eine konkrete Größe, aber eben keine rationale Zahl mehr. Somit ist die Frage naheliegend, ob es neben den bekannten rationalen Zahlen noch andere nichtrationale Zahlen geben konnte.
Ich möchte für die Beantwortung dieser Frage zwei verschiedene Positionen aufbauen, eine Pro- und eine Kontraposition. Das Pro soll das Vorhandensein weiterer Zahlen bejahen, das Kontra soll das Vorhandensein weiterer Zahlen verneinen.

<u>Pro</u>: Wir haben festgestellt, dass der Längenverhältnisfaktor $k = \frac{L(Hypotenuse)}{L(Quadratseite)}$ in jedem beliebigen Quadrat eine Zahl sein muss, die mit sich selbst multipliziert die Zahl 2 ergibt. Bei diesem Faktor handelt sich also um eine konstante Größe. Der Faktor lässt sich geometrisch konstruieren. Wir zeichnen das Einheitsquadrat (alle Seiten haben eine Länge von einer Einheit) und die zugehörige Diagonale. Der Längenverhältnisfaktor k ist also identisch mit der Maßzahl der Diagonallänge, denn es gilt:

$$k = \frac{L(Hypotenuse)}{L(Quadratseite)} = \frac{L(Hypotenuse)}{1} = \text{Maßzahl d. Hypotenusenlänge}$$

Man nimmt die Diagonallänge in den Zirkel und trägt den Faktor k auf der Zahlengeraden ab. Es existiert somit eine nichtrationale Zahl auf der Zahlengeraden. Deshalb können die rationalen Zahlen alleine die Zahlengerade nicht vollständig ausfüllen.

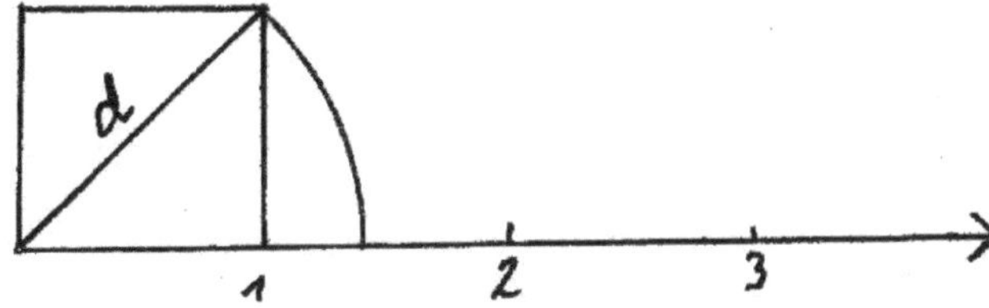

<u>Kontra</u>: In einem früheren Kapitel habe ich gezeigt, dass die Menge der rationalen Zahlen dicht ist. Zwischen zwei rationalen Zahlen, die sich in der Größe kaum unterscheiden, liegen unendlich viele weitere rationale Zahlen. Somit erscheint es doch logisch zu sein, dass die Zahlengerade von den rationalen Zahlen vollständig überdeckt wird. Dass es auf der Zahlengeraden Lücken geben soll, die von nichtrationalen Zahlen ausgefüllt werden, ist doch recht unwahrscheinlich.

So ähnlich könnten die Überlegungen der Griechen gewesen sein und sie total verunsichert haben. Vielleicht sind Sie ja auch verunsichert und wissen nicht, ob Sie dem Pro oder dem Kontra zustimmen sollen. Ich möchte Sie jetzt nicht länger auf die Folter spannen, sondern Ihnen mitteilen, wie dieses Problem gelöst wurde.

<u>Lösung</u>: Um ein solches Paradoxon bei Längenverhältnissen von Strecken zu vermeiden, wurde die Menge der rationalen Zahlen um die Menge der irrationalen Zahlen erweitert. Die Griechen hatten ja schon geahnt, dass es nichtrationale Zahlen geben könnte. Für unser Problem bedeutet das, dass der Längenverhältnisfaktor k eine irrationale Zahl ist. Diejenige Zahl, die mit sich selbst multipliziert die Zahl 2 ergibt, wurde mit dem Symbol $\sqrt{2}$ belegt. Aus einem früheren Kapitel wissen Sie bereits, dass es sich bei den irrationalen Zahlen um unendlich-nichtperiodische Dezimalzahlen handelt. Aus unseren Ausführungen wissen wir jetzt, dass bei Quadraten mit ganzzahligen Seitenlängen die

folgende Beziehung zwischen der Diagonallänge und der Seitenlänge besteht: $d = \sqrt{2} \cdot a$.

3. Paradoxon: Die folgende Aufgabe und die Schlussfolgerung stammen von dem Griechen Zenon v. Elea (495 – 435 v. Chr.).

Der griechische Läufer Achilles soll mit einer Schildkröte über eine Distanz von 100 m um die Wette laufen. Da Achilles 10-Mal so schnell wie die Schildkröte ist, bekommt diese einen Vorsprung von 10 Metern. Zenon v. Elea behauptet, dass Achilles dieses Rennen nicht gewinnen kann.

Begründung: In der Zeit, die Achilles für das Erreichen des Startpunktes der Schildkröte braucht, ist das Tier einen Meter gelaufen. Es hat also immer noch einen Vorsprung. In der Zeit, in der Achilles diesen einen Meter zurückgelegt hat, ist die Schildkröte zehn Zentimeter weitergelaufen. Somit hat die Schildkröte immer noch einen Vorsprung. In der Zeit, in der Achilles diese 10 Zentimeter zurückgelegt hat, ist die Schildkröte einen Zentimeter weiter gelaufen usw. Die Schildkröte wird also immer einen Vorsprung gegenüber Achilles haben, auch wenn der Vorsprung immer kleiner wird. Achilles wird deshalb die Schildkröte niemals überholen und kann somit das Rennen nicht gewinnen.

Frage: Wo liegt der Fehler in Zenons Argumentation?

Antwort: Zenon achtet nur auf die Vorsprünge der Schildkröte. Für die Vorsprünge erhalten wir die folgende Zahlenfolge:

$$10;\ 1;\ \frac{1}{10};\ \frac{1}{100};\ \frac{1}{1000};\ \ldots$$

Wenn wir diese Vorsprünge addieren, erhalten wir:

$$10 + 1 + \frac{1}{10} + \frac{1}{100} + \frac{1}{1000} + \ldots$$

Wir wollen den Wert dieser „unendlichen Summe" berechnen. Hierfür wenden wir einige Tricks und Umformungen an.

$$S = 10 + 1 + \frac{1}{10} + \frac{1}{100} + \frac{1}{1000} + \ldots \left| \cdot \frac{1}{10} \right. \quad \text{(1. Gleichung)}$$

$$\frac{1}{10}S = \phantom{10 + {}} 1 + \frac{1}{10} + \frac{1}{100} + \frac{1}{1000} + \ldots \quad \text{(2. Gleichung)}$$

Jetzt subtrahieren wir die 2. Gleichung von der 1. Gleichung und erhalten:

$$\frac{9}{10}S = 10 \left| : \frac{9}{10} \right.$$

$$\rightarrow S = \frac{100}{9} = 11\frac{1}{9}$$

$\rightarrow$ Achilles ist nach $11\frac{1}{9}$ Metern auf gleicher Höhe mit der Schildkröte. Da er schneller als die Schildkröte ist, wird er sie hier nach $11\frac{1}{9}$ Metern überholen und das Rennen gewinnen.

$\rightarrow$ Da Zenon lediglich die Vorsprünge der Schildkröte bei unterschiedlichen Zeitintervallen betrachtet, ist es richtig, dass Achilles die Schildkröte nicht einholen wird. Aber er ist nach $11\frac{1}{9}$ Metern auf gleicher Höhe. Zenon lässt Achilles also gar nicht die 100 m zu Ende laufen, sondern beendet die Strecke nach $11\frac{1}{9}$ m.

$\rightarrow$ Zenon geht bei seiner Argumentation davon aus, dass die Summe der Vorsprünge gegen unendlich strebt. Das würde bedeuten, dass die Summe der Vorsprünge der Schildkröte 100 Meter übersteigen wird und Achilles die Schildkröte nie überholen kann. Das Paradoxon liegt also darin begründet, dass Zenon die unendliche Summe (unendliche Reihe) falsch interpretiert hat. Diese unendliche Reihe strebt nämlich gegen einen Zahlenwert (hier: $11\frac{1}{9}$) und nicht gegen unendlich.

Wenn wir jetzt noch die Zeit berücksichtigen, die Achilles für die 100 m braucht, so können wir ausrechnen, wann er die Schildkröte überholt. Wir wollen einmal annehmen, dass Achilles 10 Sekunden für die 100 m benötigt.

→ Vorsprung d. Schildkröte in m: $10; 1; \dfrac{1}{10}; \dfrac{1}{100}; \dfrac{1}{1000}; \ldots$

→ Vorsprung d. Schildkröte in sec: $1; \dfrac{1}{10}; \dfrac{1}{100}; \dfrac{1}{1000}; \dfrac{1}{10000}; \ldots$

Wir wollen jetzt die Zeitvorsprünge der Schildkröte addieren.

→ $S = 1 + \dfrac{1}{10} + \dfrac{1}{100} + \dfrac{1}{1000} + \dfrac{1}{10000} + \ldots$

Es handelt sich hier wieder um eine unendliche Reihe. Wir wenden wieder die gleichen Rechenoperationen wie bei der letzten unendlichen Reihe an.

→ $S = 1 + \dfrac{1}{10} + \dfrac{1}{100} + \dfrac{1}{1000} + \dfrac{1}{10000} + \ldots \;|\cdot \dfrac{1}{10}$ (1. Gleichung)

→ $\dfrac{1}{10}S = \dfrac{1}{10} + \dfrac{1}{100} + \dfrac{1}{1000} + \dfrac{1}{10000} + \ldots$ (2. Gleichung)

Jetzt subtrahieren wir die 2. Gleichung von der 1. Gleichung und erhalten:

→ $\dfrac{9}{10}S = 1 \;|: \dfrac{9}{10}$

→ $S = \dfrac{10}{9} = 1\dfrac{1}{9}$

→ Achilles hat die Schildkröte in $1\dfrac{1}{9}$ Sekunden eingeholt. Da Achilles für die 100 m insgesamt 10 Sekunden braucht, sind für ihn noch $8\dfrac{8}{9}$ Sekunden zurückzulegen. Da er schneller als die Schildkröte ist, wird er das Rennen gewinnen.

Es besteht noch eine weitere Möglichkeit, sich von der Richtigkeit zu überzeugen, dass Achilles die Schildkröte nach $1\dfrac{1}{9}$ Sekunden eingeholt und dabei $11\dfrac{1}{9}$ Meter zurückgelegt hat. Sie haben auf Seite 26 das Rechnen mit linearen Funktionen kennengelernt. Wir erstellen uns also zwei lineare Funktionsgleichungen. Da Achilles in jeder Sekunde 10 Meter zurücklegt, beträgt die Steigung der zugehörigen Geraden 10. Somit ergibt sich für Achilles die Funktion: $y_A = 10x$, wobei x die Zeit in Sekunden und y die Strecke in Metern angibt. Da die Schildkröte 10 m Vorsprung erhält und in jeder Sekunde 1m zurücklegt, beträgt die Steigung der zugehörigen Geraden 1 und die Schnittstelle mit der y-Achse 10. Die Funktion für die Schildkröte lautet demnach $y_S = x + 10$. Jetzt wird der Schnittpunkt der beiden Geraden berechnet, indem man die beiden Funktionen gleichsetzt.

→ $10x = x + 10 \;|-x$

→ $9x = 10 \;| :9$

→ $x = \dfrac{10}{9}$

Antwort: Achilles hat die Schildkröte nach $\dfrac{10}{9}$ Sekunden eingeholt.

→ Wir setzen den x-Wert in eine der beiden Funktionen ein. Ich wähle die Funktion $y_A = 10x$.

→ $y_A = 10 \cdot \dfrac{10}{9} = \dfrac{100}{9} = 11\dfrac{1}{9}$

Antwort: Achilles hat $11\dfrac{1}{9}$ Meter zurückgelegt.

Weiterführende Überlegungen:

Der Fehler in Zenons Argumentation war, dass er glaubte, die unendliche Reihe würde gegen unendlich streben, da unendlich viele positive Zahlen addiert werden. Jede Zahl wurde zwar im Vergleich zur vorhergehenden Zahl kleiner, aber für Zenon musste die Summe der Addition unendlich vieler positiver Zahlen gegen unendlich streben. Wir wissen inzwischen, dass seine Schlussfolgerung falsch war, aber waren seine Gedanken wirklich so falsch?
Angenommen, die Folge der Vorsprünge der Schildkröte würde folgendermaßen aussehen:

Vorsprung d. Schildkröte in km: $1; \dfrac{1}{2}; \dfrac{1}{3}; \dfrac{1}{4}; \dfrac{1}{5}; \dfrac{1}{6}; \ldots$

Auch hier werden die Vorsprünge immer kleiner. Das bedeutet, dass Achilles immer schneller ist als die Schildkröte. Wenn wir jetzt alle Vorsprünge aufsummieren, dann kann man zeigen, dass diese unendliche Reihe gegen unendlich strebt. Das bedeutet, dass Achilles die Schildkröte nie einholen wird, egal wie lang die zurückzulegende Strecke ist. Wie Sie sehen, waren die Gedanken Zenons hinsichtlich des Wettlaufs gar nicht so abwegig. Die Richtigkeit der Argumentation hängt demzufolge vom Aussehen der unendlichen Reihe ab. Also schauen wir uns die ursprüngliche unendliche Reihe einmal genauer an:

Folge d. Vorsprünge in m: $10; 1; \frac{1}{10}; \frac{1}{100}; \frac{1}{1000}; \dots$

→Summe d. Vorsprünge: $S = 10 + 1 + \frac{1}{10} + \frac{1}{100} + \frac{1}{1000} \dots$

In „Ewalds Mathespielwiese – Teil 1; Kapitel 2.2.9" haben Sie erfahren, dass es sich hier um eine geometrische Reihe handelt. Die dort hergeleiteten Formeln lauten:

$$S_n = \frac{a_1(1-q^n)}{1-q} \text{ oder } S_n = \frac{a_1(q^n-1)}{q-1}$$

Wenn wir jetzt den Wert der unendlichen geometrischen Reihe berechnen wollen, müssen wir n gegen unendlich streben lassen. Hierzu machen wir eine Fallunterscheidung.

<u>1. Fall</u>: q > 1 (der Faktor ist größer als 1)

Wir benutzen die Formel $S_n = \frac{a_1(q^n-1)}{q-1}$. Eine positive Zahl q, die größer als 1 ist und unendlich oft mit sich selbst multipliziert wird, strebt gegen plus unendlich. Wenn man die unendliche Größe $(q^n - 1)$ mit einer Zahl a_1 multipliziert, so strebt der Zähler gegen plus unendlich oder gegen minus unendlich. Das ist davon abhängig, ob die Zahl a_1 positiv oder negativ ist. Der Nenner ist eine positive endliche Zahl. Insgesamt strebt S_n somit gegen plus oder minus unendlich. **Somit besitzt S_n keinen endlichen Zahlenwert.** Man sagt auch, dass die Reihe divergiert.

<u>2. Fall</u>: q = 1

Wir benutzen die Formel $S_n = \frac{a_1(q^n-1)}{q-1}$. Wenn q = 1 ist, wird der Nenner den Wert null annehmen. Eine Division durch null ist aber verboten. **Deshalb besitzt S_n keinen endlichen Zahlenwert.**

<u>3. Fall</u>: q = -1

Dieses Mal wollen wir die Formel nicht benutzen, sondern die Summe S_n in eine andere Form überführen:

$S_n = a_1 - a_1 + a_1 - a_1 + a_1 - a_1 + \dots$ (Die Glieder erhält man, indem man das jeweilige vorhergehende Glied mit q multipliziert.)

Wenn man jetzt die Glieder klammert, so kann die Summe die folgende Form haben:

$S_n = (a_1 - a_1) + (a_1 - a_1) + (a_1 - a_1) + \dots$

Die Summe S_n ist null, also $S_n = 0$. Wenn man jetzt die Glieder anders klammert, so kann die Summe die folgende Form haben: $S_n = a_1 + (-a_1 + a_1) + (-a_1 + a_1) + (-a_1 + a_1) + \dots$

Die Summe S_n hat jetzt den Wert a_1. Da die Summe von Zahlen aber eindeutig sein muss, diese Reihe aber keinen eindeutigen Wert besitzt, stellen wir fest, dass **S_n keinen eindeutigen endlichen Zahlenwert annimmt.**

<u>4. Fall</u>: q < -1 (der Faktor ist kleiner als -1)

Wir wollen die Formel nicht benutzen, sondern die Summe folgendermaßen schreiben:

$S_n = a_1 + a_1q + a_1q^2 + a_1q^3 + a_1q^4 + \dots$

Wir klammern die Glieder folgendermaßen:

$S_n = (a_1 + a_1q) + (a_1q^2 + a_1q^3) + (a_1q^4 + a_1q^5) + \dots$

→ $S_n = a_1(1 + q) + a_1q^2(1 + q) + a_1q^4(1 + q) + \dots$

<u>Fall 4.1</u>: $a_1 < 0$:

→ Die Summanden der Summe setzen sich jeweils aus zwei Faktoren zusammen.

→ Sämtliche Faktoren sind negativ, so dass alle Summanden positiv werden.

→ Der Wert der Summe ist also positiv.

<u>Fall 4.2</u>: $a_1 < 0$:

$S_n = a_1 + a_1q + a_1q^2 + a_1q^3 + a_1q^4 + \ldots$

Die Glieder werden folgendermaßen geklammert:

$S_n = a_1 + (a_1q + a_1q^2) + (a_1q^3 + a_1q^4) + (a_1q^5 + a_1q^6) + \ldots$

$S_n = a_1 + a_1q\,(1 + q) + a_1q^3\,(1 + q) + a_1q^5\,(1 + q) + \ldots$

→ Die Summanden der Summe setzen sich jeweils aus zwei Faktoren zusammen (Ausnahme: a_1)

→ Der Faktor $(1 + q)$ ist negativ; die anderen Faktoren wie a_1q, a_1q^3, a_1q^5 usw. sind immer positiv. Die zusammengesetzten Summanden sind somit alle negativ.

→ Der Wert der Summe ist somit negativ.

<u>Fazit</u>: Da der Wert einer Summe nicht positiv und zugleich negativ sein kann, hat diese Reihe keinen Wert. Für den Fall, dass $a_1 > 0$ ist, erhält man ein analoges Ergebnis. Auch hier wird sich zeigen, dass der Wert der Summe nicht eindeutig ist. **S_n nimmt also keinen eindeutigen endlichen Zahlenwert an.**

<u>5. Fall</u>: $q < 1$ und $q > -1$

Wir benutzen wieder die Formel $S_n = \dfrac{a_1(q^n - 1)}{q - 1}$ und lassen n gegen unendlich streben. Eine Zahl q mit der obigen Eigenschaft, die unendlich oft mit sich selbst multipliziert wird, strebt gegen 0. Die unendliche geometrische Reihe hat somit den Wert $\dfrac{-a_1}{q - 1}$ bzw. $\dfrac{a_1}{1 - q}$. Aufgrund der fünf behandelten Fälle kommt man zu der Erkenntnis, dass eine unendliche geometrische Reihe ausschließlich einen endlichen Zahlenwert annimmt, wenn der Faktor q eine Zahl zwischen 1 und -1 ist. Man sagt auch, dass die Reihe gegen einen bestimmten Zahlenwert **konvergiert**. Dieser Zahlenwert wird auch als **Grenzwert** der Reihe bezeichnet. Grenzwerte sind immer **eindeutig**. Würde eine Reihe gegen zwei endliche Werte streben, so wäre die Eindeutigkeit verletzt. Es würde dann kein Grenzwert vorliegen, sondern zwei sog. **Häufungspunkte**. Würde die Reihe gegen plus oder minus unendlich streben, also keinen endlichen Zahlenwert annehmen, so sagt man, dass die Reihe **divergiert**.

Um das Paradoxon von Zenon zu vermeiden, wurde die Thematik auf konvergente unendliche geometrische Reihen eingeschränkt. Aufgrund dieser Einschränkung löste sich der Widerspruch Zenons auf, denn das Problem Zenons ließ sich auf eine unendliche geometrische Reihe mit einem Faktor q, der zwischen 1 und -1 liegt, zurückführen. Für diese Reihe existiert aber ein Grenzwert, nämlich $\dfrac{a_1}{1 - q}$. Um festzustellen, wann Achilles die Schildkröte überholt, muss man nur die Werte für a_1 und q in die Grenzwertformel einsetzen. Das wollen wir jetzt machen.

Für die Vorsprünge der Schildkröte lag die folgende Zahlenreihe vor:

$10 + 1 + \dfrac{1}{10} + \dfrac{1}{100} + \dfrac{1}{1000} + \ldots$

Bei dieser unendlichen geometrischen Reihe ist $a_1 = 10$ und $q = 0{,}1$. Eingesetzt in die Grenzwertformel erhalten wir den folgenden Grenzwert der Reihe:

$\dfrac{a_1}{1 - q} = \dfrac{10}{1 - 0{,}1} = \dfrac{100}{9} = 11\tfrac{1}{9}$

Nach $11\tfrac{1}{9}$ m hat Achilles die Schildkröte eingeholt.

<u>Historischer Aspekt</u>: Zur Zeit Zenons waren Konvergenzkriterien für unendliche Reihen völlig unbekannt. Der Grenzwertbegriff wurde erst um 1830 von dem Franzosen Cauchy und dem Deutschen Weierstraß formal definiert.

<u>Kurze Randnotiz</u>: Zu den Zeiten, als der Konvergenzbegriff für unendliche geometrische Reihen noch nicht existierte, gab es einen Mönch namens Guido Grandi, der mithilfe der unendlichen geometrischen Reihe die Existenz Gottes bewies. Er hat folgendermaßen argumentiert:

$S = 1 - 1 + 1 - 1 + 1 - 1 \ldots$ Es handelt sich um eine unendliche geometrische Reihe mit dem Anfangsglied $a_1 = 1$ und dem Faktor $q = -1$

→ Diese Summe hat Guido Grandi folgendermaßen geklammert:

→ $S = (1 - 1) + (1 - 1) + (1 - 1) + \ldots$

→ $S = 0$

→ Anschließend hat er die obenstehende Summe anders geschrieben und dann folgendermaßen geklammert

→ $S = 1 + (-1 + 1) + (-1 + 1) + (-1 + 1) + \ldots$

→ $S = 1$

→ Da es sich um die gleichen Summen handelt, gilt $S = S$ und laut Ergebnis $0 = 1$. Das war für Guido Grandi der mathematische Beweis, dass aus dem Nichts (symbolisiert durch die 0) etwas geschaffen werden kann (symbolisiert durch die 1).
Da nur Gott diese Fähigkeit besitzt, war für ihn somit die Existenz Gottes bewiesen.

Literatur zum 3. Paradoxon: Keith Devlin: „Muster der Mathematik; Akademischer Verlag 1994; Seite 85 - 89
Heinz Haber: „Das mathematische Kabinett – Folge 2"; DTV 1974; Seite 78 - 81

4. Paradoxon: Herrn Gregor Cantor kennen Sie bereits. Er hatte sich mit den verschiedenen Stufen der Unendlichkeit (abzählbar unendliche Mengen, überabzählbare Mengen) beschäftigt und scharfe Kritiken seitens seiner Kollegen einstecken müssen. Er war auch der Begründer der Mengenlehre. Um das Jahr 1900 hatten sich die Wogen der Anfeindungen gegen Cantor geglättet. Die Mengenlehre Cantors bildete die Basis für viele Teile der Mathematik. Doch im Jahr 1902 kam für die Mathematiker der große Schock. Ein Mann namens Bertrand Russell hatte entdeckt, dass die Mengenlehre Cantors nicht frei von Widersprüchen war. Der Widerspruch wurde folgendermaßen gefunden:
Russell definierte eine Eigenschaft E für Mengen. Diese Eigenschaft E lautete: Eine Menge M enthält sich selbst als Element. Für manche Mengen trifft diese Eigenschaft zu, für manche Mengen trifft sie aber nicht zu. Ich möchte Ihnen zunächst ein Beispiel für eine Menge M nennen, die sich selbst als Element enthält.

Beispiel 1: Sei M die Menge aller Mengen, die in diesem Buch bisher namentlich erwähnt wurden. Dann ist die Menge M selbst ein Element der Menge M, denn ich habe ja die Menge M zwei Zeilen vorher erwähnt.
Es gilt also: $M = \{M; N; Z; Q; R; \ldots\}$

Ich möchte Ihnen jetzt ein Beispiel für eine Menge M angeben, die sich nicht selbst als Element enthält.

Beispiel 2: M sei die Menge einer bestimmten Anzahl an Stühlen, wobei jeder Stuhl sich von den anderen Stühlen unterscheidet.. Da M selbst kein Stuhl ist, sondern eine Menge, kann die Menge M sich nicht selbst als Element enthalten.

Wie Sie gesehen haben, kann eine Menge M eine Eigenschaft E besitzen oder auch nicht. Mengen, die sich nicht selbst als Element enthalten, wollen wir die Eigenschaft „gewöhnlich" zuordnen. Mengen, die sich als Element selbst enthalten, wollen wir die Eigenschaft „ungewöhnlich" zuordnen.
Russell definierte sich jetzt eine Menge G. G war die Menge aller Mengen, denen man die Eigenschaft „gewöhnlich" zugeordnet hatte. Er stellte sich jetzt die Frage, ob man der Menge G die Eigenschaft „gewöhnlich" oder „ungewöhnlich" zuordnen kann. Für die Beantwortung dieser Frage machen wir eine Fallunterscheidung:

Fall 1: Wenn man der Menge G die Eigenschaft „gewöhnlich" zuordnet, so enthält die Menge G sich nicht selbst als Element. Somit gehört die Menge G als Element in die Menge G aller gewöhnlichen Mengen. Das ist aber ein Widerspruch, weil die Menge G somit die Eigenschaft „ungewöhnlich" erhält.

Fall 2: Wenn man der Menge G die Eigenschaft „ungewöhnlich" zuordnet, so enthält die Menge G sich selbst als Element. Somit ist aber die Menge G kein Element der Menge G, da die Menge G als die Menge aller Mengen mit der Eigenschaft „gewöhnlich" definiert wurde. Somit hätten wir einen Widerspruch.

Dieser Widerspruch bezüglich Mengen (Fall 1; Fall 2) ging als das **Russellsche Paradoxon** in die Geschichte der Mathematik ein.

Historischer Aspekt: Aufgrund des gezeigten Widerspruches, musste die Cantorsche Mengenlehre modifiziert werden. Diese Modifikation wurde von Ernst Zermelo und Abraham Fraenkel übernommen. Das Endergebnis war die sog. „Zermelo-Fraenkel-Theorie".

Literatur zum 4. Paradoxon: Keith Devlin: „Muster der Mathematik; Akademischer Verlag 1994; Seite 67 - 69

2.1.5 Der Fall mit dem Näherungsverfahren zur Bestimmung von Nullstellen (Regula falsi)

In diesem Kapitel kehren wir zur klassischen Schulmathematik zurück. Häufig besteht die Aufgabe darin, die Nullstellen (Schnittstellen mit der x-Achse) des Graphen einer Funktion zu bestimmen. Bezüglich der Nullstellenberechnung lernt man die pq-Formel, die Polynomdivision, das Ausklammern eines gemeinsamen Faktors und die Substitutionsmethode bei den biquadratischen Funktionen kennen. Wenn man diese Verfahren nicht anwenden kann, so versucht man einen Näherungswert für die Nullstelle zu berechnen. Das geschieht mit Hilfe einer Näherungsformel. An vielen Schulen wird deshalb den Schülern die Newtonsche Näherungsformel beigebracht. Diese Näherungsformel kann man den Schülern erst vermitteln, wenn sie mit dem Ableitungsbegriff einer Funktion vertraut sind, also erst im 11. Schuljahr. Es gibt aber auch ein Näherungsverfahren zur Bestimmung von Nullstellen, das ohne den Ableitungsbegriff auskommt. Man braucht hierfür lediglich Bruchrechnungskenntnisse, so dass man das Thema „Näherungsverfahren zur Bestimmung von Nullstellen" zu einem früheren Zeitpunkt im Mathematikunterricht einführen kann. Diese methodische Vorgehensweise ist meines Erachtens besser, denn bei der Behandlung von Funktionen 3. Grades (10. Schuljahr) werden die Schüler fragen, wie man die Nullstellen mit Hilfe der Polynomdivision berechnet, wenn keine der Nullstellen durch Ausprobieren gefunden werden kann. Ihnen dann zu sagen, dass sie für die Beantwortung ihrer Frage bis zum 11. Schuljahr warten müssen, ist nicht gerade motivationsfördernd.

Das Näherungsverfahren, das ich Ihnen vorstelle, wird auch „**Regula falsi**" genannt.

Frage: Wie geht man bei diesem Näherungsverfahren vor, um eine Nullstelle zu bestimmen?

Antwort: Besitzt der Graph der Funktion $f(x) = x^n + a_{n-1}x^{n-1} + a_{n-2}x^{n-2} + \ldots + a_0$ in dem Intervall [a; b] eine Nullstelle x_0, so kann man diese Nullstelle näherungsweise berechnen. Es werden die Funktionswerte $f(a)$ und $f(b)$ bestimmt, so dass man die Punkte $P_1(a; f(a))$ und $P_2(b; f(b))$ erhält. Durch diese Punkte kann man eine Gerade zeichnen, die die x-Achse in x_1 schneidet. Die Nullstelle x_1 dieser Geraden ist eine Näherungslösung der gesuchten Nullstelle x_0. Will man eine bessere Näherungslösung haben, so berechnet man den Funktionswert $f(x_1)$, um den Punkt $P(x_1; f(x_1))$ zu erhalten. Es wird wieder eine Gerade durch die Punkte $P_2(b; f(b))$ und $P(x_1; f(x_1))$ gezeichnet, die die x-Achse in x_2 schneidet. Die Nullstelle x_2 dieser Geraden ist eine bessere Näherungslösung bezüglich der gesuchten Nullstelle x_0. Man macht nach diesem Verfahren immer so weiter. So erhält man eine Folge von Nullstellen, die sich der gesuchten

Nullstelle x_0 annähern. Für die Folge der zugehörigen Funktionswerte bedeutet das, dass sie gegen $f(x_0) = 0$ strebt.

Also: Die Folge $f(x_1)$; $f(x_2)$; $f(x_3)$; …; $f(x_n)$ nähert sich $f(x_0) = 0$ beliebig genau an. Wenn man einen x-Wert gefunden hat, dessen Funktionswert sehr nahe bei 0 liegt, so nimmt man diesen x-Wert als Nullstelle, weil man unter Umständen die genaue Nullstelle mit dem Taschenrechner nicht findet bzw. einen hohen Zeitaufwand für die Ermittlung der genauen Nullstelle in Kauf nehmen muss.

<u>Frage</u>: Wie erhält man die verschiedenen Nullstellen der Geraden, die sich der gesuchten Nullstelle x_0 annähern?

<u>Antwort</u>: Die Beantwortung dieser Frage möchte ich mit einer grafischen Veranschaulichung einleiten.

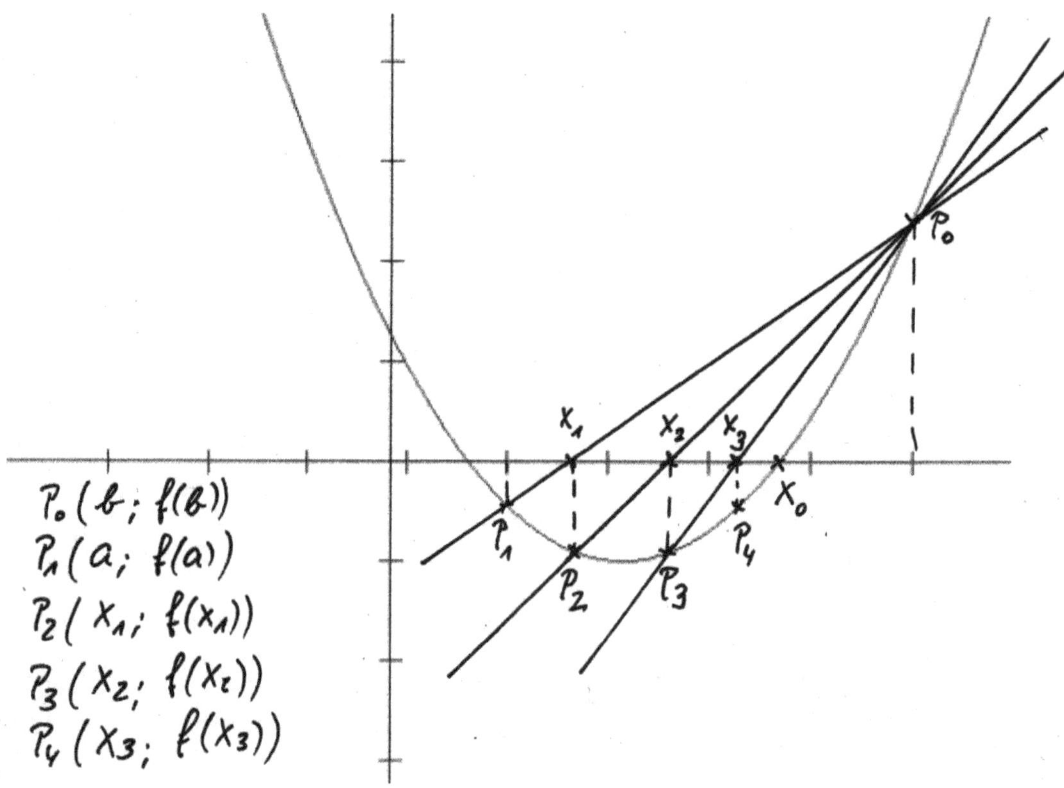

Die Steigung m einer Geraden ist ein Seitenverhältnis im rechtwinkligen Dreieck, nämlich

$$m = \frac{Gegenkathete}{Ankathete}.$$

Für die Gerade, die durch die Punkte $P(b; f(b))$ und $P(a; f(a))$ verläuft, gilt die Beziehung

$$m = \frac{f(b)-f(a)}{b-a}.$$

Die Gerade, die durch die Punkte $P(b; f(b))$ und $P(x_1; 0)$ verläuft, hat die gleiche Steigung wie die oben erwähnte Gerade, weil beide Geraden identisch sind. Es gilt somit die Beziehung $m = \dfrac{f(b)-0}{b-x_1}$.

Da beide Steigungen identisch sind, kann man beide Ausdrücke gleichsetzen.

$$\rightarrow \frac{f(b)-f(a)}{b-a} = \frac{f(b)-0}{b-x_1} \text{ (es wird über Kreuz multipliziert)}$$

$$\rightarrow (b - x_1)\cdot(f(b) - f(a)) = f(b)\cdot(b - a)$$

$$\rightarrow b - x_1 = \frac{f(b)\cdot(b-a)}{f(b)-f(a)}$$

$$\rightarrow \boxed{x_1 = b - \frac{f(b)\cdot(b-a)}{f(b)-f(a)}}$$

Wenn man x_2 ausrechnen möchte, so berechnet man die Steigung der Geraden, die durch die Punkte $P(b; f(b))$ und $P(x_1; f(x_1))$ verläuft. Es gilt:
$$m = \frac{f(b)-f(x_1)}{b-x_1}.$$
Man kann für die Berechnung der Steigung der obigen Geraden auch die Punkte $P(b; f(b))$ und $P(x_2; 0)$ benutzen. Dann gilt:
$$m = \frac{f(b)}{b-x_2}$$
Wir setzen beide Ausdrücke gleich. Es gilt: $\dfrac{f(b)-f(x_1)}{b-x_1} = \dfrac{f(b)}{b-x_2}.$

Diese Gleichung wird umgeformt:

$\rightarrow$ $(b - x_2)\cdot(f(b) - f(x_1)) = f(b)\cdot(b - x_1)$ (es wurde über Kreuz multipliziert)

$\rightarrow$ $b - x_2 = \dfrac{f(b)\cdot(b-x_1)}{f(b)-f(x_1)}$

$$\rightarrow \boxed{x_2 = b - \frac{f(b)\cdot(b-x_1)}{f(b)-f(x_1)}}$$

Wenn man x_3 ausrechnen möchte, so berechnet man die Steigung der Geraden, die durch die Punkte $P(b; f(b))$ und $P(x_2; f(x_2))$ verläuft. Es gilt:
$$m = \frac{f(b)-f(x_2)}{b-x_2}.$$
Man kann für die Berechnung der Steigung der obigen Geraden auch die Punkte $P(b; f(b))$ und $P(x_3; 0)$ benutzen. Dann gilt:
$$m = \frac{f(b)}{b-x_3}$$
Wir setzen beide Ausdrücke gleich. Es gilt:
$$\frac{f(b)-f(x_2)}{b-x_2} = \frac{f(b)}{b-x_3}.$$
Diese Gleichung wird umgeformt:

$\rightarrow$ $(b - x_3)\cdot(f(b) - f(x_2)) = f(b)\cdot(b - x_2)$ (es wurde über Kreuz multipliziert)

$\rightarrow$ $b - x_3 = \dfrac{f(b)\cdot(b-x_2)}{f(b)-f(x_2)}$

$$\rightarrow \boxed{x_3 = b - \frac{f(b)\cdot(b-x_2)}{f(b)-f(x_2)}}$$

Wenn man sich die Formel für x_2 und x_3 genauer ansieht, so fällt eine Gesetzmäßigkeit auf. Der Index auf der rechten Seite der Gleichung ist um 1 kleiner als der Index auf der linken Seite. Deshalb gilt die Formel:

$$\boxed{x_{n+1} = b - \frac{f(b)\cdot(b-x_n)}{f(b)-f(x_n)}}$$

Jetzt haben wir eine allgemeingültige Näherungsformel für die Berechnung von Nullstellen. Wir wollen jetzt konkrete Beispiele durchrechnen.

<u>Beispiel 1</u>: Berechnen Sie **eine** Nullstelle des Graphen mit der Funktionsgleichung
$$f(x) = x^3 - 4{,}5x^2 - 65{,}5x + 105 \text{ mithilfe des oben beschriebenen Näherungsverfahrens.}$$
$$x_1 = 1 \text{ -----------> } f(x_1) = 36$$
$$x_2 = 2 \text{ -----------> } f(x_2) = -36$$

Zwischen 1 und 2 muss der Graph eine Nullstelle haben, da die zugehörigen Funktionswerte verschiedene Vorzeichen haben. Der Graph verläuft im Intervall [1; 2] zuerst oberhalb der x-Achse, da der Funktionswert f(1) = 36 positiv ist. Dann muss der Graph die x-Achse schneiden, weil er in einer Umgebung der rechten Intervallgrenze unterhalb der x-Achse verläuft. Das erkennt man an dem negativen y-Wert f(2) = -36. Für das Auffinden einer Nullstelle wenden wir das Näherungsverfahren an. Die Formal lautet:

$$x_1 = b - \frac{f(b)\cdot(b-a)}{f(b)-f(a)}$$

Wir wählen a = 1 und b = 2. Somit erhalten wir:

$$x_1 = 2 - \frac{(2-1)\cdot(-36)}{-36-36} = 1,5$$

Wir überprüfen die Genauigkeit des errechneten Wertes. Falls x_1 = 1,5 eine exakte Nullstelle ist, gilt f(1,5) = 0. Mit dem Taschenrechner erhalten wir für f(1,5) den Wert 0. Wir haben also die genaue Nullstelle mit dem ersten Schritt der Näherungsformel bereits erhalten. Sie lautet x = 1,5.

<u>Beispiel 2</u>: Berechnen Sie **eine** Nullstelle des Graphen mit der Funktionsgleichung
$f(x) = x^3 + 2x^2 - 5x + 1,749$ mithilfe der Näherungsformel.
Wir probieren zunächst einmal aus, in welchem Intervall eine Nullstelle liegen könnte.
$x_1 = 0,5$ ------------------> $f(x_1) = -0,126$
$x_2 = 1,5$ ------------------> $f(x_2) = 2,124$

Zwischen 0,5 und 1,5 muss der Graph eine Nullstelle besitzen, da die zugehörigen Funktionswerte verschiedene Vorzeichen haben. Wir untersuchen das Intervall [0,5; 1,5] auf das Vorhandensein der Nullstelle.
Wir setzen a = 0,5 und b = 1,5 und wenden die Näherungsformel an.

$$x_1 = b - \frac{f(b)\cdot(b-a)}{f(b)-f(a)} = 1,5 - \frac{2,124\cdot(1,5-0,5)}{2,124-(-0,126)} = 0,556$$

Wir überprüfen die Genauigkeit dieses Wertes:
→ f(0,556) = -0,241
Dieser Wert ist für eine Nullstelle zu ungenau, da er erheblich von 0 abweicht. Deshalb wenden wir wieder die Näherungsformel an.

$$x_2 = b - \frac{f(b)\cdot(b-x_1)}{f(b)-f(x_1)} = 1,5 - \frac{2,124\cdot(1,5-0,556)}{2,124-(-0,241)} = 1,101$$

Wir überprüfen die Genauigkeit dieses Wertes:
→ f(1,101) = 0,0035
Diese Genauigkeit soll uns reichen, da der Funktionswert sehr nahe bei 0 liegt. Die Nullstelle lautet x = 1,101.

<u>Beispiel 3</u>: Berechnen Sie **eine** Nullstelle des Graphen mit der Funktionsgleichung
$f(x) = x^3 + 5x^2 - 2x - 24$ mithilfe der Näherungsformel.
Wir probieren wieder aus, in welchem Intervall eine Nullstelle liegen könnte.
$x_1 = 1,5$ ------------> $f(x_1) = -12,375$
$x_2 = 2,2$ ------------> $f(x_2) = 6,448$
Zwischen 1,5 und 2,2 muss der Graph eine Nullstelle besitzen, da die zugehörigen Funktionswerte verschiedene Vorzeichen haben. Wir untersuchen das Intervall [1,5; 2,2] auf das Vorhandensein der Nullstelle.
Wir setzen a = 1,5 und b = 2,2 und wenden die Näherungsformel an.

$$x_1 = b - \frac{f(b)\cdot(b-a)}{f(b)-f(a)} = 2{,}2 - \frac{6{,}448\cdot(2{,}2-1{,}5)}{6{,}448-(-12{,}375)} = 1{,}9602$$

Wir überprüfen die Genauigkeit dieses Wertes:
→ f(1,9602) = -1,1766
Dieser Wert ist für eine Nullstelle zu ungenau, da er erheblich von 0 abweicht. Deshalb wenden wir wieder die Näherungsformel an.

$$x_2 = b - \frac{f(b)\cdot(b-x_1)}{f(b)-f(x_1)} = 2{,}2 - \frac{6{,}448\cdot(2{,}2-1{,}9602)}{6{,}448-(-1{,}1766)} = 1{,}9972$$

Wir überprüfen wieder die Genauigkeit dieses Wertes:
f(1,9972) = -0,0839
Da wir einen noch genaueren Wert für die Nullstelle haben wollen, wenden wir noch einmal die Näherungsformel an.

$$x_3 = b - \frac{f(b)(b-x_2)}{f(b)-f(x_2)} = 2{,}2 - \frac{6{,}448\cdot(2{,}2-1{,}9972)}{6{,}448-(-0{,}0839)} = 1{,}9998$$

Wir überprüfen diesen Wert auf Genauigkeit:
f(1,9998) = -0,006
Diese Genauigkeit soll uns reichen. Die gesuchte Nullstelle lautet x = 1,9998.

<u>Bemerkung</u>: Für das Finden eines geeigneten Näherungswertes sind manchmal mehr als drei Durchgänge notwendig.

2.1.6 Der Fall mit den verschiedenen Lösungsverfahren linearer Gleichungssysteme

<u>Allgemeines</u>: Sind zwei bzw. drei Gleichungen mit zwei bzw. drei Variablen gegeben, für die jeweils eine gemeinsame Lösungsmenge gesucht wird, so liegt ein Gleichungssystem vor. Haben alle Variablen die Zahl 1 als Exponent, so spricht man von einem linearen Gleichungssystem.
Bei Gleichungssystemen unterscheidet man grundsätzlich zwischen homogenen und inhomogenen Gleichungssystemen. Betrachten wir das folgende lineare Gleichungssystem in allgemeiner Form:

$$a_{11}x + a_{12}y + a_{13}z = c_1$$
$$a_{21}x + a_{22}y + a_{23}z = c_2$$
$$a_{31}x + a_{32}y + a_{33}z = c_3$$

Hierbei sind a_{11}, …, a_{33} sowie c_1, c_2 und c_3 rationale Zahlen.

Das Gleichungssystem heißt **homogen**, wenn c_1, c_2 und c_3 null sind. Das Gleichungssystem heißt **inhomogen**, wenn für i = 1, 2 oder 3 mindestens ein $c_i \neq 0$ ist.

<u>Beispiel 1</u>: 1.) 2x + 3y + 4z = 9   Hier liegt ein inhomogenes Gleichungssystem
  2.) x + y − z = -4   vor.
  3.) 5x − 10y + 7z = 6

<u>Beispiel 2</u>: 1.) 2x + 3y + 4z = 0   Hier liegt ein homogenes Gleichungssystem
  2.) x + y − z = 0   vor, da alle c_i null sind.
  3.) 5x − 10y + 3z = 0

<u>Bemerkung</u>: Ein lineares Gleichungssystem besitzt entweder genau eine Lösung, keine Lösung oder unendlich viele Lösungen.

Fall 1: Das Lösen mit Hilfe des Additions-, Einsetz- und Gleichsetzverfahrens

<u>Additionsverfahren</u>: Beim Additionsverfahren muss eine bzw. müssen beide Gleichungen durch die Multiplikation mit einer Zahl so verändert werden, dass beim Addieren der beiden Gleichungen eine Variable herausfällt.

<u>Beispiel</u>: 1.) $4x + 7y = 29 \mid \cdot 3$
2.) $3x - 8y = -18 \mid \cdot (-4)$
1.) $12x + 21y = 87$
2.) $-12x + 32y = 72$
1.) + 2.) $53y = 159 \mid : 53$
$\qquad y = 3$
Einsetzen in Gleichung 1.) oder 2.): $4x + 7y = 29$
$\qquad\qquad 4x + 21 = 29 \mid - 21$
$\qquad\qquad 4x = 8 \mid : 4$
$\qquad\qquad x = 2$
Lösung: $L = \{(2;3)\}$

<u>Einsetzverfahren</u>: Beim Einsetzverfahren wird eine der beiden Gleichungen nach einer Variablen aufgelöst. Das Ergebnis wird dann in die noch nicht benutzte Gleichung eingesetzt.

<u>Beispiel</u>: 1.) $4x + 7y = 29$
2.) $3x - 8y = -18$
2.) $3x - 8y = -18 \mid + 8y \mid : 3$
$$x = \frac{-18+8y}{3}$$
Einsetzen in 1.) $4 \cdot \dfrac{-18+8y}{3} + 7y = 29 \mid \cdot 3$
$\qquad\qquad 4(-18 + 8y) + 21y = 87$
$\qquad\qquad -72 + 32y + 21y = 87$
$\qquad\qquad -72 + 53y = 87 \mid + 72$
$\qquad\qquad 53y = 159 \mid : 53$
$\qquad\qquad y = 3$
$$x = \frac{-18+8\cdot 3}{3} = 2$$
→ Lösung: $L = \{(2;3)\}$

<u>Gleichsetzverfahren</u>: Beim Gleichsetzverfahren werden beide Gleichungen nach derselben Variablen aufgelöst. Anschließend wird das Ergebnis gleichgesetzt.

<u>Beispiel</u>: 1.) $4x + 7y = 29$
2.) $3x - 8y = -18$
2.) $3x - 8y = -18 \mid + 8y \mid : 3$
$$x = \frac{-18+8y}{3}$$
1.) $4x + 7y = 29 \mid - 7y \mid : 4$
$$x = \frac{29-7y}{4}$$
Gleichsetzen der beiden Ergebnisse: $\dfrac{-18+8y}{3} = \dfrac{29-7y}{4} \mid \cdot 12$

$$\frac{12\cdot(-18+8y)}{3} = \frac{12\cdot(29-7y)}{4}$$

Das Kürzen der Brüche ergibt dann: $4(-18 + 8y) = 3(29 - 7y)$

$$-72 +32y = 87 - 21y \;|+ 72 \;|+ 21y$$
$$53y = 159 \;|: 53$$
$$y = 3$$

$$x = \frac{29 - 7y}{4} = \frac{29 - 7\cdot3}{4} = 2 \quad \text{(Man kann auch in } x = \frac{-18+8y}{3} \text{ einsetzen)}$$
$$\rightarrow \; L = \{(2;3)\}$$

<u>Verfahren zur Lösung von linearen Gleichungssystemen mit 3 Variablen</u>

Lineare Gleichungssysteme mit 3 Variablen bestehen aus 3 Gleichungen. Das Gleichungssystem wird in der Regel mit dem Additionsverfahren gelöst.

<u>Lösungsweg</u>: Man wählt 2 Gleichungen und eliminiert eine Variable mithilfe des Additionsverfahrens. Dann wählt man 2 andere Gleichungen und eliminiert wieder die gleiche Variable. Die so entstehenden 2 Gleichungen bilden ein lineares Gleichungssystem mit 2 Variablen, das man wieder mithilfe des Additionsverfahrens lösen kann.

<u>Beispiel 1</u>: 1.) $3x - 5y + 6z = 35$
2.) $2x + 4y - 4z = -16$
3.) $8x - 3y - 2z = 11$

1.) $3x - 5y + 6z = 35$
3.) $8x - 3y - 2z = 11 \;|\cdot 3$

1.) $3x - 5y + 6z = 35$
3.) $24x - 9y - 6z = 33$

1.) + 3.) $\boxed{27x - 14y = 68}$

2.) $2x + 4y - 4z = -16$ (Es muss jetzt die noch nicht berücksichtigte Gleichung
3.) $8x - 3y - 2z = 11 \;|\cdot (-2)$ benutzt werden.)

2.) $2x + 4y - 4z = -16$
3.) $-16x + 6y + 4z = -22$

2.) + 3.) $\boxed{-14x + 10y = -38}$

Die beiden eingerahmten Gleichungen bilden das neue Gleichungssystem mit 2 Variablen.
1.) $27x - 14y = 68 \;|\cdot 5$
2.) $-14x + 10y = -38 \;|\cdot 7$

1.) $135x - 70y = 340$
2.) $-98x + 70y = -266$

1.) + 2.) $37x = 74 \;|: 37$
$x = 2$

Einsetzen in: $27x - 14y = 68$
$54 - 14y = 68 \;|- 54$
$-14y = 14 \;|: (-14)$
$y = -1$

Einsetzen in: $2x + 4y - 4z = -16$
$$4 - 4 - 4z = -16$$
$$-4z = -16 \mid : (-4)$$
$$z = 4$$
Die Lösungsmenge lautet: $L = \{(2: -1; 4)\}$

Manchmal kann es vorkommen, dass sofort 2 Variablen beim Additionsverfahren wegfallen. Dann kann man folgendermaßen vorgehen:

Beispiel 2: 1.) $x + y + z = 6$
2.) $2x + 2y + 3z = 15$
3.) $-4x - 3y + 2z = -4$

Angenommen, wir wählen die ersten beiden Gleichungen und wollen x eliminieren.

1.) $x + y + z = 6 \mid \cdot (-2)$
2.) $2x + 2y + 3z = 15$

1.) $-2x - 2y - 2z = -12$
2.) $2x + 2y + 3z = 15$

1.) + 2.) $z = 3$

→ Es sind zwei Variablen weggefallen, so dass man die dritte Variable direkt berechnen kann. Man nimmt jetzt die dritte und eine andere Gleichung und setzt den Wert für z in beide Gleichungen ein. Man erhält dann wieder ein Gleichungssystem mit 2 Variablen.

1.) $x + y + 3 = 6 \mid - 3$
3.) $-4x - 3y + 6 = -4 \mid - 6$

1.) $x + y = 3 \mid \cdot 3$
2.) $-4x - 3y = -10$

1.) $3x + 3y = 9$
2.) $-4x - 3y = -10$

1.) + 2.) $-x = -1 \mid \cdot (-1)$
$$x = 1$$

1.) $x + y = 3$
$1 + y = 3 \mid - 1$
$$y = 2$$

1.) $x + y + z = 6$
$1 + 2 + z = 6 \mid - 3$
$$z = 3$$
→ $L = \{(1;2;3)\}$

Beispiel 3: 1.) $-x + 2y + 5z = 2 \mid \cdot (-1)$
2.) $-x - 3y - 12z = -5$
3.) $3x - y + 2z = 1$

1.) $x - 2y - 5z = -2$
2.) $-x - 3y - 12z = -5$

1.) + 2.): $\boxed{-5y - 17z = -7}$
2.) $-x - 3y - 12z = -5 \mid \cdot 3$
3.) $3x - y + 2z = 1$

2.) $-3x - 9y - 36z = -15$
3.) $3x - y + 2z = 1$

2.) + 3.): $\boxed{-10y - 34z = -14}$

Die beiden eingerahmten Gleichungen bilden das neue Gleichungssystem.

1.) $-5y - 17z = -7 \mid \cdot (-2)$
2.) $-10y - 34z = -14$

1.) $10y + 34z = 14$
2.) $-10y - 34z = -14$

1.) + 2.) $0 = 0$

→ Das ist eine wahre Aussage
→ Somit gibt es unendlich viele Lösungen.

Wenn Sie mir jetzt z.B. 10 Lösungen nennen sollen, dann bekommen Sie Probleme. Sollten Sie für die erste Gleichung eine Lösung gefunden haben, so muss diese Lösung nicht unbedingt eine Lösung der beiden übrigen Gleichungen sein. Wie kann man dieses Problem lösen?

Antwort: Zwei Variablen müssen in Abhängigkeit von der dritten Variablen gebracht werden.
→ Wir lösen die erste Gleichung nach x auf.
→ $-x + 2y + 5z = 2 \mid \cdot (-1)$
→ $x - 2y - 5z = -2 \mid +2y \mid +5z$

→ $\boxed{x = 2y + 5z - 2}$ Jetzt wird dieser Ausdruck in die 2. Gleichung eingesetzt. Die
  2. Gleichung lösen wir nach y auf.
→ $-x - 3y - 12z = -5$
→ $-(2y + 5z - 2) - 3y - 12z = -5$
→ $-2y - 5z + 2 - 3y - 12z = -5 \mid - 2$
→ $-5y - 17z = -7 \mid+ 17z \mid : (-5)$

→ $\boxed{y = -3{,}4z + 1{,}4}$ Jetzt wird dieser Ausdruck in die 3. Gleichung eingesetzt. Die
  3. Gleichung wird nach x aufgelöst.
→ $3x - y + 2z = 1$
→ $3x - (-3{,}4z + 1{,}4) + 2z = 1$
→ $3x + 3{,}4z - 1{,}4 + 2z = 1 \mid+ 1{,}4$
→ $3x + 5{,}4z = 2{,}4 \mid - 5{,}4z \mid : 3$

→ $\boxed{x = -1{,}8z + 0{,}8}$

Die Variablen x und y sind jetzt in Abhängigkeit von z gebracht worden, wobei die Variable z jetzt frei wählbar ist.
Ich werde Ihnen jetzt einmal drei Lösungen des Gleichungssystems präsentieren.

→ Wähle $z = 1$; Wir setzen in die eingerahmten Gleichungen für x und y ein;
  → $x = -1$; $y = -2$
→ Wähle $z = 2$; Wir setzen in die eingerahmten Gleichungen für x und y ein;
  → $x = -2{,}8$; $y = -5{,}4$
→ Wähle $z = 3$; Wir setzen in die eingerahmten Gleichungen für x und y ein;
  → $x = -4{,}6$; $y = -8{,}8$

Jetzt können wir auch endgültig die Lösungsmenge angeben. Sie lautet:
$L = \{(x; y; z) \mid x = -1{,}8z + 0{,}8; y = -3{,}4z + 1{,}4; z\}$

Beispiel 4: 1.) $x + y + z = 1$
2.) $2x + 2y + 2z = 3$
3.) $4x - 3y - z = 5$

1.) $x + y + z = 1 \mid \cdot (-2)$
2.) $2x + 2y + 2z = 3$
1.) $-2x - 2y - 2z = -2$
2.) $2x + 2y + 2z = 3$

1.) + 2.) $0 = 1$ → Es liegt eine falsche Aussage vor; das Gleichungssystem hat keine
Lösungen.
→ $L = \{ \}$

Fall 2: Das Lösen mit Hilfe des Gauß´schen Verfahrens

Ich nehme wieder das Beispiel 1 aus dem vorherigen Fall und werde es optisch etwas anders lösen.

Beispiel 1: 1.) $3x - 5y + 6z = 35 \mid : 3$
2.) $2x + 4y - 4z = -16$
3.) $8x - 3y - 2z = 11$
1.) $x - \dfrac{5}{3}y + 2z = \dfrac{35}{3}$
2.) $2x + 4y - 4z = -16 \mid 2.) - 2 \cdot 1.)$
3.) $8x - 3y - 2z = 11 \mid 3.) - 8 \cdot 1.)$
1.) $x - \dfrac{5}{3}y + 2z = \dfrac{35}{3}$
2.) $\dfrac{22}{3}y - 8z = -\dfrac{118}{3} \mid \cdot 3$
3.) $\dfrac{31}{3}y - 18z = -\dfrac{247}{3} \mid \cdot 3$

1.) $x - \dfrac{5}{3}y + 2z = \dfrac{35}{3}$
2.) $22y - 24z = -118 \mid :22$
3.) $31y - 54z = -247$
1.) $x - \dfrac{5}{3}y + 2z = \dfrac{35}{3}$
2.) $y - \dfrac{24}{22}z = -\dfrac{118}{22}$
3.) $31y - 54z = -247 \mid 3.) - 31 \cdot 2.)$
1.) $x - \dfrac{5}{3}y + 2z = \dfrac{35}{3}$
2.) $y - \dfrac{24}{22}z = -\dfrac{118}{22}$
3.) $-\dfrac{222}{11}z = -\dfrac{888}{11} \mid : (-\dfrac{222}{11})$

1.) $x - \dfrac{5}{3}y + 2z = \dfrac{35}{3}$
2.) $0x + y - \dfrac{24}{22}z = -\dfrac{118}{22}$
3.) $0x + 0y + z = 4$

Ich habe das Gleichungssystem in eine Dreiecksform überführt. Die erste Gleichung
enthält noch alle Variablen, die zweite Gleichung nur noch 2 und die dritte Gleichung hat
nur noch eine Variable. Die Lösung für diese Variable ist in der dritten Gleichung direkt
ablesbar.
Die Überführung eines Gleichungssystems in die Dreiecksform nennt man Gauß´sches
Verfahren.

Für die Lösung des Gleichungssystems gilt:
→ $z = 4$ (die Lösung ergibt sich aus der 3. Gleichung)
→ Der Wert für z wird in die 2. Gleichung eingesetzt, um den Wert für y zu errechnen.
Für y erhält man den Wert $y = -1$.
→ Die Werte für z und y werden in die 1. Gleichung eingesetzt. Für x erhält man den

Wert x = 2.

→ Die Lösungsmenge lautet: L = {(2; -1; 4)}

<u>Beispiel 3</u>: (aus dem vorherigen Fall)

$$1.) \ -x + 2y + 5z = 2 \ | \cdot (-1)$$
$$2.) \ -x - 3y - 12z = -5$$
$$\underline{3.) \ 3x - y + 2z = 1}$$

$$1.) \ x - 2y - 5z = -2$$
$$2.) \ -x - 3y - 12z = -5 \ | \ 2.) + 1.)$$
$$\underline{3.) \ 3x - y + 2z = 1 \quad \ | \ 3.) - 3 \cdot 1.)}$$

$$1.) \ x - 2y - 5z = -2$$
$$2.) \quad -5y - 17z = -7$$
$$\underline{3.) \quad 5y + 17z = 7 \ | \ 3.) + 2.)}$$

$$1.) \ x - 2y - 5z = -2$$
$$2.) \quad -5y - 17z = -7$$
$$\underline{3.) \qquad 0z = 0}$$

→ Es liegt wieder die Dreiecksform vor. In der 3. Gleichung liegt eine wahre Aussage vor, so dass es unendlich viele Lösungen gibt, denn in der 3. Gleichung kann man für z jede Zahl einsetzen.

<u>Beispiel 4</u>: (aus dem vorherigen Fall)

$$1.) \ x + y + z = 1$$
$$2.) \ 2x + 2y + 2z = 3 \ | \ 2.) - 2 \cdot 1.)$$
$$\underline{3.) \ 4x - 3y - z = 5 \ | \ 3.) - 4 \cdot 1.)}$$

$$1.) \ x + y + z = 1$$
$$2.) \quad 0y + 0z = 1$$
$$\underline{3.) \quad -7y - 5z = 1}$$

In der 2. Gleichung erhält man einen Widerspruch, da 0 = 1 nicht wahr sein kann. Außerdem ist es nicht möglich, die Dreiecksform herzustellen, da man in der 3. Gleichung nicht das x und das y isolieren kann.

<u>Beispiel 5</u>: $1.) \ 2x + 4y + 6z = 20 \ | \cdot (-2)$
$$2.) \ 3x + 3y + 3z = 18$$
$$\underline{3.) \ 4x - 6y - 2z = -2}$$

$$1.) \ -4x - 8y - 12z = -40$$
$$2.) \ 3x + 3y + 3z = 18$$
$$\underline{3.) \ 4x - 6y - 2z = -2 \ | \ 3.) + 1.)}$$

$$1.) \ -4x - 8y - 12z = -40 \ | \cdot 3$$
$$2.) \ 3x + 3y + 3z = 18 \ | \cdot 4$$
$$\underline{3.) \quad -14y - 14z = -42}$$

$$1.) \ -12x - 24y - 36z = -120$$
$$2.) \ 12x + 12y + 12z = 72 \ | \ 2.) + 1.)$$
$$\underline{3.) \quad -14y - 14z = -42}$$

1.) $-12x - 24y - 36z = -120$
2.) $\quad\quad - 12y - 24z = -48 \mid \cdot 7$
3.) $\quad\quad\underline{- 14y - 14z = -42} \mid \cdot (-6)$
1.) $-12x - 24y - 36z = -120$
2.) $\quad\quad - 84y - 168z = -336$
3.) $\quad\quad\underline{\quad\quad 84y + 84z = 252} \mid 3.) + 2.)$
1.) $-12x - 24y - 36z = -120$
2.) $\quad\quad - 84y - 168z = -336$
3.) $\quad\quad\underline{\quad\quad\quad -84z = -84}$

$\rightarrow$ Es liegt wieder die Dreiecksform vor.
$\rightarrow$ Aus der 3. Gleichung folgt: $z = 1$
$\rightarrow$ Eingesetzt in die 2. Gleichung: $y = 2$
$\rightarrow$ Eingesetzt in die 3. Gleichung: $x = 3$
$\rightarrow$ Die Lösungsmenge lautet: L = $\{(3; 2; 1)\}$

Fall 3: Das Lösen mit Hilfe von Determinanten (Cramersche Regel)

<u>Definition</u>: Unter einer $(n \cdot n)$-Determinante versteht man eine quadratische Anordnung von Zahlen.

$$A = \begin{vmatrix} a_{11} & a_{12} & a_{13} & \ldots & a_{1n} \\ a_{21} & a_{22} & a_{23} & \ldots & a_{2n} \\ a_{31} & a_{32} & a_{33} & \ldots & a_{3n} \\ \cdot & \cdot & \cdot & & \cdot \\ \cdot & \cdot & \cdot & & \cdot \\ \cdot & \cdot & \cdot & & \cdot \\ a_{n1} & a_{n2} & a_{n3} & \ldots & a_{nn} \end{vmatrix}$$

Die Zahlen a_{ik} der Determinante heißen Elemente der Determinante. Die 1. Ziffer des Index gibt die Zeile und die 2. Ziffer gibt die Spalte des Elementes an. Die Elemente a_{11}, a_{22}, a_{33}, ... , a_{nn} bilden die Hauptdiagonale der Determinante.

<u>Bemerkungen</u>: 1.) Eine Determinante kann man berechnen. Sie besitzt einen Zahlenwert.
2.) Den Wert einer $(n \cdot n)$-Determinante berechnet man, indem man jedes Glied a_{ik} der 1. Zeile mit der zugehörigen Unterdeterminante A_{ik} multipliziert und die Ergebnisse addiert.
3.) Unter der Unterdeterminante A_{ik} versteht man die mit dem Vorzeichen $(-1)^{i+k}$ versehene Determinante, die entsteht, wenn man in der gegebenen Determinante die i-te Zeile und die k-te Spalte streicht.
4.) Für das Berechnen von $(3 \cdot 3)$-Determinanten gibt es eine vereinfachte Regel, nämlich die Regel von Sarrus.

<u>Anwendungsgebiete für Determinanten</u>:

1.) Mit Hilfe von Determinanten kann man lineare Gleichungssysteme lösen. Hierfür benutzt man die Cramersche Regel.
2.) Mit Hilfe von Determinanten kann man feststellen, ob ein lineares Gleichungssystem genau eine Lösung, gar keine Lösung oder unendlich viele Lösungen besitzt.

A. Das Rechnen mit Determinanten:

Da in der Schule meistens nur lineare Gleichungssysteme mit 2 oder 3 Variablen behandelt werden, werde ich mich auf das Rechnen von $(2 \cdot 2)$-Determinanten bzw. $(3 \cdot 3)$-Determinanten beschränken.

<u>Frage</u>: Wie berechnet man eine $(2 \cdot 2)$-Determinante?

<u>Antwort</u>: $A = \begin{vmatrix} a_{11} & a_{12} \\ a_{21} & a_{22} \end{vmatrix} = a_{11} \cdot a_{22} - a_{21} \cdot a_{12}$

→ Die beiden Elemente der Hauptdiagonalen werden miteinander multipliziert. Das Produkt von den beiden Elementen aus der Nebendiagonalen wird anschließend subtrahiert.

<u>Beispiel</u>: $A = \begin{vmatrix} 3 & -5 \\ 1 & 8 \end{vmatrix} = 3 \cdot 8 - 1 \cdot (-5) = 24 + 5 = 29$

<u>Frage</u>: Wie berechnet man eine $(3 \cdot 3)$-Determinante?

<u>Antwort</u>: Für die Berechnung einer $(3 \cdot 3)$-Determinante gibt es zwei Möglichkeiten. Die erste Möglichkeit wäre, die zu berechnende Determinante in Unterdeterminanten zu zerlegen. Diese Möglichkeit ist der allgemeine Weg zur Berechnung von $(n \cdot n)$-Determinanten. Für die Berechnung von $(3 \cdot 3)$-Determinanten gibt es eine zweite Möglichkeit, nämlich die Berechnung nach der Regel von Sarrus.
Ich werde Ihnen beide Möglichkeiten allgemein und anhand eines Beispiels vorstellen.

<u>1. Möglichkeit</u>: $A = \begin{vmatrix} a_{11} & a_{12} & a_{13} \\ a_{21} & a_{22} & a_{23} \\ a_{31} & a_{32} & a_{33} \end{vmatrix} = (-1)^2 \cdot a_{11} \cdot \begin{vmatrix} a_{22} & a_{23} \\ a_{32} & a_{33} \end{vmatrix} + (-1)^3 \cdot a_{12} \cdot \begin{vmatrix} a_{21} & a_{23} \\ a_{31} & a_{33} \end{vmatrix} +$

$$(-1)^4 \cdot a_{13} \cdot \begin{vmatrix} a_{21} & a_{22} \\ a_{31} & a_{32} \end{vmatrix}$$

<u>Erläuterungen</u>: Die drei Unterdeterminanten erhält man, indem man in der ersten Zeile zunächst die Zeile und Spalte in der a_{11} steht streicht, anschließend die Zeile und Spalte in der a_{12} steht streicht und zuletzt die Zeile und Spalte in der a_{13} steht streicht.
Der Exponent von (-1) setzt sich aus der Nummer der Zeile addiert mit der Nummer der Spalte des gestrichenen Elementes zusammen.

<u>2. Möglichkeit</u>: (Regel von Sarrus)

$$A = \begin{vmatrix} a_{11} & a_{12} & a_{13} \\ a_{21} & a_{22} & a_{23} \\ a_{31} & a_{32} & a_{33} \end{vmatrix} = \begin{vmatrix} a_{11} & a_{12} & a_{13} \\ a_{21} & a_{22} & a_{23} \\ a_{31} & a_{32} & a_{33} \end{vmatrix} \begin{matrix} a_{11} & a_{12} \\ a_{21} & a_{22} \\ a_{31} & a_{32} \end{matrix} =$$

$$a_{11} \cdot a_{22} \cdot a_{33} + a_{12} \cdot a_{23} \cdot a_{31} + a_{13} \cdot a_{21} \cdot a_{32} - a_{31} \cdot a_{22} \cdot a_{13} - a_{32} \cdot a_{23} \cdot a_{11} - a_{33} \cdot a_{21} \cdot a_{12}$$

<u>Erläuterungen</u>: Nach der Regel von Sarrus schreibt man die beiden ersten Spalten rechts neben die Determinante. Man bildet dann die Summe der Produkte aus der Hauptdiagonalen und den parallel dazu verlaufenden Diagonalen. Anschließend bildet man die Summe der Produkte aus der Nebendiagonalen und den parallel dazu verlaufenden Diagonalen. Diese Summe wird dann von der ursprünglichen Summe subtrahiert.

<u>Beispiel</u>: Es soll der Wert der Determinante $A = \begin{vmatrix} 2 & 4 & 5 \\ 3 & 1 & 2 \\ 4 & 2 & 8 \end{vmatrix}$ nach den beiden oben genannten Möglichkeiten berechnet werden.

<u>1. Möglichkeit</u>: (Zerlegung in Unterdeterminanten)

$$A = (-1)^2 \cdot 2 \cdot \begin{vmatrix} 1 & 2 \\ 2 & 8 \end{vmatrix} + (-1)^3 \cdot 4 \cdot \begin{vmatrix} 3 & 2 \\ 4 & 8 \end{vmatrix} + (-1)^4 \cdot 5 \cdot \begin{vmatrix} 3 & 1 \\ 4 & 2 \end{vmatrix}$$

$$A = 2 \cdot (8 - 4) - 4 \cdot (24 - 8) + 5 \cdot (6 - 4) = \textbf{-46}$$

<u>2. Möglichkeit</u>: (Regel von Sarrus)

$$A = \begin{vmatrix} 2 & 4 & 5 \\ 3 & 1 & 2 \\ 4 & 2 & 8 \end{vmatrix} \begin{matrix} 2 & 4 \\ 3 & 1 \\ 4 & 2 \end{matrix} = 2 \cdot 1 \cdot 8 + 4 \cdot 2 \cdot 4 + 5 \cdot 3 \cdot 2 - (4 \cdot 1 \cdot 5 + 2 \cdot 2 \cdot 2 + 8 \cdot 3 \cdot 4)$$

$$A = \textbf{-46}$$

B. <u>Das Lösen von linearen Gleichungssystemen mit Hilfe von Determinanten:</u>

Wir betrachten einmal ein lineares Gleichungssystem mit 3 Gleichungen und 3 Variablen.

$a_{11}x + a_{12}y + a_{13}z = c_1$
$a_{21}x + a_{22}y + a_{23}z = c_2$
$a_{31}x + a_{32}y + a_{33}z = c_3$

Wir bilden die sog. Koeffizientendeterminante des Gleichungssystems. Sie lautet:

$$\Lambda = \begin{vmatrix} a_{11} & a_{12} & a_{13} \\ a_{21} & a_{22} & a_{23} \\ a_{31} & a_{32} & a_{33} \end{vmatrix}$$

Die Cramersche Regel besagt, dass man drei weitere Determinanten bilden soll. Sie lauten:

$$\Lambda x = \begin{vmatrix} c_1 & a_{12} & a_{13} \\ c_2 & a_{22} & a_{23} \\ c_3 & a_{32} & a_{33} \end{vmatrix} \qquad \Lambda y = \begin{vmatrix} a_{11} & c_1 & a_{13} \\ a_{21} & c_2 & a_{23} \\ a_{31} & c_3 & a_{33} \end{vmatrix} \qquad \Lambda z = \begin{vmatrix} a_{11} & a_{12} & c_1 \\ a_{21} & a_{22} & c_2 \\ a_{31} & a_{32} & c_3 \end{vmatrix}$$

Dann gilt: $x = \dfrac{\Lambda x}{\Lambda}$, $\quad y = \dfrac{\Lambda y}{\Lambda}$, $\quad z = \dfrac{\Lambda z}{\Lambda}$

<u>Beispiel 1</u>: Lösen Sie das folgende Gleichungssystem mit Hilfe der Cramerschen Regel.

1.) $2x + 3y + z = 11$
2.) $4x + y + 2z = 12$
3.) $5x + 2y + 2z = 15$

$$\Lambda = \begin{vmatrix} 2 & 3 & 1 \\ 4 & 1 & 2 \\ 5 & 2 & 2 \end{vmatrix} \begin{matrix} 2 & 3 \\ 4 & 1 \\ 5 & 2 \end{matrix} = 4 + 30 + 8 - (5 + 8 + 24) = 5$$

$$\Lambda x = \begin{vmatrix} 11 & 3 & 1 \\ 12 & 1 & 2 \\ 15 & 2 & 2 \end{vmatrix} \begin{matrix} 11 & 3 \\ 12 & 1 \\ 15 & 2 \end{matrix} = 22 + 90 + 24 - (15 + 44 + 72) = 5$$

$$\Lambda y = \begin{vmatrix} 2 & 11 & 1 \\ 4 & 12 & 2 \\ 5 & 15 & 2 \end{vmatrix} \begin{matrix} 2 & 11 \\ 4 & 12 \\ 5 & 15 \end{matrix} = 48 + 110 + 60 - (60 + 60 + 88) = 10$$

$$\Lambda z = \begin{vmatrix} 2 & 3 & 11 \\ 4 & 1 & 12 \\ 5 & 2 & 15 \end{vmatrix}\begin{matrix} 2 & 3 \\ 4 & 1 \\ 5 & 2 \end{matrix} = 30 + 180 + 88 - (55 + 48 + 180) = 15$$

$$x = \frac{\Lambda x}{\Lambda} = \frac{5}{5} = 1; \quad y = \frac{\Lambda y}{\Lambda} = \frac{10}{5} = 2; \quad z = \frac{\Lambda z}{\Lambda} = \frac{15}{3} = 3$$

→ Die Lösungsmenge lautet: **L = {(1; 2: 3)}**

Beispiel 2: Lösen Sie das Gleichungssystem mit Hilfe der Cramerschen Regel.

1.) $x + y + z = 3$
2.) $2x + 2y + 2z = 6$
3.) $3x + 8y + 3z = 14$

$$\Lambda = \begin{vmatrix} 1 & 1 & 1 \\ 2 & 2 & 2 \\ 3 & 8 & 3 \end{vmatrix}\begin{matrix} 1 & 1 \\ 2 & 2 \\ 3 & 8 \end{matrix} = 6 + 6 + 16 - (6 + 16 + 6) = 0$$

$$\Lambda x = \begin{vmatrix} 3 & 1 & 1 \\ 6 & 2 & 2 \\ 14 & 8 & 3 \end{vmatrix}\begin{matrix} 3 & 1 \\ 6 & 2 \\ 14 & 8 \end{matrix} = 18 + 28 + 48 - (28 + 48 + 18) = 0$$

$$\Lambda y = \begin{vmatrix} 1 & 3 & 1 \\ 2 & 6 & 2 \\ 3 & 14 & 3 \end{vmatrix}\begin{matrix} 1 & 3 \\ 2 & 6 \\ 3 & 14 \end{matrix} = 18 + 18 + 28 - (18 + 28 + 18) = 0$$

$$\Lambda z = \begin{vmatrix} 1 & 1 & 3 \\ 2 & 2 & 6 \\ 3 & 8 & 14 \end{vmatrix}\begin{matrix} 1 & 1 \\ 2 & 2 \\ 3 & 8 \end{matrix} = 28 + 18 + 48 - (18 + 48 + 28) = 0$$

$$x = \frac{\Lambda x}{\Lambda} = \frac{0}{0}; \quad y = \frac{\Lambda y}{\Lambda} = \frac{0}{0}; \quad z = \frac{\Lambda z}{\Lambda} = \frac{0}{0}$$

→ Für die Variablen x, y und z erhalten wir keine Lösungen, da $\frac{0}{0}$ ein sog. unbestimmter Ausdruck ist. Ist jedoch die Koeffizientendeterminante $\Lambda = 0$, so hat das Gleichungssystem entweder keine oder unendlich viele Lösungen. Eine Lösung des Gleichungssystems ist (1; 1; 1). Damit fällt der Fall, dass keine Lösungen existieren, weg. Demnach hat das Gleichungssystem unendlich viele Lösungen.

Beispiel 3: Lösen Sie das Gleichungssystem mit Hilfe der Cramerschen Regel.

1.) $x + y + z = 12$
2.) $2x + 3y + 4z = 40$
3.) $3x + 2y + 3z = 32$

$$\Lambda = \begin{vmatrix} 1 & 1 & 1 \\ 2 & 3 & 4 \\ 3 & 2 & 3 \end{vmatrix}\begin{matrix} 1 & 1 \\ 2 & 3 \\ 3 & 2 \end{matrix} = = 9 + 12 + 4 - (9 + 8 + 6) = 2$$

$$\Lambda x = \begin{vmatrix} 12 & 1 & 1 \\ 40 & 3 & 4 \\ 32 & 2 & 3 \end{vmatrix}\begin{matrix} 12 & 1 \\ 40 & 3 \\ 32 & 2 \end{matrix} = 108 + 128 + 80 - (96 + 96 + 120) = 4$$

$$\Lambda y = \begin{vmatrix} 1 & 12 & 1 \\ 2 & 40 & 4 \\ 3 & 32 & 3 \end{vmatrix} \begin{matrix} 1 & 12 \\ 2 & 40 \\ 3 & 32 \end{matrix} = 120 + 144 + 64 - (120 + 128 + 72) = 8$$

$$\Lambda z = \begin{vmatrix} 1 & 1 & 12 \\ 2 & 3 & 40 \\ 3 & 2 & 32 \end{vmatrix} \begin{matrix} 1 & 1 \\ 2 & 3 \\ 3 & 2 \end{matrix} = 96 + 120 + 48 - (108 + 80 + 64) = 12$$

$$x = \frac{\Lambda x}{\Lambda} = \frac{4}{2} = 2; \quad y = \frac{\Lambda y}{\Lambda} = \frac{8}{2} = 4; \quad z = \frac{\Lambda z}{\Lambda} = \frac{12}{2} = 6$$

→ Die Lösungsmenge lautet: **L = {(2; 4: 6)}**

<u>Beispiel 4</u>: Lösen Sie das homogene Gleichungssystem mit Hilfe der Cramerschen Regel.

1.) $x + y + z = 0$
2.) $2x + 3y + 4z = 0$
3.) $3x + 2y + 3z = 0$

$$\Lambda = \begin{vmatrix} 1 & 1 & 1 \\ 2 & 3 & 4 \\ 3 & 2 & 3 \end{vmatrix} \begin{matrix} 1 & 1 \\ 2 & 3 \\ 3 & 2 \end{matrix} = = 9 + 12 + 4 - (9 + 8 + 6) = 2$$

$$\Lambda x = \begin{vmatrix} 0 & 1 & 1 \\ 0 & 3 & 4 \\ 0 & 2 & 3 \end{vmatrix} \begin{matrix} 0 & 1 \\ 0 & 3 \\ 0 & 2 \end{matrix} = 0 + 0 + 0 - (0 + 0 + 0) = 0$$

$$\Lambda y = \begin{vmatrix} 1 & 0 & 1 \\ 2 & 0 & 4 \\ 3 & 0 & 3 \end{vmatrix} \begin{matrix} 1 & 0 \\ 2 & 0 \\ 3 & 0 \end{matrix} = 0 + 0 + 0 - (0 + 0 + 0) = 0$$

$$\Lambda z = \begin{vmatrix} 1 & 1 & 0 \\ 2 & 3 & 0 \\ 3 & 2 & 0 \end{vmatrix} \begin{matrix} 1 & 1 \\ 2 & 3 \\ 3 & 2 \end{matrix} = 0 + 0 + 0 - (0 + 0 + 0) = 0$$

$$x = \frac{\Lambda x}{\Lambda} = \frac{0}{2} = 0; \quad y = \frac{\Lambda y}{\Lambda} = \frac{0}{2} = 0; \quad z = \frac{\Lambda z}{\Lambda} = \frac{0}{2} = 0$$

→ Die Lösungsmenge lautet: **L = {(0; 0: 0)}**

<u>Frage</u>: Kann man direkt an der Determinante erkennen, dass ihr Wert 0 ist?
<u>Antwort</u>: Ja
→ 1. Sind 2 Zeilen bzw. 2 Spalten einer Determinante identisch, so ist der Wert der Determinante 0.
  2. Ist eine Zeile das Vielfache einer anderen Zeile, so ist der Wert der Determinante 0. Ist eine Spalte das Vielfache einer anderen Spalte, so ist der Wert der Determinante 0.
  3. Besteht eine Zeile bzw. eine Spalte aus lauter Nullen, so ist der Wert der Determinante 0.

Fall 4: Das Lösen mit Hilfe von Matrizen

<u>Definition</u>: Eine Matrix ist eine rechteckige bzw. quadratische Anordnung von Zahlen, die von zwei Klammern umschlossen werden.

$$A = \begin{pmatrix} a_{11} & a_{12} & a_{13} & a_{14} \\ a_{21} & a_{22} & a_{23} & a_{24} \\ a_{31} & a_{32} & a_{33} & a_{34} \end{pmatrix}$$

Diese Matrix hat 3 Zeilen und 4 Spalten. Deshalb wird sie auch als (3·4)-Matrix bezeichnet (allgemein: (m·n)-Matrix). Die Zahlen einer Matrix heißen Elemente. Jedes Element ist mit einem doppelten Index versehen. Das Element a_{ij} steht in der i-ten Zeile und der j-ten Spalte.

Besteht eine Matrix nur aus einer Spalte, so wird diese Matrix Spaltenvektor genannt. Besteht sie nur aus einer Zeile, so nennt man sie Zeilenvektor.

A. Das Rechnen mit Matrizen:

1.) Zwei Matrizen können addiert bzw. subtrahiert werden, wenn sie die gleiche Zeilen- und Spaltenanzahl haben. Die Addition bzw. Subtraktion zweier Matrizen läuft dann folgendermaßen ab:

$$\begin{pmatrix} a_{11} & a_{12} \\ a_{21} & a_{22} \end{pmatrix} + \begin{pmatrix} b_{11} & b_{12} \\ b_{21} & b_{22} \end{pmatrix} = \begin{pmatrix} a_{11} + b_{11} & a_{12} + b_{12} \\ a_{21} + b_{21} & a_{22} + b_{22} \end{pmatrix}$$

Beispiel 1:
$$\begin{pmatrix} 2 & 1 & 5 \\ 3 & 2 & 4 \\ 1 & 2 & 3 \end{pmatrix} + \begin{pmatrix} 5 & 1 & 2 \\ 3 & 5 & 7 \\ 8 & 2 & 1 \end{pmatrix} = \begin{pmatrix} 7 & 2 & 7 \\ 6 & 7 & 11 \\ 9 & 4 & 4 \end{pmatrix}$$

Beispiel 2:
$$\begin{pmatrix} 1 \\ 2 \\ 3 \end{pmatrix} - \begin{pmatrix} 8 \\ -1 \\ 5 \end{pmatrix} = \begin{pmatrix} -7 \\ 3 \\ -2 \end{pmatrix}$$

2.) Eine Matrix wird mit einer Zahl multipliziert bzw. dividiert, indem man jedes Glied der Matrix mit der Zahl multipliziert bzw. dividiert.

$$k \cdot \begin{pmatrix} a_{11} & a_{12} \\ a_{21} & a_{22} \end{pmatrix} = \begin{pmatrix} k \cdot a_{11} & k \cdot a_{12} \\ k \cdot a_{21} & k \cdot a_{22} \end{pmatrix}$$

Beispiel:
$$3 \cdot \begin{pmatrix} 1 & 5 \\ 2 & 4 \\ 2 & 3 \end{pmatrix} = \begin{pmatrix} 3 & 15 \\ 6 & 12 \\ 6 & 9 \end{pmatrix}$$

3.) Zwei Matrizen können nur dann multipliziert werden, wenn die Anzahl der Spalten der ersten Matrix identisch mit der Anzahl der Zeilen der zweiten Matrix ist.
→ Eine (m·n)-Matrix kann nur mit einer (n·p)-Matrix multipliziert werden. Das Ergebnis ist dann eine (m·p)-Matrix.

$$\begin{pmatrix} a_{11} & a_{12} \\ a_{21} & a_{22} \end{pmatrix} \cdot \begin{pmatrix} b_{11} & b_{12} \\ b_{21} & b_{22} \end{pmatrix} = \begin{pmatrix} a_{11} \cdot b_{11} + a_{12} \cdot b_{21} & a_{11} \cdot b_{12} + a_{12} \cdot b_{22} \\ a_{21} \cdot b_{11} + a_{22} \cdot b_{21} & a_{21} \cdot b_{12} + a_{22} \cdot b_{22} \end{pmatrix}$$

Dies ist die allgemeine Form der Matrizenmultiplikation von zwei (2·2)-Matrizen.

$$(a_{11} \quad a_{12} \quad a_{13}) \cdot \begin{pmatrix} b_{11} \\ b_{21} \\ b_{31} \end{pmatrix} = (a_{11} \cdot b_{11} + a_{12} \cdot b_{21} + a_{13} \cdot b_{31})$$

Dies ist die allgemeine Form der Matrizenmultiplikation einer (1·3)-Matrix mit einer (3·1)-Matrix.

Beispiel 1:
$$\begin{pmatrix} 2 & 1 & 5 \\ 3 & 2 & 4 \\ 1 & 2 & 3 \end{pmatrix} \cdot \begin{pmatrix} 1 & 5 \\ 2 & 4 \\ 2 & 3 \end{pmatrix} = \begin{pmatrix} 14 & 29 \\ 15 & 35 \\ 11 & 22 \end{pmatrix} \quad → \quad \text{(3·3)-M.} \cdot \text{(3·2)-M.} = \text{(3·2)-Matrix}$$

<u>Beispiel 2</u>: $\begin{pmatrix} 2 & 4 \\ 6 & 8 \end{pmatrix} \cdot \begin{pmatrix} 1 \\ 2 \end{pmatrix} = \begin{pmatrix} 10 \\ 22 \end{pmatrix}$ → (2·2)-M. · (2·1)-M. = (2·1)-Matrix

4.) Matrizen kann man nicht dividieren.

5.) Eine Einheitsmatrix liegt vor, wenn die Hauptdiagonale aus lauter Einsen besteht und alle sonstigen Glieder null sind.

<u>Beispiele</u>: $E = \begin{pmatrix} 1 & 0 \\ 0 & 1 \end{pmatrix}$ → Einheitsmatrix einer (2·2)-Matrix

$$E = \begin{pmatrix} 1 & 0 & 0 \\ 0 & 1 & 0 \\ 0 & 0 & 1 \end{pmatrix}$$ → Einheitsmatrix einer (3·3)-Matrix

→ Die Einheitsmatrix kann nur für quadratische Matrizen gebildet werden.

6.) Eine inverse Matrix liegt vor, wenn das Produkt der inversen Matrix mit der ursprünglichen Matrix die Einheitsmatrix ergibt.
→ $A \cdot A^{-1} = E$
→ Eine inverse Matrix kann nur für quadratische Matrizen existieren.
→ Nicht jede quadratische Matrix besitzt eine inverse Matrix. Für die Existenz der inversen Matrix muss gelten, dass die Determinante der Ursprungsmatrix ungleich null ist (Det A $\neq$ 0).
→ Es gibt zwei Möglichkeiten eine inverse Matrix zu bilden. Da ich Sie bereits mit den Determinanten vertraut gemacht habe, werde ich Ihnen zeigen, wie man mithilfe von Determinanten die inverse Matrix einer gegebenen Matrix bildet.

$$A = \begin{pmatrix} a_{11} a_{12} \dots a_{1n} \\ a_{21} a_{22} \dots a_{2n} \\ a_{31} a_{32} \dots a_{3n} \\ \cdot \\ \cdot \\ \cdot \\ a_{n1} a_{n2} \dots a_{nn} \end{pmatrix} \rightarrow A^{-1} = \frac{1}{Det\ A} \cdot \begin{pmatrix} A_{11} A_{21} \dots A_{n1} \\ A_{12} A_{22} \dots A_{n2} \\ A_{13} A_{23} \dots A_{n3} \\ \cdot \\ \cdot \\ \cdot \\ A_{1n} A_{2n} \dots A_{nn} \end{pmatrix}$$

1.) Det A ist die Determinante der Matrix A.
2.) A_{11} bis A_{nn} sind die sog. Unterdeterminanten.
3.) Man beachte die unterschiedliche Anordnung der A_{11} bis A_{nn} gegenüber der Anordnung der Elemente a_{11} bis a_{nn} der Ursprungsmatrix.

<u>Beispiel 1</u>: Gegeben ist die Matrix $A = \begin{pmatrix} 2 & 1 & 5 \\ 3 & 2 & 4 \\ 1 & 2 & 3 \end{pmatrix}$. Gesucht wird die inverse Matrix A^{-1}.

$$Det\ A = \begin{vmatrix} 2 & 1 & 5 \\ 3 & 2 & 4 \\ 1 & 2 & 3 \end{vmatrix} \begin{matrix} 2 & 1 \\ 3 & 2 \\ 1 & 2 \end{matrix} = 12 + 4 + 30 - (10 + 16 + 9) = 11$$

$A_{11} = (-1)^2 \cdot \begin{vmatrix} 2 & 4 \\ 2 & 3 \end{vmatrix} = 6 - 8 = -2$

$A_{23} = (-1)^5 \cdot \begin{vmatrix} 2 & 1 \\ 1 & 2 \end{vmatrix} = (-1) \cdot (4 - 1) = -3$

$A_{12} = (-1)^3 \cdot \begin{vmatrix} 3 & 4 \\ 1 & 3 \end{vmatrix} = (-1) \cdot (9 - 4) = -5$

$A_{31} = (-1)^4 \cdot \begin{vmatrix} 1 & 5 \\ 2 & 4 \end{vmatrix} = 4 - 10 = -6$

$A_{13} = (-1)^4 \cdot \begin{vmatrix} 3 & 2 \\ 1 & 2 \end{vmatrix} = 6 - 2 = 4$

$A_{32} = (-1)^5 \cdot \begin{vmatrix} 2 & 5 \\ 3 & 4 \end{vmatrix} = (-1) \cdot (8 - 15) = 7$

$A_{21} = (-1)^3 \cdot \begin{vmatrix} 1 & 5 \\ 2 & 3 \end{vmatrix} = (-1) \cdot (3 - 10) = 7$

$A_{33} = (-1)^6 \cdot \begin{vmatrix} 2 & 1 \\ 3 & 2 \end{vmatrix} = 4 - 3 = 1$

$$A_{22} = (-1)^4 \cdot \begin{vmatrix} 2 & 5 \\ 1 & 3 \end{vmatrix} = 6 - 5 = 1$$

$$\rightarrow A^{-1} = \frac{1}{11} \cdot \begin{pmatrix} -2 & 7 & -6 \\ -5 & 1 & 7 \\ 4 & -3 & 1 \end{pmatrix}$$

$$\rightarrow \underline{\text{Probe:}} \begin{pmatrix} 2 & 1 & 5 \\ 3 & 2 & 4 \\ 1 & 2 & 3 \end{pmatrix} \cdot \frac{1}{11} \cdot \begin{pmatrix} -2 & 7 & -6 \\ -5 & 1 & 7 \\ 4 & -3 & 1 \end{pmatrix} = \begin{pmatrix} 1 & 0 & 0 \\ 0 & 1 & 0 \\ 0 & 0 & 1 \end{pmatrix}$$

<u>Beispiel 2:</u> Gegeben ist die Matrix $A = \begin{pmatrix} 2 & 2 \\ 3 & 4 \end{pmatrix}$. Gesucht wird die inverse Matrix A^{-1}.

$$\text{Det } A = 8 - 6 = 2$$

$$A_{11} = 4; \; A_{12} = -3; \; A_{21} = -2; \; A_{22} = 2$$

$$A^{-1} = \frac{1}{2} \cdot \begin{pmatrix} 4 & -2 \\ -3 & 2 \end{pmatrix} = \begin{pmatrix} 2 & -1 \\ -1{,}5 & 1 \end{pmatrix}$$

$$\underline{\text{Probe:}} \begin{pmatrix} 2 & 2 \\ 3 & 4 \end{pmatrix} \cdot \begin{pmatrix} 2 & -1 \\ -1{,}5 & 1 \end{pmatrix} = \begin{pmatrix} 1 & 0 \\ 0 & 1 \end{pmatrix}$$

<u>Hinweis:</u> Die Ermittlung von inversen Matrizen brauche ich in dem Thema „Weitere Anwendungsgebiete von Matrizen".

B. Das Lösen von linearen Gleichungssystemen mit Hilfe von Matrizen:

Wir betrachten das folgende Gleichungssystem:

1.) $x + 2y + 3z = 14$
2.) $2x - y + z = 3$
3.) $4x + 3y - z = 7$

Dieses Gleichungssystem können wir in Matrizenschreibweise darstellen

$$\begin{pmatrix} 1 & 2 & 3 \\ 2 & -1 & 1 \\ 4 & 3 & -1 \end{pmatrix} \cdot \begin{pmatrix} x \\ y \\ z \end{pmatrix} = \begin{pmatrix} 14 \\ 3 \\ 7 \end{pmatrix}.$$

Für ein lineares Gleichungssystem mit 3 Gleichungen und 3 Variablen gilt laut Multiplikationsregel für Matrizen:

$$\begin{matrix} a_{11}x + a_{12}y + a_{13}z = c_1 \\ a_{21}x + a_{22}y + a_{23}z = c_2 \\ a_{31}x + a_{32}y + a_{33}z = c_3 \end{matrix} \quad = \quad \begin{pmatrix} a_{11} & a_{12} & a_{13} \\ a_{21} & a_{22} & a_{23} \\ a_{31} & a_{32} & a_{33} \end{pmatrix} \cdot \begin{pmatrix} x \\ y \\ z \end{pmatrix} = \begin{pmatrix} c_1 \\ c_2 \\ c_3 \end{pmatrix}$$

Die $(3 \cdot 3)$ - Matrix wird Koeffizientenmatrix genannt. Um das Gleichungssystem in Matrizenform lösen zu können, muss die erweiterte Koeffizientenmatrix A_E eingeführt werden. Der Koeffizientenmatrix wird die Ergebnismatrix $\begin{pmatrix} c_1 \\ c_2 \\ c_3 \end{pmatrix}$ hinzugefügt. Die erweiterte Koeffizientenmatrix A_E lautet also:

$$A_E = \begin{pmatrix} 1 & 2 & 3 & 14 \\ 2 & -1 & 1 & 3 \\ 4 & 3 & -1 & 7 \end{pmatrix}.$$ Auf diese erweiterte Koeffizientenmatrix wird jetzt das Gauß'sche

Verfahren angewendet. Im Zusammenhang mit dem Lösen des Gleichungssystems mit Hilfe von Matrizen, ist es sinnvoll den Begriff **„Rang einer Matrix"** einzuführen, denn anhand des Ranges kann man eine Aussage über die Anzahl der Lösungen des Gleichungssystems machen. Deshalb werde ich bei jedem Beispiel den Rang der Koeffizientenmatrix und der erweiterten Koeffizientenmatrix angeben.

Definition: Unter dem Rang einer Matrix versteht man die Anzahl der von 0 verschiedenen Zeilen, die sich nach Umformung der Matrix mit Hilfe des Gauß´schen Verfahrens in eine Matrix in Dreiecksform ergeben. Die Zahl n gibt die Anzahl der Gleichungen an.

Beispiel 1: 1.) $x + 2y + 3z = 14$
2.) $2x - y + z = 3$
3.) $4x + 3y - z = 7$

$$\rightarrow A = \begin{pmatrix} 1 & 2 & 3 \\ 2 & -1 & 1 \\ 4 & 3 & -1 \end{pmatrix} \quad \rightarrow \quad A_E = \begin{pmatrix} 1 & 2 & 3 & 14 \\ 2 & -1 & 1 & 3 \\ 4 & 3 & -1 & 7 \end{pmatrix} \quad 2.) - 2 \cdot 1.) \text{ und } 3.) - 4 \cdot 1.)$$

$$\rightarrow \begin{pmatrix} 1 & 2 & 3 & 14 \\ 0 & -5 & -5 & -25 \\ 0 & -5 & -13 & -49 \end{pmatrix} \quad 3.) - 2.) \quad \rightarrow \begin{pmatrix} 1 & 2 & 3 & 14 \\ 0 & -5 & -5 & -25 \\ 0 & 0 & -8 & -24 \end{pmatrix}$$

$\rightarrow$ n = 3; Rang A = 3; Rang A_E = 3
$\rightarrow$ 3. Zeile von A_E: -8z = -24 |: (-8) $\rightarrow$ z = 3
$\rightarrow$ einsetzen in die 2. Zeile von A_E: -5y – 5·3 = -25 | +15 |: (-5) $\rightarrow$ y = 2
$\rightarrow$ einsetzen in die 1. Zeile von A_E: x + 2·2 + 3·3 = 14 |- 9 |- 4 $\rightarrow$ x = 1
$\rightarrow$ L = {(1; 2; 3)}

Beispiel 2: 1.) $x + 1,5y - z = 1$
2.) $2x - 4y + 6z = 12$
3.) $-4x + y + 5z = 13$

$$\rightarrow A = \begin{pmatrix} 1 & 1,5 & -1 \\ 2 & -4 & 6 \\ -4 & 1 & 5 \end{pmatrix} \quad \rightarrow \quad A_E = \begin{pmatrix} 1 & 1,5 & -1 & 1 \\ 2 & -4 & 6 & 12 \\ -4 & 1 & 5 & 13 \end{pmatrix} \quad 2.) - 2 \cdot 1.) \text{ und } 3.) + 4 \cdot 1.)$$

$$\rightarrow \begin{pmatrix} 1 & 1,5 & -1 & 1 \\ 0 & -7 & 8 & 10 \\ 0 & 7 & 1 & 17 \end{pmatrix} \quad 3.) + 2.) \quad \rightarrow \begin{pmatrix} 1 & 1,5 & -1 & 1 \\ 0 & -7 & 8 & 10 \\ 0 & 0 & 9 & 27 \end{pmatrix}$$

$\rightarrow$ n = 3; Rang A = 3; Rang A_E = 3
$\rightarrow$ 3. Zeile von A_E: 9z = 27 |: 9 $\rightarrow$ z = 3
$\rightarrow$ einsetzen in die 2. Zeile von A_E: -7y + 8·3 = 10 |- 24 |: (-7) $\rightarrow$ y = 2
$\rightarrow$ einsetzen in die 1. Zeile von A_E: x + 1,5·2 – 3 = 1 $\rightarrow$ x = 1
$\rightarrow$ L = {(1; 2; 3)}

Beispiel 3: 1.) $-x + 2y + 5z = 2$
2.) $-x - 3y - 12z = -5$
3.) $3x - y + 2z = 1$

$$\rightarrow A = \begin{pmatrix} -1 & 2 & 5 \\ -1 & -3 & -12 \\ 3 & -1 & 2 \end{pmatrix} \quad \rightarrow A_E = \begin{pmatrix} -1 & 2 & 5 & 2 \\ -1 & -3 & -12 & -5 \\ 3 & -1 & 2 & 1 \end{pmatrix} \quad 2.) - 1.) \text{ und } 3.) + 3 \cdot 1.)$$

$$\rightarrow \begin{pmatrix} -1 & 2 & 5 & 2 \\ 0 & -5 & -17 & -7 \\ 0 & 5 & 17 & 7 \end{pmatrix} \quad 3.) + 2.) \quad \rightarrow \begin{pmatrix} -1 & 2 & 5 & 2 \\ 0 & -5 & -17 & -7 \\ 0 & 0 & 0 & 0 \end{pmatrix}$$

→ n = 3; Rang A = 2; Rang A_E = 2

→ 3. Zeile von A_E: 0z = 0; wir können z frei wählen; es ergibt sich immer eine wahre Aussage.

→ Es gibt unendlich viele Lösungen

Beispiel 4: 1.) x + y + z = 3
         2.) 2x + 2y + 2z = 7
         3.) x – 2y + 3z = 2

$$\rightarrow A = \begin{pmatrix} 1 & 1 & 1 \\ 2 & 2 & 2 \\ 1 & -2 & 3 \end{pmatrix} \quad \rightarrow A_E = \begin{pmatrix} 1 & 1 & 1 & 3 \\ 2 & 2 & 2 & 7 \\ 1 & -2 & 3 & 2 \end{pmatrix} \quad 2.) - 2 \cdot 1.) \text{ und } 3.) - 1.)$$

$$\rightarrow \begin{pmatrix} 1 & 1 & 1 & 3 \\ 0 & 0 & 0 & 1 \\ 0 & -3 & 2 & -1 \end{pmatrix}$$

→ 2. Zeile von A_E: 0 = 1; da hier ein Widerspruch vorliegt, hat das Gleichungssystem keine Lösungen.

→ L = { }

→ n = 3; Rang A = 2; Rang A_E = 3

Beispiel 5: 1.) 4x – 2y + z = 0
         2.) 2x + 4y – 8z = 0   Es lieget ein homogenes Gleichungssystem vor.
         3.) 3x – 4y + 3z = 0

$$\rightarrow A = \begin{pmatrix} 4 & -2 & 1 \\ 2 & 4 & -8 \\ 3 & -4 & 3 \end{pmatrix} \quad \rightarrow A_E = \begin{pmatrix} 4 & -2 & 1 & 0 \\ 2 & 4 & -8 & 0 \\ 3 & -4 & 3 & 0 \end{pmatrix} \quad 2.) - 0{,}5 \cdot 1.) \text{ und } 3.) - 0{,}75 \cdot 1.)$$

$$\rightarrow \begin{pmatrix} 4 & -2 & 1 & 0 \\ 0 & 5 & -8{,}5 & 0 \\ 0 & -2{,}5 & 2{,}25 & 0 \end{pmatrix} \quad 3.) + 0{,}5 \cdot 2.) \quad \rightarrow \begin{pmatrix} 4 & -2 & 1 & 0 \\ 0 & 5 & -8{,}5 & 0 \\ 0 & 0 & -2 & 0 \end{pmatrix}$$

→ n = 3; Rang A = 3; Rang A_E = 3

→ 3. Zeile von A_E: -2z = 0 → z = 0

→ einsetzen in die 2. Zeile von A_E: 5y – 8,5·0 = 0 → y = 0

→ einsetzen in die 1. Zeile von A_E: 4x - 2·0 + 0 = 0 → x = 0

→ L = {(0; 0; 0)}

Hinweis: Im Kapitel 2.1.7 gehe ich auf die Bedeutung des Ranges einer Matrix bezgl. der Anzahl von Lösungen ein.

C. Weitere Anwendungsgebiete von Matrizen:

Ich werde Ihnen zwei Aufgaben aus dem Bereich der Wirtschaft vorstellen.

Aufgabe 1: Eine Firma stellt aus den drei Rohstoffen R1, R2 und R3 die Zwischenprodukte Z1, Z2 und Z3 her. Aus den drei Zwischenprodukten werden wieder die drei Endprodukte E1, E2 und E3 hergestellt. Die Mengeneinheiten der einzelnen Rohstoffe, die zur Herstellung von 1 Mengeneinheit der verschiedenen Zwischenprodukte benötigt werden, sind in Tabelle 1 zu sehen. Die Mengeneinheiten der einzelnen Zwischenprodukte, die zur Herstellung von 1 Mengeneinheit der verschiedenen Endprodukte benötigt werden, sind in Tabelle 2 zu sehen.

Tabelle 1:   Tabelle 2:

	Z1	Z2	Z3
R1	2	4	2
R2	2	0	4
R3	4	2	2

	E1	E2	E3
Z1	2	4	4
Z2	2	2	8
Z3	4	4	2

a) Ein Kunde bestellt 40 Mengeneinheiten (ME) E1, 30 ME E2 und 50 ME E3.
Berechnen Sie, wie viele ME der verschiedenen Rohstoffe für diesen Auftrag benötigt
werden?

b) Für 1 ME E1 muss der Kunde 20 €, für 1 ME E2 25 € und für 1 ME E3 40 € zahlen.
Berechnen Sie den Gesamtpreis, den der Kunde zu zahlen hat.

c) Vom Rohstoff R1 sind noch 260 ME, von R2 noch 176 ME und von R3 noch 244 ME
vorhanden. Berechnen Sie, wie viele ME der verschiedenen Endprodukte damit
hergestellt werden können.

Lösung: a) Wir berechnen zunächst, wie viele ME an Rohstoffen für jeweils 1 ME der verschiedenen
Endprodukte benötigt werden. Hierfür brauchen wir die beiden obigen Tabellen, die wir in
die Matrizenschreibweise überführen. Dann werden die beiden Matrizen multipliziert. Das
Ergebnis ist dann ebenfalls eine Matrix.

	Z1	Z2	Z3
R1	2	4	2
R2	2	0	4
R3	4	2	2

	E1	E2	E3
Z1	2	4	4
Z2	2	2	8
Z3	4	4	2

	E1	E2	E3
R1	?	?	?
R2	?	?	?
R3	?	?	?

→ in Matrizenschreibweise:

$$\begin{pmatrix} 2 & 4 & 2 \\ 2 & 0 & 4 \\ 4 & 2 & 2 \end{pmatrix} \cdot \begin{pmatrix} 2 & 4 & 4 \\ 2 & 2 & 8 \\ 4 & 4 & 2 \end{pmatrix} = \begin{pmatrix} 20 & 24 & 44 \\ 20 & 24 & 16 \\ 20 & 28 & 36 \end{pmatrix}$$

→ Wichtig ist, dass die Spaltenköpfe der 1. Matrix und die Zeilenköpfe der 2. Matrix
identisch sind (vgl. die ersten beiden Tabellen). Wenn das nicht der Fall ist, so ist der
Lösungsweg falsch strukturiert worden. Es liegt dann ein logischer Fehler vor.

→ Wichtig ist, dass bei der Multiplikation der beiden Matrizen die Anzahl der Spalten
der 1. Matrix mit der Anzahl der Zeilen der 2. Matrix übereinstimmt. Ist das nicht der
Fall, so kann man die beiden Matrizen nicht multiplizieren. In unserem Beispiel gilt:
$(3 \cdot 3)$-Matrix $\cdot$ $(3 \cdot 3)$-Matrix = $(3 \cdot 3)$-Matrix.

→ Bei der Ergebnismatrix lauten die Zeilenköpfe der Reihe nach: R1, R2, R3 und die
Spaltenköpfe der Reihe nach E1, E2, E3 (vgl. Ergebnistabelle). Somit kann man
ablesen, wie viele ME der verschiedenen Rohstoffe für jeweils 1 ME der
verschiedenen Endprodukte benötigt werden.

	E1	E2	E3
R1	20	24	44
R2	20	24	16
R3	20	28	36

	Menge
E1	40
E2	30
E3	50

	Menge
R1	?
R2	?
R3	?

$$\text{Also: } \begin{pmatrix} 20 & 24 & 44 \\ 20 & 24 & 16 \\ 20 & 28 & 36 \end{pmatrix} \cdot \begin{pmatrix} 40 \\ 30 \\ 50 \end{pmatrix} = \begin{pmatrix} 3720 \\ 2320 \\ 3440 \end{pmatrix}$$

<u>Antwort</u>: Es werden für diesen Auftrag 3720 ME R1, 2320 ME R2 und 3440 ME R3 benötigt.

b) Da wir den Gesamtpreis wissen wollen, ist das Endergebnis eine $(1 \cdot 1)$-Matrix.

	E1	E2	E3
€	20	25	40

	Menge
E1	40
E2	30
E3	50

→ in Matrizenschreibweise:

$$(20 \quad 25 \quad 40) \cdot \begin{pmatrix} 40 \\ 30 \\ 50 \end{pmatrix} = (3550)$$

<u>Antwort</u>: Der Kunde muss insgesamt 3550 € zahlen.

c) Die folgenden Tabellen brauchen wir für unseren Lösungsweg.

	E1	E2	E3
R1	20	24	44
R2	20	24	16
R3	20	28	36

	Menge
E1	x
E2	y
E3	z

	Menge
R1	260
R2	176
R3	244

→ in Matrizenschreibweise:

$$\begin{pmatrix} 20 & 24 & 44 \\ 20 & 24 & 16 \\ 20 & 28 & 36 \end{pmatrix} \cdot \begin{pmatrix} x \\ y \\ z \end{pmatrix} = \begin{pmatrix} 260 \\ 176 \\ 244 \end{pmatrix}$$

→ Die 1. Matrix gibt die Mengeneinheiten der verschiedenen Rohstoffe an, die für eine Mengeneinheit der verschiedenen Endprodukte benötigt werden. Wenn man diese Matrix mit den Mengeneinheiten der verschiedenen Endprodukte multipliziert (hier: 2. Matrix), erhält man die Mengeneinheiten der verschiedenen Rohstoffe, die man für die zu bestimmenden Mengeneinheiten der verschiedenen Endprodukte benötigt (hier: 3. Matrix).

→ Es ergibt sich das folgende Gleichungssystem:
1.) $20x + 24y + 44z = 260$
2.) $20x + 24y + 16z = 176$
<u>3.) $20x + 28y + 36z = 244$</u>
1.) − 2.) $28z = 84 \,|: 28$ → $z = 3$
3.) − 2.) $4y + 20z = 68$
→ $4y + 60 = 68 \,|- 60 \,|: 4$ → $y = 2$
Einsetzen in 1.): $20x + 24 \cdot 2 + 44 \cdot 3 = 260 \,|- 180 \,|: 20$ → $x = 4$

<u>Antwort</u>: Es können 4 ME von E1, 2 ME von E2 und 3 ME von E3 hergestellt werden.

<u>Aufgabe 2</u>: Wir wollen auf die obige Aufgabe zurückgreifen, lediglich mit dem folgenden Unterschied:

Tabelle 1:   Tabelle 2:

	Z1	Z2	Z3
R1	2	4	2
R2	2	0	4
R3	4	2	2

	E1	E2	E3
Z1	x_{11}	x_{12}	x_{13}
Z2	x_{21}	x_{22}	x_{23}
Z3	x_{31}	x_{32}	x_{33}

Ergebnistabelle:

	E1	E2	E3
R1	20	24	44
R2	20	24	16
R3	20	28	36

Berechnen Sie, wie viele ME der verschiedenen Zwischenprodukte Z1, Z2 und Z3 nötig sind, um 40 ME E1, 30 ME E2 und 50 ME E3 herzustellen.

<u>Lösung</u>: Wir müssen zunächst einmal die Tabelle 2 mit konkreten Zahlen auffüllen.
→ in Matrizenschreibweise:

$$\begin{pmatrix} 2 & 4 & 2 \\ 2 & 0 & 4 \\ 4 & 2 & 2 \end{pmatrix} \cdot \begin{pmatrix} x_{11} & x_{12} & x_{13} \\ x_{21} & x_{22} & x_{23} \\ x_{31} & x_{32} & x_{33} \end{pmatrix} = \begin{pmatrix} 20 & 24 & 44 \\ 20 & 24 & 16 \\ 20 & 28 & 36 \end{pmatrix}$$

$$A \quad \cdot \quad B \quad = \quad A \cdot B$$

→ Wenn man jetzt ein Gleichungssystem hieraus erstellt, besitzt dieses Gleichungssystem 9 Gleichungen mit insgesamt 9 Unbekannten. Dieses Gleichungssystem zu lösen, ist sehr zeitaufwändig. Deshalb werden wir bezüglich der Matrix A die inverse Matrix A^{-1} bilden. Schematisch dargestellt sieht das folgendermaßen aus:

→ $A^{-1} \cdot A \cdot B = A^{-1} \cdot (A \cdot B)$
→ $\qquad B = B$

→ $\text{Det } A = \begin{vmatrix} 2 & 4 & 2 \\ 2 & 0 & 4 \\ 4 & 2 & 2 \end{vmatrix} \begin{matrix} 2 & 4 \\ 2 & 0 \\ 4 & 2 \end{matrix} = 0 + 64 + 8 - (0 + 16 + 16) = 40$

$A_{11} = (-1)^2 \cdot \begin{vmatrix} 0 & 4 \\ 2 & 2 \end{vmatrix} = 0 - 8 = -8 \qquad\qquad A_{23} = (-1)^5 \cdot \begin{vmatrix} 2 & 4 \\ 4 & 2 \end{vmatrix} = (-1)\cdot(4 - 16) = 12$

$A_{12} = (-1)^3 \cdot \begin{vmatrix} 2 & 4 \\ 4 & 2 \end{vmatrix} = (-1)\cdot(4 - 16) = 12 \qquad A_{31} = (-1)^4 \cdot \begin{vmatrix} 4 & 2 \\ 0 & 4 \end{vmatrix} = 16 - 0 = 16$

$A_{13} = (-1)^4 \cdot \begin{vmatrix} 2 & 0 \\ 4 & 2 \end{vmatrix} = 4 - 0 = 4 \qquad\qquad A_{32} = (-1)^5 \cdot \begin{vmatrix} 2 & 2 \\ 2 & 4 \end{vmatrix} = (-1)\cdot(8 - 4) = -4$

$A_{21} = (-1)^3 \cdot \begin{vmatrix} 4 & 2 \\ 2 & 2 \end{vmatrix} = (-1)\cdot(8 - 4) = -4 \qquad A_{33} = (-1)^6 \cdot \begin{vmatrix} 2 & 4 \\ 2 & 0 \end{vmatrix} = 0 - 8 = -8$

$A_{22} = (-1)^4 \cdot \begin{vmatrix} 2 & 2 \\ 4 & 2 \end{vmatrix} = 4 - 8 = -4$

$$\rightarrow A^{-1} = \frac{1}{40} \cdot \begin{pmatrix} -8 & -4 & 16 \\ 12 & -4 & -4 \\ 4 & 12 & -8 \end{pmatrix}$$

$$\rightarrow B = \frac{1}{40} \cdot \begin{pmatrix} -8 & -4 & 16 \\ 12 & -4 & -4 \\ 4 & 12 & -8 \end{pmatrix} \cdot \begin{pmatrix} 20 & 24 & 44 \\ 20 & 24 & 16 \\ 20 & 28 & 36 \end{pmatrix} = \begin{pmatrix} 2 & 4 & 4 \\ 2 & 2 & 8 \\ 4 & 4 & 2 \end{pmatrix}$$

Nachdem wir die Matrix B bestimmt haben, können wir die Aufgabe endgültig lösen. Hierzu brauchen wir die folgenden Tabellen:

	E1	E2	E3
Z1	2	4	4
Z2	2	2	8
Z3	4	4	2

	Menge
E1	40
E2	30
E3	50

	Menge
Z1	x
Z2	y
Z3	z

$\rightarrow$ in Matrizenschreibweise:

$$\begin{pmatrix} 2 & 4 & 4 \\ 2 & 2 & 8 \\ 4 & 4 & 2 \end{pmatrix} \cdot \begin{pmatrix} 40 \\ 30 \\ 50 \end{pmatrix} = \begin{pmatrix} x \\ y \\ z \end{pmatrix} \rightarrow \begin{pmatrix} 400 \\ 540 \\ 380 \end{pmatrix}$$

<u>Antwort</u>: Es sind 400 ME Z1, 540 ME Z2 und 380 ME Z3 notwendig.

Fall 5: Das Lösen mit Hilfe der analytischen Geometrie:

<u>Anmerkung</u>: Dieser Fall ist für Leser gedacht, die sich mit der Vektorrechnung auskennen. Für alle, die noch nie etwas mit der Vektorrechnung zu tun hatten, habe ich unter Punkt A ganz kurz die wichtigsten Begriffe und Rechentechniken erklärt, die ich für das Lösen der untenstehenden Gleichungssysteme benötige.

Gegeben seien die folgenden linearen Gleichungssysteme:

<u>Beispiel 1</u>: 1.) $4x + 7y = 29$ <u>Beispiel 2</u>: 1.) $x + 2y + 3z = 14$
            2.) $3x - 8y = -18$ 2.) $2x - y + z = 3$
                                              3.) $4x + 3y - z = 7$

Wussten Sie schon, dass jede einzelne Gleichung in Beispiel 1 geometrisch gesehen eine Gerade in der Ebene und jede Gleichung in Beispiel 2 eine Ebene im Raum darstellt? Nein? In der analytischen Geometrie gibt es mehrere Möglichkeiten, eine Gerade bzw. eine Ebene darzustellen. In den beiden Gleichungssystemen werden alle Gleichungen in der sog. Koordinatenform dargestellt. Das Lösen des Gleichungssystems wird geometrisch betrachtet auf die Berechnung eines gemeinsamen Schnittpunktes der 2 Gerade bzw. der drei Ebenen zurückgeführt. Neben der Koordinatenform ist die Darstellung der Geraden bzw. Ebenen in Parameterform häufig anzutreffen. Für die Darstellung in Parameterform benötigt man Vektoren. Deshalb werde ich Ihnen einen kurzen Überblick über Vektoren geben.

A. Das Rechnen mit Vektoren:

<u>Definition</u>: Ein Pfeil ist eine Strecke mit einem Anfangspunkt und einem Endpunkt. Der Endpunkt wird immer durch eine Pfeilspitze symbolisiert. Ein Pfeil hat eine Länge, eine Richtung und eine Orientierung.

<u>Definition</u>: Ein Vektor ist eine Menge von Pfeilen, die alle die gleiche Länge, die gleiche Richtung und die gleiche Orientierung haben. Jeder dieser Pfeile ist ein Repräsentant des Vektors.

<u>Schreibweise von Vektoren</u>: Wenn man einen Punkt P(x; y; z) im Raum festlegt, so kann man sich einen geeigneten Repräsentanten (Pfeil) eines Vektors wählen, der seinen Anfangspunkt im Ursprung (0; 0; 0) und seinen Endpunkt in P(x; y; z) hat. Damit es zu keiner Verwechselung mit der Koordinatenschreibweise eines Punktes P(x; y; z) kommt, hat sich bei den Vektoren die Spaltenschreibweise durchgesetzt.

Also: $\vec{a} = \begin{pmatrix} x \\ y \\ z \end{pmatrix}$

<u>Beispiel</u>: $\vec{a} = \begin{pmatrix} 2 \\ -5 \\ 3 \end{pmatrix}$ → Der Vektor $\vec{a}$ wird durch einen Pfeil repräsentiert, der seinen Anfangspunkt in (0; 0; 0) und seinen Endpunkt in (2; -5; 3) hat.

<u>Addition und Subtraktion von Vektoren</u>: Wenn man 2 Vektoren $\vec{a}$ und $\vec{b}$ addiert bzw. subtrahiert, so werden in Wirklichkeit die jeweiligen geeigneten Repräsentanten (Pfeile) addiert bzw. subtrahiert.

Die Addition läuft folgendermaßen ab: Der Anfangspunkt von $\vec{a}$ liegt im Ursprung. Der Anfangspunkt von $\vec{b}$ wird an den Endpunkt von $\vec{a}$ angelegt. Dann liegt der Anfangspunkt des Summenvektors $\vec{a} + \vec{b}$ im Ursprung und der Endpunkt ist der Endpunkt des Vektors $\vec{b}$.

Die Subtraktion läuft folgendermaßen ab: Für $\vec{a} - \vec{b}$ kann man auch $\vec{a} + (-\vec{b})$ schreiben. Das bedeutet, dass der Vektor $\vec{b}$ eine entgegengesetzte Orientierung erhält. Die Pfeilspitze (Endpunkt) von $-\vec{b}$ ist jetzt identisch mit dem Anfangspunkt des Vektors $\vec{b}$. Jetzt verfährt man bei der Addition wie oben beschrieben.

<u>Zeichnerische Darstellung</u>:

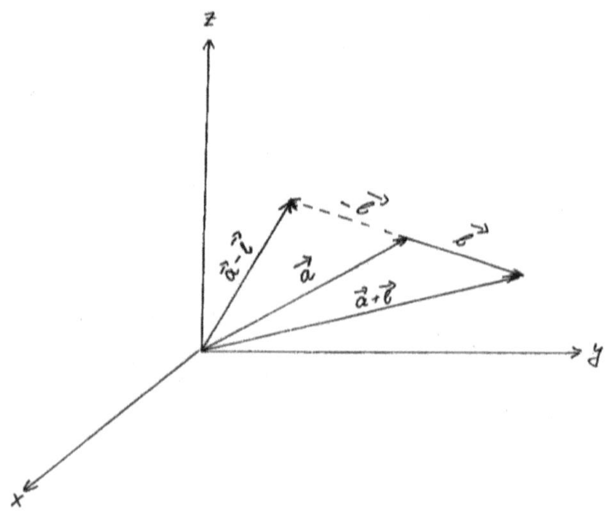

<u>Rechnerische Darstellung</u>: Zwei Vektoren werden addiert bzw. subtrahiert, indem man die jeweiligen Koordinaten addiert bzw. subtrahiert.

$$\vec{a} = \begin{pmatrix} x_1 \\ y_1 \\ z_1 \end{pmatrix} ; \ \vec{b} = \begin{pmatrix} x_2 \\ y_2 \\ z_2 \end{pmatrix} \rightarrow \vec{a} + \vec{b} = \begin{pmatrix} x_1 + x_2 \\ y_1 + y_2 \\ z_1 + z_2 \end{pmatrix}$$

$$\underline{\text{Beispiel:}} \ \begin{pmatrix} 2 \\ -5 \\ 3 \end{pmatrix} + \begin{pmatrix} 3 \\ 7 \\ -2 \end{pmatrix} = \begin{pmatrix} 5 \\ 2 \\ 1 \end{pmatrix} ; \qquad \begin{pmatrix} 6 \\ 3 \\ 1 \end{pmatrix} - \begin{pmatrix} -4 \\ -2 \\ 5 \end{pmatrix} = \begin{pmatrix} 10 \\ 5 \\ -4 \end{pmatrix}$$

<u>Definition</u>: Ein Vektor wird mit einer Zahl k multipliziert, indem man alle Koordinaten mit k multipliziert.

$$\vec{a} = \begin{pmatrix} x_1 \\ y_1 \\ z_1 \end{pmatrix} \rightarrow k \cdot \vec{a} = \begin{pmatrix} k \cdot x_1 \\ k \cdot y_1 \\ k \cdot z_1 \end{pmatrix}$$

$$\underline{\text{Beispiel:}} \ 3 \cdot \begin{pmatrix} 3 \\ 7 \\ -2 \end{pmatrix} = \begin{pmatrix} 9 \\ 21 \\ -6 \end{pmatrix}$$

<u>Definition</u>: Eine Gerade g ist eindeutig durch 2 Punkte A und B festgelegt. Wir wählen den Ursprung als Anfangspunkt und den Punkt A als Endpunkt des Vektors $\vec{a}$. Für den Vektor $\vec{b}$ gilt das gleiche, lediglich der Punkt B wird als Endpunkt gewählt. Den Vektor $\vec{a}$ bezeichnet man als Ortsvektor. Jetzt bilden wir den Differenzvektor $\vec{b} - \vec{a}$. Diesen Vektor bezeichnet man als Richtungsvektor. Wenn man diesen Differenzvektor mit k multipliziert, wobei k alle möglichen Zahlen durchläuft, so erhält man stets Vektoren, deren Endpunkte alle auf einer Geraden liegen (vgl. Skizze). Der Differenzvektor gibt also die Richtung der Geraden an, der Ortsvektor legt die Lage der Geraden im Raum fest. Man erhält somit eine Geradengleichung in Parameterform.

$$\boxed{\text{Sie lautet: } \mathbf{g : \vec{x} = \vec{a} + k \cdot (\vec{b} - \vec{a})}}$$

<u>Beispiel</u>: Gegeben sind die beiden Punkte A(1; 5; -4) und B(-2; 7; 12). Stellen Sie die zugehörige Geradengleichung in Parameterform auf.

$$\underline{\text{Lösung:}} \ g: \vec{x} = \begin{pmatrix} 1 \\ 5 \\ -4 \end{pmatrix} + k \cdot \begin{pmatrix} -3 \\ 2 \\ 16 \end{pmatrix}$$

<u>Definition</u>: Eine Ebene E ist eindeutig durch 3 Punkte A, B und C festgelegt. Man wählt z.B. den Vektor $\vec{a}$ als Ortsvektor. Dann bildet man 2 Differenzvektoren, $\vec{v} = \vec{b} - \vec{a}$ und $\vec{w} = \vec{c} - \vec{a}$. Die beiden Differenzvektoren sind die Richtungsvektoren von E. Die beiden Differenzvektoren spannen die Ebene auf, der Ortsvektor legt die Lage der Ebene im Raum fest. Multipliziert man die beiden Differenzvektoren mit k bzw. l, wobei k und l alle möglichen Zahlen durchlaufen, so erhält man stets Vektoren, deren Endpunkte alle auf E liegen (vgl. Skizze). Somit erhält man die Ebenengleichung in Parameterform.

$$\boxed{\text{Sie lautet: } \mathbf{E : \vec{x} = \vec{a} + k \cdot (\vec{b} - \vec{a}) + l \cdot (\vec{c} - \vec{a})}}$$

<u>Beispiel</u>: Gegeben sind die Punkte A(1; 1; 1), B(5; 3; 9) und C(-1; 6; -10). Stellen Sie die zugehörige Ebenengleichung in Parameterform auf.

$$\underline{\text{Lösung:}} \ E: \vec{x} = \begin{pmatrix} 1 \\ 1 \\ 1 \end{pmatrix} + k \cdot \begin{pmatrix} 4 \\ 2 \\ 8 \end{pmatrix} + l \cdot \begin{pmatrix} -2 \\ 5 \\ -11 \end{pmatrix}$$

<u>Skizze zur Geraden- bzw. Ebenendarstellung:</u>

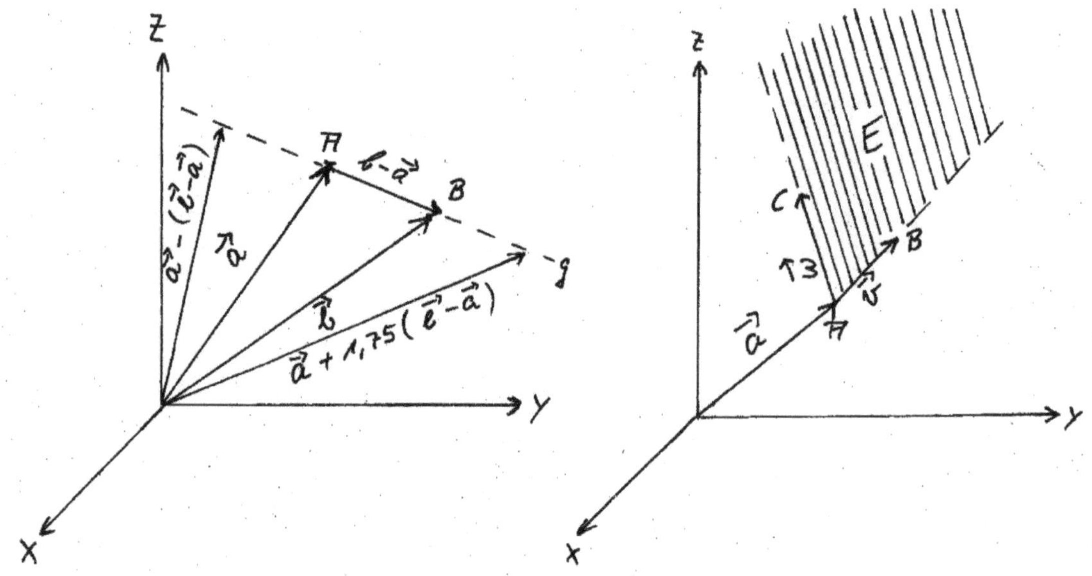

Linke Skizze: Darstellung einer Geraden	Rechte Skizze: Darstellung einer Ebene
(1 Orts- und 1 Richtungsvektor)	(1 Orts- und 2 Richtungsvektoren)

B. Zusammenhang zwischen linearen Gleichungssystemen und Geraden- bzw. Ebenengleichungen in vektorieller Darstellung:

<u>Beispiel 1</u>: 1.) $4x + 7y = 29$ → Auf Seite 91 haben wir nachgewiesen, dass $L = \{(2; 3)\}$ ist.
2.) $3x - 8y = -18$

Weisen Sie nach, dass die Lösungsmenge des obigen Gleichungssystems identisch mit dem Schnittpunkt zweier Geraden in Parameterform ist.

<u>Lösung</u>: Für jede der beiden Gleichungen suchen wir separat 2 Lösungen, um die Punkte A und B festlegen zu können.
Gleichung 1: Die Werte $x = 5{,}5$ und $y = 1$ erfüllen die Gleichung → A(5,5; 1)
Die Werte $x = 7{,}25$ und $y = 0$ erfüllen die Gleichung → B(7,25; 0)
Gleichung 2: Die Werte $x = 0$ und $y = 2{,}25$ erfüllen die Gleichung → A(0; 2,25)
Die Werte $x = -6$ und $y = 0$ erfüllen die Gleichung → B(-6; 0)

→ Jetzt kann man zwei Geradengleichungen in Parameterform $g : \vec{x} = \vec{a} + k \cdot (\vec{b} - \vec{a})$ aufstellen.

→ $g_1: \vec{x} = \begin{pmatrix} 5{,}5 \\ 1 \end{pmatrix} + k \cdot \begin{pmatrix} 1{,}75 \\ -1 \end{pmatrix}$ und $g_2: \vec{x} = \begin{pmatrix} 0 \\ 2{,}25 \end{pmatrix} + 1 \cdot \begin{pmatrix} -6 \\ -2{,}25 \end{pmatrix}$

→ Da wir den Schnittpunkt dieser beiden Geraden bestimmen wollen, gilt $g_1 = g_2$.

→ $\begin{pmatrix} 5{,}5 \\ 1 \end{pmatrix} + k \cdot \begin{pmatrix} 1{,}75 \\ -1 \end{pmatrix} = \begin{pmatrix} 0 \\ 2{,}25 \end{pmatrix} + 1 \cdot \begin{pmatrix} -6 \\ -2{,}25 \end{pmatrix}$

→ Wir erhalten das folgende Gleichungssystem:

1.) $5{,}5 + 1{,}75k = 0 - 6l$
2.) $1 - k = 2{,}25 - 2{,}25l \,|\cdot 1{,}75$

1.) $5,5 + 1,75k = -6l$
2.) $\underline{1,75 - 1,75k = 3,9375 - 3,9375l}$

1.) + 2.): $7,25 = 3,9375 - 9,9375l \,|- 3,9375 \,|: (-9,9375)$

$$l = -\frac{1}{3}$$

Einsetzten in 2.): $1 - k = 2,25 - 2,25 \cdot (-\frac{1}{3})$ $\;\rightarrow$ k = -2

Einsetzen in g_1 oder g_2: $\begin{pmatrix} x \\ y \end{pmatrix} = \begin{pmatrix} 5,5 \\ 1 \end{pmatrix} - 2 \cdot \begin{pmatrix} 1,75 \\ -1 \end{pmatrix}$

$\rightarrow$ $x = 5,5 - 2 \cdot 1,75 = 2$
$\rightarrow$ $y = 1 - 2 \cdot (-1) = 3$
$\rightarrow$ Der Schnittpunkt der beiden Geraden lautet S(2; 3). Das ist gleichbedeutend damit, dass das Gleichungssystem die Lösungsmenge L = {(2; 3)} besitzt.

<u>Beispiel 2</u>: 1.) $x + 2y + 3z = 14$ $\;\rightarrow$ Auf Seite 105 haben wir nachgewiesen, dass die Lösungsmenge
        2.) $2x - y + z = 3$ L = {(1; 2; 3)} ist.
        3.) $4x + 3y - z = 7$

Weisen Sie nach, dass die Lösungsmenge des obigen Gleichungssystems identisch mit dem Schnittpunkt dreier Ebenen in Parameterform ist.

<u>Lösung</u>: Für jede der drei Gleichungen suchen wir separat 3 Lösungen, um die Punkte A, B und C festlegen zu können.

Gleichung 1: Die Werte x = 0, y = 7 und z = 0 erfüllen die Gleichung $\rightarrow$ A(0;7; 0)
             Die Werte x = 14, y = 0 und z = 0 erfüllen die Gleichung $\rightarrow$ B(14; 0;0)
             Die Werte x = -1, y = 0 und z = 5 erfüllen die Gleichung $\rightarrow$ C(-1; 0; 5)
Gleichung 2: Die Werte x = 0, y = 0 und z = 3 erfüllen die Gleichung $\rightarrow$ A(0; 0; 3)
             Die Werte x = 0, y = -3 und z = 0 erfüllen die Gleichung $\rightarrow$ B(0; -3; 0)
             Die Werte x = 1, y = 1 und z = 2 erfüllen die Gleichung $\rightarrow$ C(1; 1; 2)
Gleichung 3: Die Werte x = 0, y = 0 und z = -7 erfüllen die Gleichung $\rightarrow$ A(0; 0; -7)
             Die Werte x = 1, y = 0 und z = -3 erfüllen die Gleichung $\rightarrow$ B(1; 0; -3)
             Die Werte x = 1, y = 1 und z = 0 erfüllen die Gleichung $\rightarrow$ C(1; 1; 0)

$\rightarrow$ Jetzt kann man drei Ebenengleichungen in Parameterform $\mathbf{E : \vec{x} = \vec{a} + k \cdot (\vec{b} - \vec{a}) + l \cdot (\vec{c} - \vec{a})}$ aufstellen.

$\rightarrow$ E_1: $\vec{x} = \begin{pmatrix} 0 \\ 7 \\ 0 \end{pmatrix} + k \cdot \begin{pmatrix} 14 \\ -7 \\ 0 \end{pmatrix} + l \cdot \begin{pmatrix} -1 \\ -7 \\ 5 \end{pmatrix}$; E_2: $\vec{x} = \begin{pmatrix} 0 \\ 0 \\ 3 \end{pmatrix} + m \cdot \begin{pmatrix} 0 \\ -3 \\ -3 \end{pmatrix} + n \cdot \begin{pmatrix} 1 \\ 1 \\ -1 \end{pmatrix}$

E_3: $\vec{x} = \begin{pmatrix} 0 \\ 0 \\ -7 \end{pmatrix} + p \cdot \begin{pmatrix} 1 \\ 0 \\ 4 \end{pmatrix} + q \cdot \begin{pmatrix} 1 \\ 1 \\ 7 \end{pmatrix}$

$\rightarrow$ Da wir den Schnittpunkt dieser drei Ebenen bestimmen wollen, setzen wir zunächst einmal $E_1 = E_2$. Wir werden dann eine Schnittgerade g_S erhalten. Dann setzen wir $E_3 = g_S$.

$\rightarrow$ $\begin{pmatrix} 0 \\ 7 \\ 0 \end{pmatrix} + k \cdot \begin{pmatrix} 14 \\ -7 \\ 0 \end{pmatrix} + l \cdot \begin{pmatrix} -1 \\ -7 \\ 5 \end{pmatrix} = \begin{pmatrix} 0 \\ 0 \\ 3 \end{pmatrix} + m \cdot \begin{pmatrix} 0 \\ -3 \\ -3 \end{pmatrix} + n \cdot \begin{pmatrix} 1 \\ 1 \\ -1 \end{pmatrix}$

$\rightarrow$ Wir erhalten das folgende Gleichungssystem:

1.) $0 + 14k - l = 0 + 0m + n$ 1.) $14k - l = n$
2.) $7 - 7k - 7l = 0 - 3m + n$ $\rightarrow$ 2.) $7 - 7k - 7l = -3m + n$

3.) $0 + 0k + 5l = 3 - 3m - n$ $\qquad\qquad$ 3.) $5l = 3 - 3m - n$

→ Da das Gleichungssystem aus 3 Gleichungen mit 4 Unbekannten besteht, ist es sinnvoll k und l oder m und n in Abhängigkeit voneinander zu bringen, wobei die restlichen Unbekannten durch geschicktes Umformen wegfallen müssen.

→ 2.) $-7k - 7l + 7 = -3m + n$
$\underline{3.) \qquad 5l \qquad = -3m - n + 3}$

2.) $- 3.)$ $-7k - 12l + 7 = 2n - 3$
$\underline{1.) \; 14k - l \qquad = n \mid \cdot (-2)}$

2.) $- 3.)$ $-7k - 12l + 7 = 2n - 3$
$\underline{1.) \; -28k + 2l \qquad = -2n}$

Beide Gleichungen addieren: $-35k - 10l + 7 = -3 \mid - 7 \mid + 35k \mid : (-10)$
$$\rightarrow \boxed{l = 1 - 3{,}5k}$$

→ Einsetzen in E_1: $\begin{pmatrix} 0 \\ 7 \\ 0 \end{pmatrix} + k \cdot \begin{pmatrix} 14 \\ -7 \\ 0 \end{pmatrix} + (1 - 3{,}5k) \cdot \begin{pmatrix} -1 \\ -7 \\ 5 \end{pmatrix}$

$$= \begin{pmatrix} 0 \\ 7 \\ 0 \end{pmatrix} + k \cdot \begin{pmatrix} 14 \\ -7 \\ 0 \end{pmatrix} + \begin{pmatrix} -1 \\ -7 \\ 5 \end{pmatrix} + k \cdot \begin{pmatrix} 3{,}5 \\ 24{,}5 \\ -17{,}5 \end{pmatrix}$$

$$= \begin{pmatrix} -1 \\ 0 \\ 5 \end{pmatrix} + k \cdot \begin{pmatrix} 17{,}5 \\ 17{,}5 \\ -17{,}5 \end{pmatrix}$$

Da hier nur noch ein Richtungsvektor vorliegt, ist das die Schnittgerade der beiden Ebenen E_1 und E_2.

→ g_s: $\vec{x} = \begin{pmatrix} -1 \\ 0 \\ 5 \end{pmatrix} + k \cdot \begin{pmatrix} 17{,}5 \\ 17{,}5 \\ -17{,}5 \end{pmatrix}$
→ Wir müssen jetzt g_s und E_3 gleichsetzen.

$$\rightarrow \begin{pmatrix} -1 \\ 0 \\ 5 \end{pmatrix} + k \cdot \begin{pmatrix} 17{,}5 \\ 17{,}5 \\ -17{,}5 \end{pmatrix} = \begin{pmatrix} 0 \\ 0 \\ -7 \end{pmatrix} + p \cdot \begin{pmatrix} 1 \\ 0 \\ 4 \end{pmatrix} + q \cdot \begin{pmatrix} 1 \\ 1 \\ 7 \end{pmatrix}$$

→ Wir erhalten das folgende Gleichungssystem:

1.) $-1 + 17{,}5k = p + q$
2.) $\qquad 17{,}5k = q$
$\underline{3.) \; 5 - 17{,}5k = -7 + 4p + 7q}$

1.) $- 2.)$: $-1 = p$ → $p = -1$
1.) $+ 3.)$: $4 = -7 + 5p + 8q$ → $p = -1$ einsetzen: 1.) $+ 3.)$: $4 = -7 - 5 + 8q \mid +12 \mid :8$ → $q = 2$
in 3.) einsetzen: $17{,}5k = 2 \mid :17{,}5$ → $k = \dfrac{4}{35}$

→ Jetzt werden die errechneten Werte in g_s oder E_3 eingesetzt. Ich werde in E_3 einsetzen. Für den gesuchten Schnittpunkt gilt dann:

$$\begin{pmatrix} x \\ y \\ z \end{pmatrix} = \begin{pmatrix} 0 \\ 0 \\ -7 \end{pmatrix} + (-1) \cdot \begin{pmatrix} 1 \\ 0 \\ 4 \end{pmatrix} + 2 \cdot \begin{pmatrix} 1 \\ 1 \\ 7 \end{pmatrix}$$

$\rightarrow$ x = 0 – 1 + 2 = 1
  y = 0 + 0 + 2 = 2
  z = -7 – 4 + 14 = 3

$\rightarrow$ Der Schnittpunkt der drei Ebenen lautet S(1; 2; 3). Das ist gleichbedeutend mit der Lösungsmenge
  L = {(1; 2; 3)} des Gleichungssystems.

Fazit: An den beiden Beispielen hat der Leser erkannt, dass verschiedene Bereiche der Mathematik
  (hier: analytische Geometrie und Arithmetik) eng miteinander verzahnt sind.

Frage: Ist es auch möglich, die Parameterdarstellung der drei Ebenengleichungen in die
  Koordinatendarstellung zu überführen, und dann das entstehende Gleichungssystem nach einem
  Ihnen bekannten Verfahren zu lösen?

Antwort: Ja, aber der Zeitaufwand ist nicht wesentlich geringer. Deshalb werde ich Ihnen
  exemplarisch zeigen, wie man die Parameterform von E_1 in die Koordinatenform überführt.

$$\begin{pmatrix} x \\ y \\ z \end{pmatrix} = \begin{pmatrix} 0 \\ 7 \\ 0 \end{pmatrix} + k \cdot \begin{pmatrix} 14 \\ -7 \\ 0 \end{pmatrix} + 1 \cdot \begin{pmatrix} -1 \\ -7 \\ 5 \end{pmatrix}$$

$\rightarrow$ 1.) x = 14k – 1
  2.) y = 7 – 7k – 7l
  3.) z = 5l

$\rightarrow$ Man nimmt sich jetzt 2 Gleichungen und löst nach k und nach l auf. Dann werden die Werte für k
  und l in die noch nicht benutzte Gleichung eingesetzt. Ich wähle die 1. und die 3. Gleichung.

$\rightarrow$ 1.) x = 14k – 1   1.) x = 14k – 1 |· 5
  3.) z = 5l |: 5   3.) z = 5l
$\rightarrow$ l = $\frac{1}{5}$ · z   1.) 5x = 70k – 5l

                    3.) z = 5l

                    1.) + 3.): 5x + z = 70k |: 70
                    $\frac{1}{14} \cdot x + \frac{1}{70} \cdot z = k$

$\rightarrow$ Einsetzen in 2.): y = 7 – 7·($\frac{1}{14} \cdot x + \frac{1}{70} \cdot z$) – 7 · $\frac{1}{5}$ · z
        $\rightarrow$ y = 7 – $\frac{1}{2}$ · x – $\frac{1}{10}$ · z – $\frac{7}{5}$ · z

        $\rightarrow$ y = 7 – 0,5x – 1,5z | + 0,5x | + 1,5z
        $\rightarrow$ y + 0,5x + 1,5z = 7 | ·2
        $\rightarrow$ 2y + x + 3z = 14
        $\rightarrow$ **x + 2y + 3z = 14 (Hier liegt wieder die Koordinatenform der Ebene vor)**

$\rightarrow$ Dieses Verfahren müssten Sie jetzt für die beiden anderen Ebenen durchführen. Anschließend
  können Sie das Gleichungssystem nach einem Verfahren Ihrer Wahl lösen.

2.1.7 <u>Der Fall mit den verschiedenen Kriterien bezüglich der Lösbarkeit linearer Gleichungssysteme</u>

Wir wollen inhomogene und homogene Gleichungssysteme mit 3 Gleichungen und 3 Variablen auf Lösbarkeit hin untersuchen.

<u>**Matrizen**</u>: a) <u>inhomogenes Gleichungssystem:</u>

Ein inhomogenes Gleichungssystem hat:
1. genau eine Lösung, wenn Rang $A = n$ gilt
2. unendlich viele Lösungen, wenn Rang $A_E < n$ und Rang $A = $ Rang A_E gilt
3. keine Lösung, wenn Rang $A < $ Rang A_E gilt.

b) <u>homogenes Gleichungssystem:</u>

Ein homogenes Gleichungssystem hat:
1. unendlich viele Lösungen, wenn Rang $A < n$ gilt.
2. genau eine Lösung, nämlich die Lösung $(0; 0; 0)$, wenn Rang $A = n$ gilt.
3. stets eine Lösung.

<u>**Determinanten**</u>: a) <u>inhomogenes Gleichungssystem:</u>

Ein inhomogenes Gleichungssystem hat:
1. genau eine Lösung, wenn die Determinante Λ ungleich 0 ist.
2. keine Lösung, wenn die Determinante $\Lambda = 0$ und mindestens eine der drei Determinanten Λx, Λy und Λz ungleich 0 ist.
3. unendlich viele Lösungen, wenn sowohl die Determinante $\Lambda = 0$ als auch alle drei Determinanten Λx, Λy und Λz 0 sind.

b) <u>homogenes Gleichungssystem:</u>

Ein homogenes Gleichungssystem hat:
1. lediglich die Lösung $(0; 0; 0)$, wenn die Determinante Λ ungleich 0 ist.
2. eine oder unendlich viele Lösungen, wenn die Determinante $\Lambda = 0$ ist. Unendlich viele Lösungen liegen vor, wenn in der Determinante Λ eine Zeile ein Vielfaches einer anderen Zeile oder eine Spalte ein Vielfaches einer anderen Spalte ist.

<u>**Ebenen**</u>: <u>(3 Ebenen in Koordinatendarstellung)</u>

a) <u>inhomogenes Gleichungssystem:</u>

Ein inhomogenes Gleichungssystem hat:
1a. **keine Lösung**, wenn 2 oder 3 Ebenen parallel zueinander verlaufen, aber nicht identisch sind.
1b. **keine Lösung**, wenn alle 3 Ebenen nicht parallel zueinander verlaufen. Die beiden Schnittgeraden von E_1 mit E_2 und E_1 mit E_3 müssen dann jedoch parallel zueinander verlaufen.
2a. **unendlich viele Lösungen**, wenn alle 3 Ebenen identisch sind.
2b. **unendlich viele Lösungen**, wenn 2 Ebenen identisch sind und die dritte Ebene nicht parallel zu den beiden anderen Ebenen verläuft. Es entsteht dann eine Schnittgerade.
2c. **unendlich viele Lösungen**, wenn alle 3 Ebenen nicht parallel zueinander verlaufen, aber eine gemeinsame Schnittgerade bilden.
3. genau **eine** Lösung, wenn alle 3 Ebenen nicht parallel zueinander verlaufen und keine gemeinsame Schnittgerade bilden.

b) <u>homogenes Gleichungssystem</u>:

Ein homogenes Gleichungssystem hat:
1. genau **eine** Lösung, wenn alle 3 Ebenen nicht parallel zueinander verlaufen und keine gemeinsame Schnittgerade bilden. Es handelt sich dann um die triviale Lösung (0; 0; 0).
2a. **unendlich viele Lösungen**, wenn alle 3 Ebenen identisch sind.
2b. **unendlich viele Lösungen**, wenn 2 Ebenen identisch sind und die dritte Ebene nicht parallel zu den beiden anderen Ebenen verläuft. Es entsteht dann eine Schnittgerade, die durch den Punkt (0; 0; 0) verläuft.
2c. **unendlich viele Lösungen**, wenn alle 3 Ebenen nicht parallel zueinander verlaufen, aber eine gemeinsame Schnittgerade bilden. Diese Schnittgerade verläuft durch den Punkt (0; 0; 0).
3. immer eine oder unendlich viele Lösungen. Der Fall, dass es keine Lösung gibt, existiert nicht, weil in allen 3 Ebenen der Punkt P(0; 0; 0) enthalten ist.

<u>Anmerkung</u>: Die genannten Kriterien für Ebenen lassen sich eleganter formulieren, wenn man die Begriffe Kollinearität und Komplanarität für Vektoren benutzt. Dazu mehr in einem späteren Buch aus der Reihe „Ewalds Mathespielwiese".

Ewalds Mathespielwiese
Abschnitt 3

3.1 „Gehirnjogging – Runde 1"

3.1.1 Allgemeine Erläuterungen:

Nachdem Sie sich durch die verschiedenen Kapitel der Zahlenbereiche gearbeitet haben, sind Sie jetzt geistig fit für das „Gehirnjogging". Diese Rubrik enthält Aufgaben aus dem Bereich der sog. „Unterhaltungsmathematik".
Diese Aufgaben können Sie in der Regel nicht nach „Schema F" lösen. Sie benötigen für das Lösen der Aufgaben einige Geistesblitze. Manchmal wird das Lösen einige dieser Aufgaben recht viel Zeit in Anspruch nehmen (eine oder mehrere Stunden können Sie durchaus bei einigen Aufgaben einkalkulieren). Sollten Sie auch nach längerem Bemühen keinen Ansatz für das Lösen dieser Aufgaben finden, so können Sie sich meine Lösungen anschauen. Sie können alle Aufgaben mithilfe der Realschulmathematik und den bisher neu erworbenen Kenntnissen lösen.
In dem Buch „Ewalds Mathespielwiese – Teil 3" werden Sie ebenfalls mit „Gehirnjoggingaufgaben" konfrontiert. Bei einigen Aufgaben wird es sich um Aufgaben aus dem Bereich der Logik handeln.
Ich hoffe, dass Sie viel Spaß bei der Bearbeitung dieser Aufgaben haben werden. Verzagen Sie nicht, auch wenn Ihnen bei keiner Aufgabe der Lösungsweg gelingen sollte. Denken Sie stets daran, dass das Nachvollziehen einer fertigen Lösung ebenfalls eine große geistige Leistung ist.

3.1.2 Verschiedene Aufgaben:

Aufgabe 1: Ein Freund gibt Ihnen neun gleich große Kugeln, die äußerlich nicht zu unterscheiden sind. Acht Kugeln besitzen das gleiche Gewicht. Eine Kugel ist etwas schwerer als die anderen Kugeln. Ohne Hilfsmittel können Sie jedoch nicht feststellen, welche der Kugeln die schwerere ist. Deshalb gibt Ihnen der Freund eine Balkenwaage ohne Gewichte. Sie sollen jetzt mit genau zwei Wiegevorgängen feststellen, welche Kugel die schwerste ist. Wie gehen Sie vor?

Aufgabe 2: Zwei Schiffbrüchige können sich auf eine unbewohnte Insel retten. Nach einigen Tagen wird ein 24-Literfass mit Rum angespült. Der Inselgeist meint es gut mit den beiden Schiffbrüchigen und lässt ihnen eine leere 15 Liter fassende und eine leere 9 Liter fassende Flasche zukommen. Die beiden Schiffbrüchigen wollen den Rum so auf zwei Gefäße verteilen, dass beide genau 12 Liter Rum erhalten.
Wie viele Umgießvorgänge, bezogen auf die drei Gefäße, sind nötig, so dass sich schließlich 12 Liter Rum im Fass und 12 Liter Rum in der 15-Liter-Flasche befindet? Wir wollen voraussetzen, dass die beiden keinen Tropfen des Rums vergießen und sie keine weiteren Gefäße zum Umgießen besitzen.

Aufgabe 3: Die beiden Riesen, Ursus und Öhnchen, haben zu Weihnachten von ihren Eltern jeweils eine Kugel geschenkt bekommen. Die Äquatorlänge von Ursus Kugel beträgt 2000 Meter, die von Öhnchens Kugel 75 Meter. Aus dekorativen Gründen haben die Eltern bei beiden Kugeln den Äquator mit einem farbigen Band straff umspannt. Ursus und Öhnchen möchten jedoch ein längeres Band haben. Dieses Band möchten sie in einem bestimmten gleichbleibenden Abstand zur Kugeloberfläche rund um den Äquator spannen und mit Stützpfeilern fixieren. Die beiden wünschen sich das längere Band, weil sie den Familienhund Urselfix auf die Kugeln setzen wollen. Urselfix soll dann von den glatten Kugeln unter dem Seil hindurchrutschen. Urselfix kann sich dabei nicht verletzen, da die beiden gutmütigen Riesen ihn nach der Rutschpartie liebevoll auffangen. Die Eltern haben noch zwei Seile; das eine ist 2010 Meter und das andere 85 Meter lang. Beide Seile sind also 10 Meter länger als die ursprünglichen Seile. Ursus und Öhnchen sind über die neuen Seile sehr enttäuscht, da sie glauben, dass nicht einmal ein kleiner Käfer unter dem Seil hindurchrutschen kann. Der Vater beruhigt die beiden Söhne und sagt zu ihnen, dass der treue Urselfix mit seiner Größe von 1,20 Meter, ohne sich bücken zu müssen, unter dem Seil hindurch rutschen kann.
Überprüfen Sie rechnerisch, ob der Vater oder die Söhne Recht haben.

Aufgabe 4: Eine alte Sage der Inkas besagt, dass sich unter einer quadratischen Pyramide ein großer Goldschatz befindet. Alle Kanten und auch die senkrechte Höhe der Pyramide besitzen ganzzahlige Maßzahlen. Der Schatz befindet sich in einem quaderförmigen Behälter. Der Mittelpunkt des Behälters ist genau 9 Meter von jeder der 5 Ecken der Pyramide entfernt. Überprüfen Sie, ob es tatsächlich so eine Pyramide geben kann, die nur ganzzahlige Maßzahlen besitzt.
Falls ja, berechnen Sie, in welcher Tiefe sich der Mittelpunkt des quaderförmigen Goldschatzbehälters befindet.

Aufgabe 5: Der Polizeihund Hurtig ist in den wohlverdienten Ruhestand gegangen. Da sein Herrchen Hobbyschafzüchter ist, darf Hurtig jetzt das Schaf Edzard, das auf einer kreisrunden Wiese grast, bewachen. Edzard und Hurtig können mit gleichbleibender Geschwindigkeit laufen, wobei Hurtig 4-Mal so schnell wie Edzard ist. Hurtig darf die Wiese nicht betreten, aber er muss Edzard daran hindern, die Wiese zu verlassen. Bisher hat das auch immer geklappt, aber seitdem Edzard aus dem Brunnen der Weisheit getrunken hat, verfolgt es eine erfolgreiche Entkommensstrategie. Es gelingt dem Schaf Edzard immer häufiger, die Wiese zu verlassen, ohne dass Hurtig es daran hindern kann. Welche Entkommensstrategie hat sich Edzard ausgedacht?
Es soll vorausgesetzt werden, dass Hurtig stets bemüht ist die kürzeste Entfernung zwischen den beiden herzustellen. Andererseits wird Edzard immer den kürzesten Weg zum Wiesenrand suchen.

Aufgabe 6: Ein junger Mann fährt seine Schwester und ihre drei Freundinnen zum Zoo. Er möchte von seiner Schwester wissen, wie alt ihre drei Freundinnen sind. Die Schwester gibt dem Bruder die folgenden Angaben:
♦ Wenn man das Alter der drei Freundinnen multipliziert, so erhält man die Zahl 144.
♦ Wenn man das Alter der drei Freundinnen addiert, so erhält man das Alter des Bruders.
♦ Alle Freundinnen sind älter als 1 Jahr.

Der Bruder macht seine Berechnungen und sagt zu seiner Schwester, dass er noch eine Angabe braucht. Die Schwester sagt daraufhin, dass die älteste Freundin mindestens 10 Jahre alt ist. In Sekundenschnelle kann der Bruder jetzt das Alter der drei Freundinnen seiner Schwester nennen.
Welche Überlegungen hat der Bruder durchgeführt?

Aufgabe 7: Eine Schüler-AG besteht aus einer gewissen Anzahl von Schülern. Jeder einzelne Schüler möchte allen anderen Schülern jeweils ein Geschenk überreichen.
Auf Beschluss werden weitere Schüler aufgenommen. Auch sie möchten sich an dieser Geschenkidee beteiligen. Aufgrund der Aufnahme von mehr als einem neuen Schüler, müssen 34 weitere Geschenke besorgt werden.
Wie viele Schüler hat die AG ursprünglich gehabt?
Wie viele Schüler sind neu in die AG aufgenommen worden?

Aufgabe 8: Die beiden Wissenschaftler, Herr Gödel und Herr Einstein, machen einen gemeinsamen Spaziergang. Nach einer Weile fragt Herr Einstein nach der Zeit. Herr Gödel antwortet: „Es sind so viele Minuten vor 17 Uhr, wie es vor 100 Minuten 6-Mal so viele Minuten nach 13 Uhr waren." Herr Einstein kombiniert und weiß sehr schnell die Uhrzeit. Wissen Sie sie auch?

Aufgabe 9: Zur Zeit der Einigung des Frankenreiches durch Clodwig, lebte der wohl mathematisch begabteste Elefantenbesitzer, den es je gegeben hat. Auf die Frage, wie alt sein einziger Elefantenbulle sei, antwortete er:
„Im Jahr x^3 war er x Jahre alt. Jetzt ist er x^2 Jahre alt, und in x Jahren wird seine Elefantentochter y Jahre alt sein. Dies wird im Jahr y^2 der Fall sein. Der Elefantenbulle war schon älter als 30 Jahre, als seine Tochter geboren wurde."

Ermitteln Sie, in welchem Jahr der Elefantenbulle geboren wurde und wie alt er und seine Tochter im Jahr y^2 sind.

Aufgabe 10: Ein Schüler sollte die 3. Potenz einer natürlichen Zahl bilden. Diese Aufgabe konnte er problemlos im Kopf lösen. Das Ergebnis schrieb er an die Tafel. Anschließend sollte er die 3. Potenz der um 17 vermehrten ursprünglichen Zahl lösen. Der Schüler schrieb vor dem ursprünglichen Ergebnis eine 1 und hinter dem ursprünglichen Ergebnis eine 7. Das Ergebnis stimmte, da der Lehrer die Richtigkeit der Lösung mit dem Taschenrechner überprüfte.
a) Wie lauteten die Ergebnisse der beiden Potenzaufgaben?
b) Gibt es weitere dritte Potenzen von natürlichen Zahlen, die nach diesem Verfahren berechnet werden können?

Aufgabe 11: Ein Schüler der Sekundarstufe II soll beweisen, dass es nur vier rechtwinklige Dreiecke gibt, bei denen die Maßzahl des Flächeninhalts identisch mit der Maßzahl des Umfangs ist. Eine Voraussetzung ist, dass die Maßzahlen der drei Seiten, des Flächeninhalts und des Umfangs ganzzahlig sein sollen. Außerdem soll er die Seitenlängen der Dreiecke bestimmen.
Können auch Sie diese Aufgabe lösen?

Aufgabe 12: Ein kleiner Fischkutter namens „Lütje Duve" nimmt 35 Personen mit zum Makrelenfang. Der Reisepreis des Kutters ist während der Fangsaison in drei Kategorien eingeteilt.
Kategorie 1: Personen, die zum ersten Mal mitfahren, müssen $\frac{7}{8}$ des vollen Preises zahlen.
Kategorie 2: Personen, die in dieser Saison bisher nicht öfter als 3-Mal mitgefahren sind, müssen $\frac{5}{7}$ des vollen Fahrpreises bezahlen.
Kategorie 3: Personen, die in dieser Saison bisher immer mitgefahren sind, müssen die Hälfte des vollen Fahrpreises bezahlen.

Auf dieser Fahrt nimmt der Kapitän insgesamt 25-Mal den vollen Fahrpreis ein.
Berechnen Sie, wie viele Personen $\frac{7}{8}$ bzw. $\frac{5}{7}$ bzw. die Hälfte des Preises gezahlt haben.

Hinweis: Es können mehrere Lösungen existieren.

Aufgabe 13: Für die Aufnahme in den Club „Genius Mathematica" ist eine Voraussetzung, dass die Mitglieder mindestens einen IQ von über 125 besitzen. Außerdem müssen sich Bewerber für die Aufnahme in diesem Club einer Prüfung unterziehen. Auch Max Schlaumeier wäre gerne ein Mitglied dieses Clubs. Seine Aufgabe bestand darin, das Alter von vier Clubmitgliedern zu berechnen. Diese vier Clubmitglieder gaben Herrn Schlaumeier die folgenden Angaben:
♦ Alle vier Clubmitglieder sind verschieden alt.
♦ Zusammen sind sie 129 Jahre alt.
♦ Jeder von ihnen ist mindestens 15 Jahre alt.
♦ Drei der vier Mitglieder haben jetzt eine Quadratzahl als Alter.
♦ Vor 15 Jahren hatten zwei dieser drei Mitglieder ebenfalls eine Quadratzahl als Alter.

Hätten Sie diese Prüfung bestanden?

Aufgabe 14: Die beiden Bären Yogi und Bubu besitzen kreisrunde Füße, da sie zu der Gattung der Rundfußbären gehören. Im weichen Sand haben die beiden Fußabdrücke hinterlassen. Bei einem dieser Fußabdrücke ist der kleinere Bubu genau in den Fußabdruck Yogis getreten (vgl. Skizze).

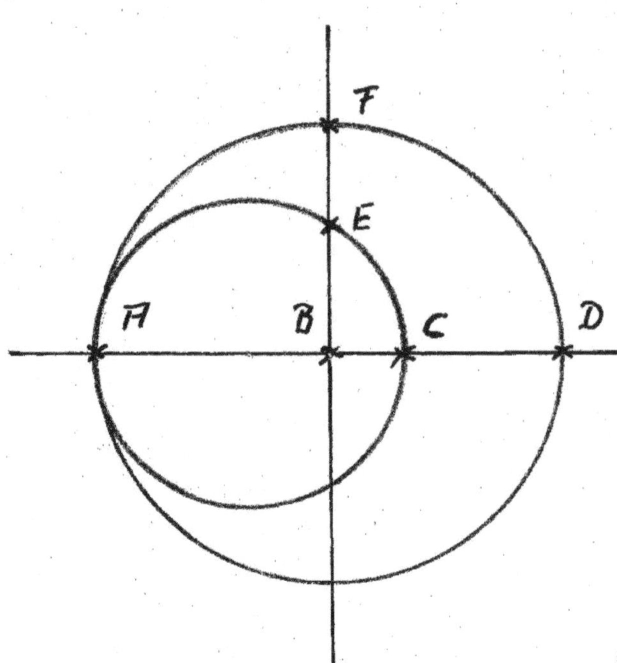

Alfred, ein passionierter Rundfußbärenforscher, hat festgestellt, dass der Abstand zwischen den Punkten C und D genau 8 cm beträgt. Der Abstand zwischen den Punkten E und F beträgt nach seinen Aufzeichnungen genau 4 cm. Elfriede, die Begleiterin Alfreds, hat den Abstand zwischen den Punkten E und F mit 6 cm gemessen. Der Abstand zwischen den Punkten C und D beträgt wie bei Alfred ebenfalls 8 cm. Im Büro – Abteilung Rundfußbärenforschung – bemerken die beiden ihr unterschiedliches Messergebnis. Unglücklicherweise sind auch die gemeinsamen Aufzeichnungen über die Durchmesser der beiden Fußabdrücke verloren gegangen. Die Durchmesser sind wichtig, um Rückschlüsse auf das Alter der Bären zu ziehen. Deshalb gehen die beiden am nächsten Tag wieder zum Ort des Fußabdruckes. Leider ist der Fußabdruck durch den Wind verweht worden.
Können Sie aus den vorhandenen Angaben die Durchmesser der Fußabdrücke berechnen?
Können Sie entscheiden, welcher Forscher die richtigen Messungen durchgeführt hat?

<u>Aufgabe 15</u>: Der Leiter der Abteilung für Rundfußbärenforschung ist über die beiden verschiedenen Messergebnisse erstaunt, da seine beiden Mitarbeiter sonst immer identische Ergebnisse haben. Er möchte deshalb eine Kontrollrechnung des richtigen Ergebnisses durchführen lassen. Es soll also von den beiden Durchmessern $d_1 = 18$ cm und $d_2 = 10$ cm auf den Abstand EF = 6 cm geschlossen werden. Der Vorschlag des Abteilungsleiters ist, dass die beiden Mitarbeiter es mit Hilfe einer Kreisgleichung für Bubus Fußabdruck versuchen sollten.
Starten Sie ebenfalls den Versuch!

<u>Aufgabe 16</u>: Gegeben sei ein regelmäßiges n-Eck mit dem dazu gehörigen Umkreis. Jede Ecke dieses n-Ecks wird mit allen übrigen Ecken durch eine gerade Linie verbunden. Die Schnittpunkte dieser geraden Linien sind die sog. Knotenpunkte. Durch diese Linien wird der Umkreis in zahlreiche Teilflächen zerlegt (vgl. Skizze).

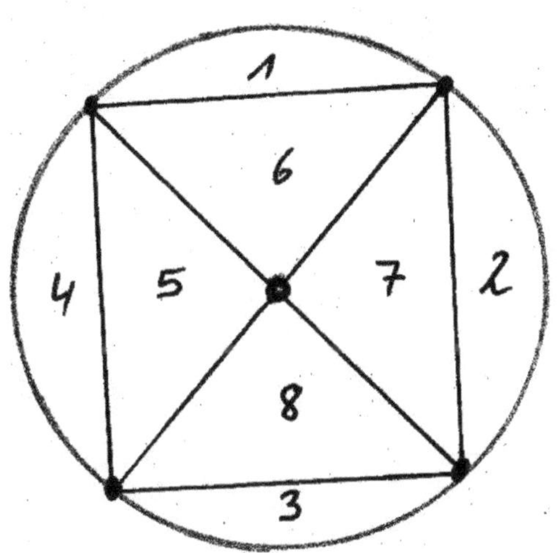

Die Seiten des 4-Ecks
sollen alle gleich lang sein.

a) Entwickeln Sie eine allgemeingültige Formel für die Anzahl der Knotenpunkte in Abhängigkeit von der Anzahl der Ecken bezogen auf alle regelmäßigen n-Ecke.

b) Entwickeln Sie eine allgemeingültige Formel für die Anzahl der Teilflächen des Umkreises in Abhängigkeit von der Anzahl der Ecken bezogen auf alle regelmäßigen n-Ecke.

Aufgabe 17: Bei dieser Aufgabe wollen wir einige Rechenspielereien betreiben.

a.) Bestimmen Sie die Lösung der folgenden Gleichung!

$$\sqrt{x + \sqrt{x + \sqrt{x + \sqrt{x + \sqrt{x + \ldots}}}}} = 2$$

b.) Bestimmen Sie die Lösung der folgenden Gleichung!

$$\sqrt[3]{x \cdot \sqrt[3]{x \cdot \sqrt[3]{x \cdot \sqrt[3]{x \cdot \ldots}}}} = 3$$

c.) Es gibt Brüche, bei denen man falsch kürzt, aber das richtige Ergebnis erhält. Beispiele hierfür sind:

$$\frac{19}{95} = \frac{1}{5}$$ (ich habe hier im Zähler und Nenner die Ziffer 9 gestrichen; das widerspricht den Regeln der Bruchrechnung)

$$\frac{16}{64} = \frac{1}{4}$$ (hier habe ich im Zähler und Nenner die Ziffer 6 gestrichen)

Wie viele Brüche gibt es, bei denen sowohl der Zähler als auch der Nenner zweistellige Zahlen sind, die bei dieser Art des Kürzens ein korrektes Ergebnis liefern?

Aufgabe 18: In den 70-er Jahren des vorigen Jahrhunderts wurden häufig Autogaragendächer aus Wellblech errichtet. Eine Wellblechbahn sieht im Querschnitt folgendermaßen aus:

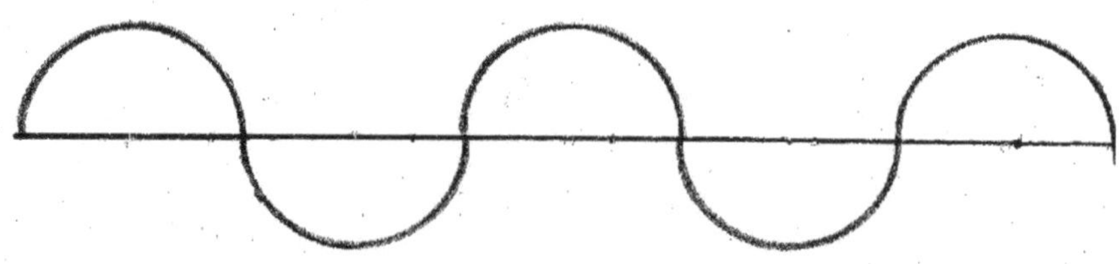

Eine Wellblechbahn wird also halbkreisförmig gebogen, so dass man längs einer Achse nach oben bzw. unten zeigende Halbkreise hat. Die Wellblechbahnen hatten eine einheitliche Länge und wurden z.B. in einer Breite von 2 m geliefert. Hier konnte man dann zwischen Bahnen wählen, bei denen die Halbkreiswölbungen einen Durchmesser von 8 cm oder einen Durchmesser von 10 cm hatten.
Überprüfen Sie rechnerisch, bei welcher der beiden Bahnen mehr Blech zur Herstellung benötigt wurde.

<u>Aufgabe 19</u>: Gesucht wird die größte ungerade dreistellige Zahl, für die das Folgende gilt:
Wenn man die Zahl verdoppelt und von der verdoppelten Zahl die Quersumme der ursprünglichen Zahl subtrahiert, so erhält man das Spiegelbild der ursprünglichen Zahl als Resultat.

<u>Aufgabe 20</u>: Eine große, kreisförmige Scheibe der Mayas sollte durch Auftragen von geraden, silbernen Linien verschönert werden. Die silbernen Linien waren so aufzutragen, dass die Scheibe in möglichst viele Teile zergliedert wurde. Die Kunsthandwerker fertigten ihre Zeichnungen an und legten sie dem Häuptling vor. Die Zeichnungen sahen folgendermaßen aus:

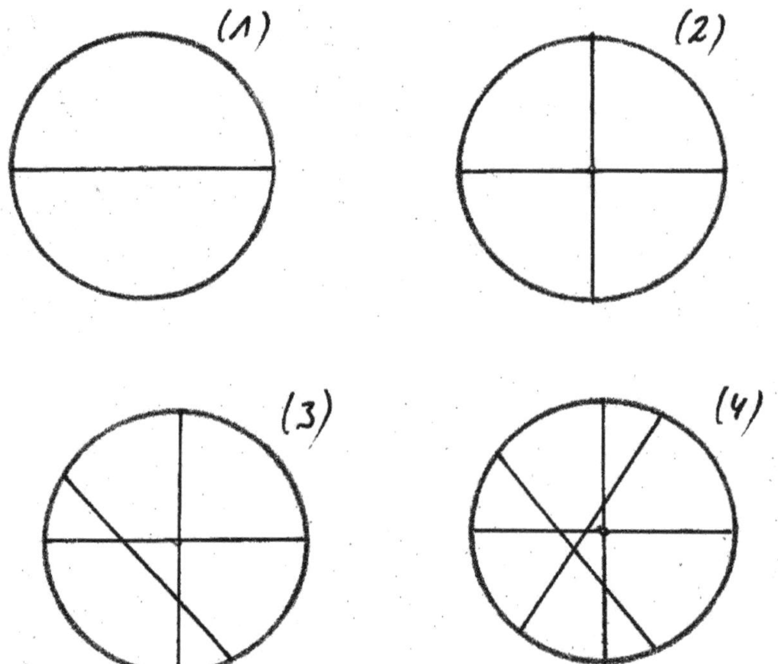

Die Handwerker interpretierten ihre Skizzen folgendermaßen:
(1) Mit einer geraden Linie konnte die Scheibe in maximal zwei Teile gegliedert werden.
(2) Mit zwei geraden Linien konnte die Scheibe in maximal vier Teile gegliedert

werden.
(3) Mit drei geraden Linien konnte die Scheibe in maximal sieben Teile gegliedert
werden.
(4) Mit vier geraden Linien konnte die Scheibe in maximal elf Teile gegliedert werden.

Nachdem der Häuptling ihnen mitteilte, dass die Scheibe mit 10 geraden Linien
unterteilt werden sollte, waren die Kunsthandwerker überfordert. Sie wussten nicht, wie
viele Teilflächen maximal entstehen würden. Nach geraumer Zeit reichten sie dem
Häuptling eine Skizze ein, die eine Unterteilung der Scheibe in 40 Teilstücken zeigte.
Da dem Häuptling auch keine bessere Lösung einfiel, stimmte er der Realisierung des
Vorschlags zu.
Überprüfen Sie, ob eine maximale Unterteilung der Scheibe mit 10 Linien vorlag!

<u>Aufgabe 21</u>: Mit dieser Aufgabe möchte ich Ihnen einige Problemstellungen aus dem Bereich der
Psychologie vorstellen.

a) Es sind 9 Punkte in einem quadratischen Raster angeordnet (siehe Skizze). Alle 9
Punkte sind mit 4 geraden Linien zu verbinden, ohne dabei den Schreibstift vom
Papier abzuheben.
Wie kann man dieses Problem lösen?

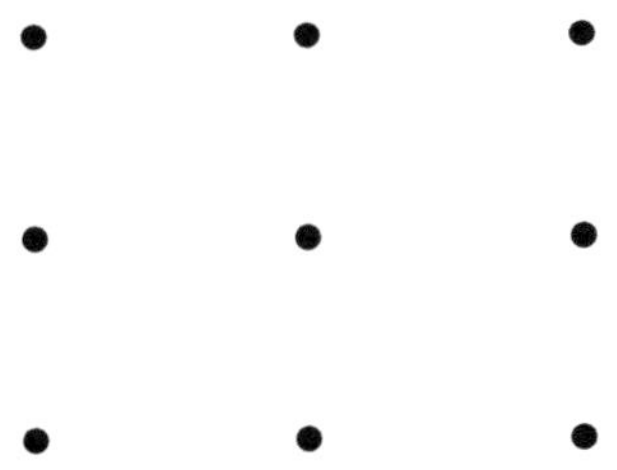

b) Es sind 16 Punkte in einem quadratischen Raster angeordnet (siehe Skizze). Alle 16
Punkte sind mit 6 geraden Linien zu verbinden, ohne dabei den Schreibstift vom
Papier abzuheben.
Wie kann man dieses Problem lösen?

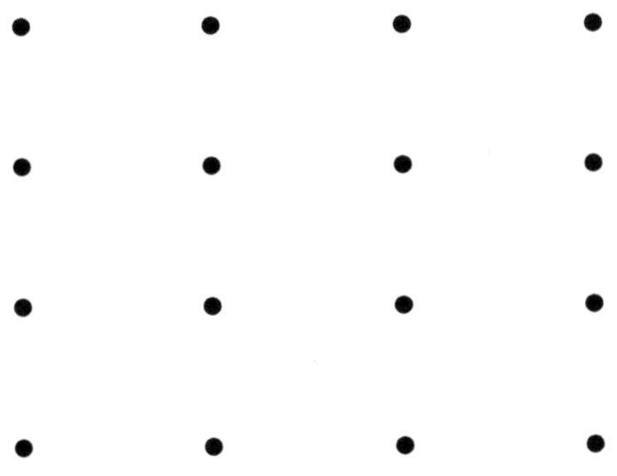

c) Es sind 25 Punkte in einem quadratischen Raster angeordnet (siehe Skizze). Alle 25
Punkte sind mit 8 geraden Linien zu verbinden, ohne dabei den Schreibstift vom
Papier abzuheben.
Wie kann man dieses Problem lösen?

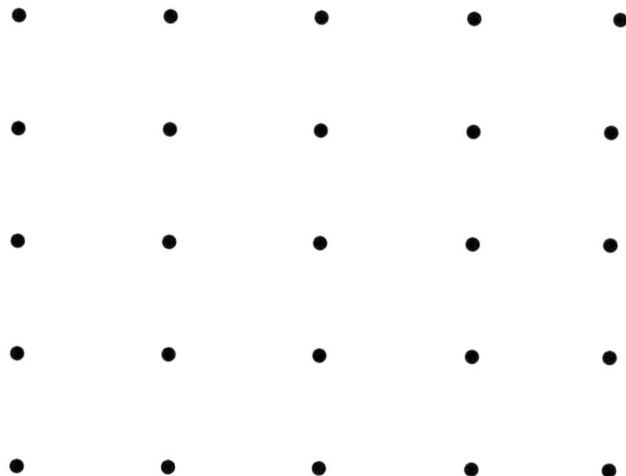

<u>Aufgabe 22</u>: a) Ein ägyptischer König hatte auf einem quadratischen Platz neun Obelisken so angeordnet, dass er acht Reihen zu je drei Obelisken sehen konnte (vgl. Skizze). Eines nachts hatte er einen Traum. Dieser Traum besagte, dass sich die Obelisken so anordnen ließen, dass er zehn Reihen zu je drei Obelisken sehen konnte. Nach Beendigung des Traums beauftragte er einen Baumeister, die neue Anordnung der Obelisken vorzunehmen. Nach längerem Überlegen fand der Baumeister eine Lösung, so dass der König zufrieden war.
Finden auch Sie eine Lösung?

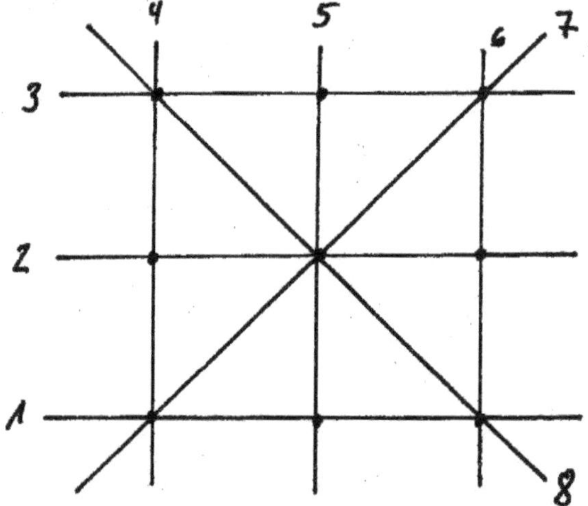

b) Die Leistung des Baumeisters sprach sich schnell herum. Eine hochgestellte Persönlichkeit besaß einen künstlich bewässerten Garten mit Pfirsichbäumen. Im schönsten Teil des Gartens hatte der hauseigene Gärtner 12 kleine Pfirsichbäume so angepflanzt, dass sie vier Reihen zu je vier Bäumchen bildeten (vgl. Skizze). Der Gartenbesitzer wünschte sich jedoch eine Anordnung der 12 Pfirsichbäumchen in sieben Reihen zu je 4 Bäumchen. Mit diesem Wunsch war der Gärtner überfordert, denn er fand keine Lösung. Der Gartenbesitzer, der mit dem ägyptischen König weitläufig verwandt war, konsultierte den Baumeister des Königs und unterbreitete ihm seinen Wunsch. Der Baumeister fand eine Lösung und schickte dem Gärtner eine Skizze über die Anordnung der 12 Pfirsichbäumchen. Der Gärtner versetzte die zuvor gepflanzten Bäumchen und ordnete sie nach der Skizze des Baumeisters an.
Wissen Sie, wie die neue Anordnung der Bäumchen ausgesehen haben könnte?

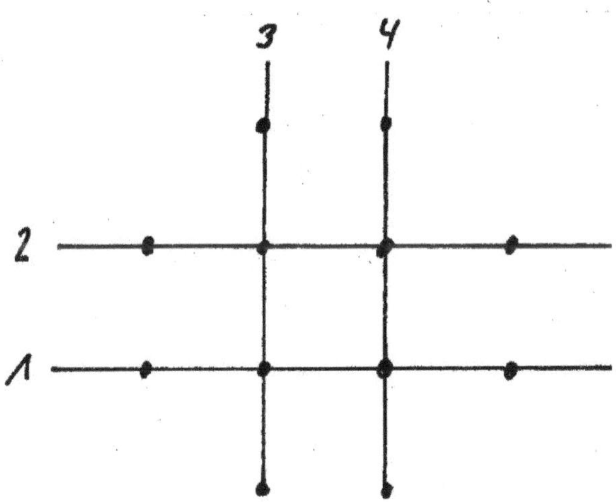

c) Der Pfirsichgarten hatte die folgende Form mit den folgenden Abmessungen:

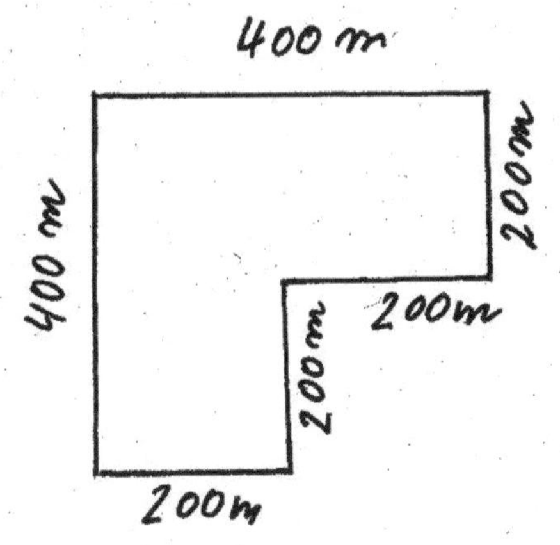

Etliche Jahre waren ins Land gezogen, so dass der Pfirsichgartenbesitzer inzwischen ein alter Mann war. Seinen Pfirsichgarten wollte er an seine vier Kinder vererben. Folgendes hatte er sich ausgedacht: Der Garten sollte in vier flächengleiche und gleich geformte Teile, also kongruente Teile, zerlegt werden. Die Seiten der vier Teilflächen sollten mit Steinwällen eingehegt werden. Dabei sollten alle Steinwälle, die aufeinander trafen, stets einen rechten Winkel miteinander bilden. Wenn sich diese Aufteilung realisieren ließe, so würde dies zu keinen Erbstreitigkeiten zwischen den Geschwistern führen. Außerdem konnte er somit die nordeuropäische Kultur in Form der Steinwälle in den ägyptischen Kulturkreis einfließen lassen, denn die Steinwälle lieferten für den greisen Gartenbesitzer ein optimales ästhetisches Bild des neu angelegten Gartens.
Lässt sich der Wunsch des greisen Pfirsichgartenbesitzers hinsichtlich der Gartenaufteilung verwirklichen?

Literatur: Richard Zehl: „Denken mit Spaß"; Bertelsmann Club GmbH; 1984

3.1.3 Lösungen zu den Aufgaben:

Aufgabe 1: Sie teilen die neun Kugeln in drei Gruppen zu jeweils drei Kugeln auf. Auf die linke Seite der Waage legen Sie drei Kugeln, auf die rechte Seite der Waage legen Sie ebenfalls drei Kugeln. Somit haben wir unseren ersten Wiegevorgang durchgeführt. Jetzt können die folgenden Fälle eintreten:

Fall 1: Die Waage bleibt im Gleichgewicht. Damit sind alle Kugeln gleich schwer. Die schwerste Kugel liegt also noch nicht auf der Waage. Jetzt werden alle sechs Kugeln von der Waage genommen. Der zweite Wiegevorgang wird eingeleitet, indem man von den restlichen drei Kugeln zwei Kugeln so auf die Waage legt, dass eine Kugel links und die andere rechts liegt. Jetzt können die folgenden Fälle eintreten:

Fall 1.1: Die linke Seite der Waage geht nach unten. Die schwerste Kugel befindet sich also auf der linken Seite der Waage.

Fall 1.2: Die rechte Seite der Waage geht nach unten. Die schwerste Kugel befindet sich also auf der rechten Seite der Waage.

Fall 1.3: Die Waage bleibt im Gleichgewicht. Die draußen liegende Kugel ist somit die schwerste Kugel.

Fall 2: Die Waage bleibt nicht im Gleichgewicht. Die linke oder die rechte Seite der Waage geht nach unten. In dieser Waagschale muss sich die schwerste Kugel befinden. Die drei Kugeln, die sich in der nach unten sich neigenden Schale befinden, werden zur Seite gelegt. Die übrigen sechs Kugeln sind für uns uninteressant. Der zweite Wiegevorgang wird eingeleitet, indem man zwei der zur Seite gelegten Kugeln so auf die Waage legt, dass eine Kugel links und die andere Kugel rechts liegt. Jetzt können wieder die Fälle 1.1 bis 1.3 auftreten.

Endresultat: Mit zwei Wiegevorgängen kann man eindeutig die schwerste Kugel ausfindig machen.

Aufgabe 2: Wir wollen die Umgießvorgänge mit Hilfe einer Tabelle veranschaulichen.

Nummer d. Umgießvorganges	24-Liter-Fass	15-Liter-Flasche	9-Liter-Flasche
0	24	0	0
1	9	15	0
2	9	6	9
3	18	6	0
4	18	0	6
5	3	15	6
6	3	12	9
7	12	12	0

Hinweis: 1.) Die Pfeile kennzeichnen die Umgießvorgänge.
        2.) Ein Gefäß wird beim Umgießen entweder ganz geleert oder ganz gefüllt.

<u>Aufgabe 3</u>: Um den Abstand des neuen Seils zur Kugeloberfläche zu berechnen, muss man lediglich die Differenz der beiden Radien r_1 und r_2 bilden. Hierbei ist r_1 der Radius der Kugel und r_2 ist der Radius, der vom Mittelpunkt der Kugel bis zum neuen Seil reicht.

<u>Rechnung 1 (Ursus Kugel)</u>:

$U = 2r_1 \cdot \pi$ (Umfang des Äquators)

$\rightarrow 2000 = 2r_1 \cdot \pi \;|: 2\,\pi$

$\rightarrow \dfrac{2000}{2\pi} = r_1$

$\rightarrow \dfrac{1000}{\pi} = r_1$

$U = 2r_2 \cdot \pi$ (Umfang d. Äquators inklusive Seilabstand)

$\rightarrow 2010 = 2r_2 \cdot \pi \;|: 2\,\pi$

$\rightarrow \dfrac{2010}{2\pi} = r_2$

$\rightarrow \dfrac{1005}{\pi} = r_2$

$\rightarrow r_2 - r_1 = \dfrac{1005}{\pi} - \dfrac{1000}{\pi} = \dfrac{5}{\pi} = 1{,}59$

$\rightarrow$ Man muss das Seil rund um den Äquator um 1,59 m anheben. Der Familienhund Urselfix kann also, ohne sich zu bücken, unter dem Seil hindurchrutschen.

<u>Rechnung 2 (Öhnchens Kugel)</u>:

$U = 2r_1 \cdot \pi$ (Umfang des Äquators)

$\rightarrow 75 = 2r_1 \cdot \pi \;|: 2\,\pi$

$\rightarrow \dfrac{75}{2\pi} = r_1$

$\rightarrow \dfrac{37{,}5}{\pi} = r_1$

$U = 2r_2 \cdot \pi$ (Umfang d. Äquators inklusive Seilabstand)

$\rightarrow 85 = 2r_2 \cdot \pi \;|: 2\,\pi$

$\rightarrow \dfrac{85}{2\pi} = r_2$

$\rightarrow \dfrac{42{,}5}{\pi} = r_2$

$\rightarrow r_2 - r_1 = \dfrac{42{,}5}{\pi} - \dfrac{37{,}5}{\pi} = \dfrac{5}{\pi} = 1{,}59$

$\rightarrow$ Man muss das Seil rund um den Äquator um 1,59 m anheben. Der Familienhund Urselfix kann also, ohne sich zu bücken, unter dem Seil hindurchrutschen.

Wie Sie sehen, hatte der Vater Recht. Er wusste nämlich, dass man ein 10 m längeres Seil immer um 1,59 m rund um den Äquator anheben muss, egal wie groß der Radius der Kugel ist. Das Ergebnis von 1,59 m ist also unabhängig vom Radius der Kugel. Diese Aussage möchte ich durch eine allgemeine Rechnung untermauern.

$U = 2r_1 \cdot \pi \qquad \rightarrow \dfrac{U}{2\pi} = r_1$ (Radius einer beliebigen Kugel)

$U + 1 = 2r_2 \cdot \pi \qquad \rightarrow \dfrac{U+l}{2\pi} = r_2$ (Radius einer Kugel, deren Umfang um 1 Längeneinheiten vergrößert wurde)

$r_2 - r_1 = \dfrac{U+l}{2\pi} - \dfrac{U}{2\pi} = \dfrac{l}{2\pi}$ (Das Ergebnis enthält nur die Konstanten 1 und π und ist somit nicht abhängig von den Radien)

Aufgabe 4: Wir werden uns zunächst das mathematische Problem grafisch veranschaulichen.

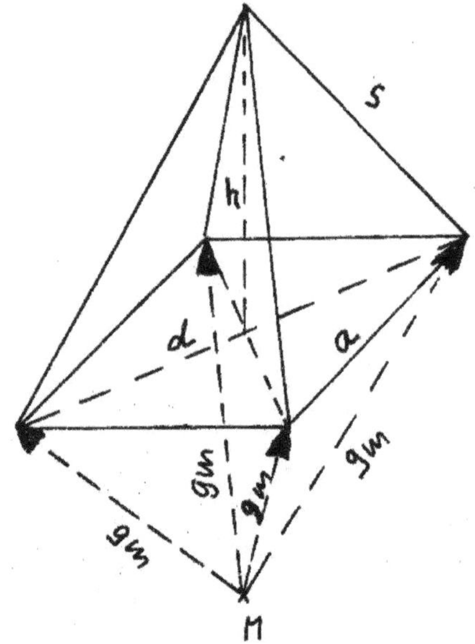

Wir müssen die Kantenlängen a und s sowie die Höhe h in Beziehung zueinander bringen. Das machen wir mit dem Satz des Pythagoras.

$$\rightarrow \left(\frac{a}{2}\right)^2 + \left(\frac{a}{2}\right)^2 = \left(\frac{d}{2}\right)^2$$
$$\rightarrow \frac{a^2}{4} + \frac{a^2}{4} = \frac{d^2}{4}$$
$$\rightarrow \frac{a^2}{2} = \frac{d^2}{4} \,\Big|\sqrt{}$$
$$\rightarrow \sqrt{\frac{a^2}{2}} = \frac{d}{2}$$

Jetzt wenden wir den Satz des Pythagoras noch einmal an.

$$\rightarrow \left(\frac{d}{2}\right)^2 + h^2 = s^2$$
$$\rightarrow \frac{d^2}{4} + h^2 = s^2$$
$$\rightarrow \text{ Es gilt die Beziehung } \frac{a^2}{2} = \frac{d^2}{4}$$
$$\rightarrow \frac{a^2}{2} + h^2 = s^2 \text{ (Gleichung 1)}$$

Wir haben jetzt eine Beziehung zwischen den drei Größen a, s und h.
Der Mittelpunkt des Goldschatzbehälters bildet mit den vier Basisecken der Pyramide ebenfalls eine

Pyramide. Bei dieser Pyramide ist 9 Meter die Länge der Kante S und die Höhe H beträgt 9 – h.

Nach dem Satz des Pythagoras gilt:

$$\rightarrow \left(\frac{d}{2}\right)^2 + (9 - h)^2 = 9^2$$

$$\rightarrow \frac{d^2}{4} + 81 - 18h + h^2 = 81$$

$\rightarrow$ Es gilt die Beziehung $\frac{a^2}{2} = \frac{d^2}{4}$

$$\rightarrow \frac{a^2}{2} + 81 - 18h + h^2 = 81 \; |\text{- }81$$

$$\rightarrow h^2 - 18h + \frac{a^2}{2} = 0$$

Wenn wir die obige Gleichung 1 einsetzen, ergibt sich:

$$\rightarrow s^2 - 18h = 0$$

$$\rightarrow s^2 = 18h$$

$\rightarrow$ Die obige Gleichung $h^2 - 18h + \frac{a^2}{2} = 0$ ist eine quadratische Gleichung, die mithilfe der pq-Formel gelöst werden kann. Somit erhält man:

$$\rightarrow \mathbf{h_1 = 9 + \sqrt{81 - \frac{a^2}{2}}} \; \text{bzw.} \; \mathbf{h_2 = 9 - \sqrt{81 - \frac{a^2}{2}}}$$

Da h ganzzahlig sein soll, muss die Zahl unter der Wurzel eine ganzzahlige Quadratzahl sein. Mögliche Quadratzahlen sind: 81; 64; 49; 36; 25; 16; 9; 4 und 1.

$\frac{a^2}{2}$ kann nicht größer als 81 sein, da sonst die Zahl unter der Wurzel negativ wird. Eine Wurzel aus einer negativen Zahl existiert in der Menge der reellen Zahlen nicht. Wir gehen jetzt alle Fälle hinsichtlich der Quadratzahlen durch:

$\rightarrow$ <u>Fall 1</u>: $81 - \frac{a^2}{2} = 81$ ----------> $a = 0$ (a hat keine positive Länge)

<u>Fall 2</u>: $81 - \frac{a^2}{2} = 64$ ----------> $a = \sqrt{34}$ (a ist nicht ganzzahlig)

<u>Fall 3</u>: $81 - \frac{a^2}{2} = 49$ ----------> $a = 8$

<u>Fall 4</u>: $81 - \frac{a^2}{2} = 36$ ----------> $a = \sqrt{90}$ (a ist nicht ganzzahlig)

<u>Fall 5</u>: $81 - \frac{a^2}{2} = 25$ ----------> $a = \sqrt{112}$ (a ist nicht ganzzahlig)

<u>Fall 6</u>: $81 - \frac{a^2}{2} = 16$ ----------> $a = \sqrt{130}$ (a ist nicht ganzzahlig)

<u>Fall 7</u>: $81 - \frac{a^2}{2} = 9$ ----------> $a = 12$

<u>Fall 8</u>: $81 - \frac{a^2}{2} = 4$ ----------> $a = \sqrt{154}$ (a ist nicht ganzzahlig)

<u>Fall 9</u>: $81 - \frac{a^2}{2} = 1$ ----------> $a = \sqrt{160}$ (a ist nicht ganzzahlig)

$\rightarrow$ Für eine ganzzahlige Kantenlänge a kommen nur die Fälle $a = 8$ und $a = 12$ infrage. Liefern uns diese beiden Werte auch ganzzahlige Werte für s und h? Wir untersuchen diese beiden Fälle:

<u>Fall 1</u>: $a = 8$ ------> $h_1 = 16$ ------> $s = \sqrt{288}$ (s ist nicht ganzzahlig)

               ------> $h_2 = 2$ ------> $s = \sqrt{36} = 6$

<u>Fall 2</u>: $a = 12$ -----> $h_1 = 12$ ------> $s = \sqrt{216}$ (s ist nicht ganzzahlig)

               -----> $h_2 = 6$ ------> $s = \sqrt{108}$ (s ist nicht ganzzahlig)

<u>Hinweis</u>: Bei der Berechnung der Werte für s, habe ich die Beziehung $18h = s^2$ benutzt.

<u>Folgerung</u>: Die Schatzsucher müssen eine quadratische Pyramide suchen, bei der die Grundflächenseite (a) 8 Meter und die Seitenkantenlänge (s) 6 Meter beträgt. Die Höhe der Pyramide (h) beträgt 2 Meter. Der Mittelpunkt des Goldschatzbehälters liegt 7 Meter (H) unter der Grundfläche der Pyramide.

Aufgabe 5: Das Schaf Edzard sucht den Mittelpunkt der kreisrunden Wiese auf. Dann läuft Edzard immer so um den Mittelpunkt herum, dass es sich dabei immer mehr vom Mittelpunkt entfernt. Edzard muss dabei versuchen, dass Hurtig sich immer auf der gegenüberliegenden Seite des Mittelpunktes befindet. So lange der größte Kreis, den Edzard umrundet, keinen größeren Umfang als ein Viertel des Wiesenumfangs hat, ist das immer möglich. Erreicht Edzard aber einen Punkt auf dem Kreis, dessen Umfang genau ein Viertel des Wiesenumfanges beträgt, kann es die Wiese geradewegs verlassen. Hurtig, der sich noch immer auf der gegenüberliegenden Seite des Wiesenmittelpunktes befindet, wird Edzard nicht mehr einholen können, um es daran zu hindern, die Wiese zu verlassen. Jetzt wollen wir diesen Sachverhalt rechnerisch belegen.

<u>1. Schritt</u>: Die Wiese habe einen Radius von 100m. Der Umfang der Wiese beträgt dann 200π. Den Umfang eines Kreises berechnet man mit der Formel $U = 2r\pi$. Angenommen, Edzard gelangt auf einen Punkt seines Laufkreises, dessen Umfang nur ein Viertel des Wiesenumfangs beträgt. Außerdem befinde sich Hurtig auf der gegenüberliegenden Seite des Wiesenmittelpunktes (siehe Skizze). Edzard versucht jetzt die Wiese zu verlassen.

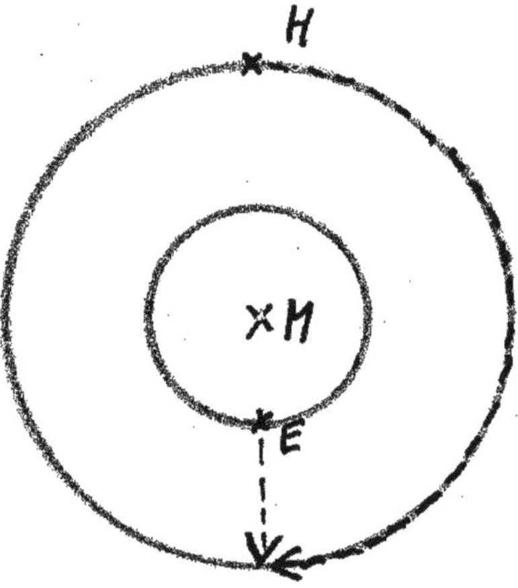

Da Hurtig die Wiese nicht betreten darf, muss er den halben Wiesenumfang zurücklegen. Die Strecke beträgt also 100π. Edzard befindet sich bei Beginn seines Ausreißversuchs 25m vom Wiesenmittelpunkt entfernt. Die Rechnung hierfür sieht folgendermaßen aus:

$$U_{Edzard} = 0{,}25 \cdot U_{Wiese} = 50\pi$$
$$\rightarrow 50\pi = 2r\pi \ \big| :2\pi$$
$$\rightarrow r = 25$$

Um die Wiese verlassen zu können, muss Edzard noch 75 m (100m − 25m) zurücklegen. Da Hurtig viermal so schnell wie Edzard ist, kann er Edzard noch erreichen, wenn seine Laufstrecke nicht länger als 300m ($4 \cdot 75$m) ist. Sie beträgt aber 100π, also ungefähr 314,16m.

Wir wissen jetzt, dass Edzard die Wiese auf diese Art und Weise verlassen kann. Kann Edzard aber Hurtig immer in die gewünschte Position bringen, also immer auf die gegenüberliegende Seite des Wiesenmittelpunktes?

<u>2. Schritt</u>: Der Wiesenumfang beträgt 200π. Angenommen, Edzard befindet sich auf einem Laufkreis mit dem Umfang 20π. Wenn Hurtig z.B. eine Strecke von 40π zurücklegt, dann hat er den

5. Teil des Wiesenumfangs zurückgelegt. Das entspricht einem Mittelpunktwinkel von 72°
(360°:5). Da Hurtig viermal so schnell wie Edzard ist, kann Edzard eine Strecke von 10π
zurücklegen. Bei seinem Laufkreis entspricht dieser Weg der Hälfte ($10\pi:20\pi$) des
Umkreises. Das entspricht einem Mittelpunktwinkel von 180°.

Solange der Mittelpunktwinkel von Edzards Laufkreis größer als der von Hurtigs Laufkreis
ist, wird Edzard Hurtig immer auf der gegenüberliegenden Seite des Wiesenmittelpunktes
halten können. Der Grund dafür ist, dass Edzard Teile seines Laufkreises schneller
zurücklegen kann als Hurtig die gleichen Teile seines Laufkreises.

Ich möchte diese Aussage durch ein Rechenbeispiel belegen, denn es kann sein, dass einige
Leser noch zweifeln werden. Der Wiesenumfang sei weiterhin 200π und der Umfang von
Edzards Laufkreis weiterhin 20π. Wir wollen von der für Edzard ungünstigsten Lage
ausgehen, dass sich Hurtig auf der gleichen Seite des Wiesenmittelpunktes befindet. Wir
wollen erreichen, dass sich Hurtig auf der gegenüberliegenden Seite des
Wiesenmittelpunktes befindet (vgl. Skizze).
Welche Bruchanteile ihrer Kreisbahnen müssen beide zurücklegen, damit die gewünschte
Position erreicht werden kann?

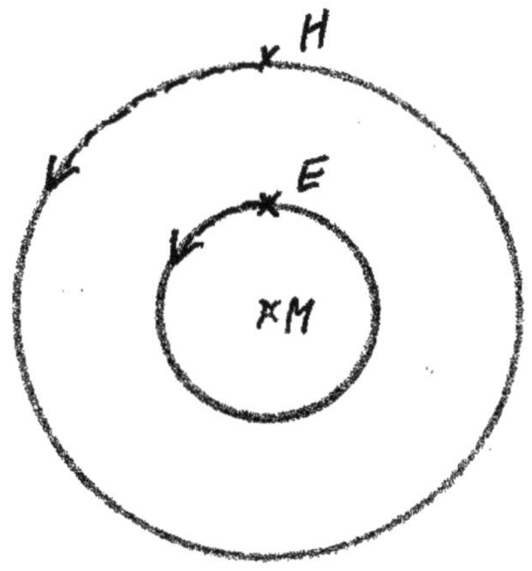

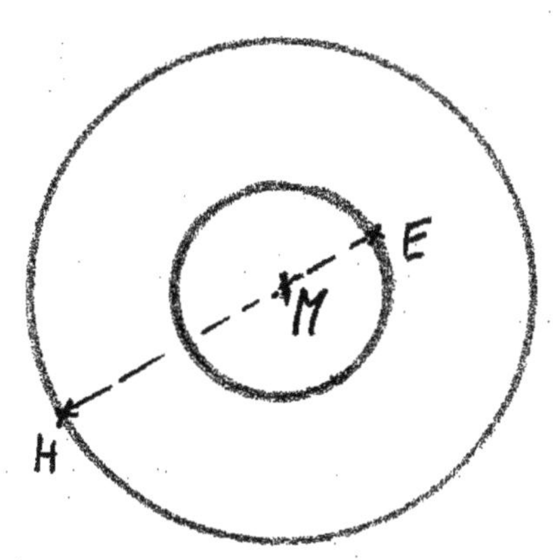

Ausgangssituation

(Hurtig und Edzard laufen, so
schnell sie können, entgegen
dem Uhrzeigersinn auf ihren
Laufbahnen)

Endsituation

(Hurtig befindet
sich auf der gegen-
überliegenden Seite
des Wiesenmittelpunktes)

Wir können die Frage mit Hilfe einer Gleichung beantworten.

$$\rightarrow \frac{x}{200} + \frac{1}{2} = \frac{\frac{x}{4}}{20}$$

$\dfrac{x}{200}$ entspricht dem Bruchanteil von Hurtigs Laufkreis.

$\dfrac{\frac{x}{4}}{20}$ entspricht dem Bruchanteil von Edzards Laufkreis.

$$\rightarrow \frac{x}{200} + \frac{1}{2} = \frac{x}{80} \;\Big|\cdot 400$$

$$\rightarrow 2x + 200 = 5x \;|- 2x\;|: 3$$

$$\rightarrow x = 66\frac{2}{3}$$

→ Wir setzen jetzt $66\frac{2}{3}$ ins Verhältnis zu 200 und stellen fest, dass Hurtig $\frac{1}{3}$ seines Laufkreises zurücklegen muss. Das entspricht einem Mittelpunktwinkel von 120°.

→ Edzard legt den vierten Teil von $66\frac{2}{3}$ zurück, also $16\frac{2}{3}$. Wir setzen jetzt $16\frac{2}{3}$ ins Verhältnis zu 20 und stellen fest, dass Edzard $\frac{5}{6}$ seines Laufkreises zurückgelegt hat. Das entspricht einem Mittelpunktwinkel von 300°.

→ Die Differenz der beiden Winkel beträgt 180°. Damit befindet sich Hurtig auf der gegenüberliegenden Seite des Wiesenmittelpunktes. Jetzt kann Edzard seine Laufgeschwindigkeit verringern. Wenn Hurtig auf einen Mittelpunktwinkel von 240° kommen will, muss er wieder $66\frac{2}{3}\pi$ Meter zurücklegen. Damit die Lagesituation so bleibt, muss Edzard seinen Mittelpunktwinkel ebenfalls um 120° erhöhen. Dies entspricht demnach ein Drittel seines Laufkreisumfangs. Also muss Edzard $\frac{20}{3}\pi$ Meter zurücklegen. Bei voller Geschwindigkeit kann Edzard $16\frac{2}{3}\pi$ Meter zurücklegen. Also muss Edzard nur noch $\frac{2}{5}$ seiner Höchstgeschwindigkeit bringen, um die gewünschte Position beizubehalten. Er kann durch Erhöhung bzw. Verringerung seiner Höchstgeschwindigkeit die Lagesituation ändern.

<u>Frage</u>: Wann wird der Mittelpunktwinkel von Edzards Laufkreis nicht mehr größer als der von Hurtigs Laufkreis sein? Wir wollen voraussetzen, dass beide Kontrahenten mit Höchstgeschwindigkeit laufen und Hurtig sich auf der gegenüberliegenden Seite des Wiesenmittelpunktes befindet.

<u>Antwort</u>: Es ergeben sich zwei Fälle. Die Mittelpunktwinkel sind entweder identisch (Fall 1) oder der Mittelpunktwinkel von Edzards Laufkreis wird immer kleiner als der von Hurtigs Laufkreis sein (Fall 2).

<u>Fall 1</u>: Der Umfang von Hurtigs Laufkreis beträgt 200π. Der Umfang von Edzards Laufkreis muss ein Viertel des Umfangs von Hurtigs Laufkreis betragen, also 50π. Wenn Hurtig 40π zurücklegt, so ist das genau ein Fünftel seines Kreisumfangs. Das entspricht einem Mittelpunktwinkel von 72°. Edzard würde dann 10π zurücklegen. Auch das wäre genau ein Fünftel seines Kreisumfangs. Der Mittelpunktwinkel würde ebenfalls 72° betragen. Edzard müsste auf diesem Laufkreis immer seine Höchstgeschwindigkeit bringen, um Hurtig in der gewünschten Position halten zu können.

<u>Fall 2</u>: Der Umfang von Hurtigs Laufkreis beträgt 200π. Der Umfang von Edzards Laufkreis muss mehr als ein Viertel des Umfangs von Hurtigs Laufkreis betragen, z.B. 80π. Wenn Hurtig 40π zurücklegt, so ist das genau ein Fünftel seines Kreisumfangs. Das entspricht einem Mittelpunktwinkel von 72°. Edzard würde dann 10π zurücklegen. Das wäre genau ein Achtel seines Kreisumfangs. Der Mittelpunktwinkel würde dann 45° betragen. Jetzt kann Hurtig seine gewünschte Position gegenüber Edzard erreichen, nämlich sich auf der gleichen Seite des Wiesenmittelpunktes zu befinden.

Zu der Aufgabe 5 kann man sich noch weitere Situationen einfallen lassen.

<u>Situation 1</u>: Da Edzard ein sehr ängstliches Schaf ist, möchte es nicht erst den Laufkreis mit einem Umfang von 50π erreichen (Radius = 25 m; zurückzulegende Strecke = 75 m), sondern schon früher in Richtung des Wiesenrandes rennen. Ist das Entkommen möglich oder kann Hurtig Edzard davon abhalten?

<u>Rechnung</u>: Die sich ergebende Gleichung sieht folgendermaßen aus:
$$4 \cdot (75 + x) = 100 \cdot \pi$$

Hierbei gibt x die Anzahl an Metern an, die Edzard mehr zurücklegen muss. 100π ist die Strecke, die Hurtig zurücklegen muss, um Edzard zu stellen. Da Hurtig 4-Mal schneller als Edzard ist, muss der Klammerausdruck auf der linken Seite der Gleichung mit 4 multipliziert werden.

→ $300 + 4x = 100\pi$ |- 300|: 4
→ $x = 3{,}5398$
→ Edzard hätte die Wiese auch in einer Entfernung von 78,53 m zum Wiesenrand verlassen können, hätte aber den heißen Atem Hurtigs in einem Abstand von etwa 3,9 cm gespürt.

<u>Situation 2</u>: Edzard befindet sich auf seinem Laufkreis mit dem Umfang von 50π. In 2 m Entfernung sieht Edzard eine Kräuterpflanze und rennt mit Höchstgeschwindigkeit dort hin, um sie zu fressen. Plötzlich kommt ein Bussard angeflogen und will sich auf Edzard stürzen. Da Edzard ja ein sehr ängstliches Schaf ist, erinnert es sich an seine Entkommensstrategie und läuft mit Höchstgeschwindigkeit auf dem Laufkreis mit dem Radius r = 27 m. Ein Viertel von der Länge dieses Kreises legt Edzard zurück um dann ohne Geschwindigkeitsverlust auf kürzestem Weg den Wiesenrand zu erreichen. Hurtig sieht das Geschehen und spurtet sofort los. Kann er Edzard vom Verlassen der Wiese noch abhalten?

<u>Rechnung</u>: Edzards Laufweg: $2 \text{ m} + 0{,}25 \cdot 54\pi + 73 \text{ m} = 117{,}4115008 \text{ m}$

Hurtigs Laufweg (er befindet sich noch immer auf der gegenüberliegenden Seite des Mittelpunktes und muss daher drei Viertel des Wiesenumfangs zurücklegen):
→ $0{,}75 \cdot 200\pi = 471{,}238898 \text{ m}$

Da Hurtig 4-Mal schneller als Edzard ist, legt er tatsächlich
$117{,}4115008 \text{ m} \cdot 4 = 469{,}6460032 \text{ m}$ zurück. Das bedeutet, dass Edzard entkommen kann, da Hurtig ihn um etwa 1,59 m verpasst.

<u>Aufgabe 6</u>: Wir erstellen eine Tabelle mit allen möglichen Multiplikationskombinationen aus drei Zahlen, deren Produkt 144 ergibt.

Alter 1	Alter 2	Alter 3	Alter d. Bruders
2	2	36	40
2	3	24	29
2	4	18	24
2	6	12	20
2	8	9	19
3	3	16	22
3	4	12	19
3	6	8	17
4	4	9	17
4	6	6	16

Der Bruder könnte sofort die richtige Alterskombination angeben, wenn sein Alter nur einmal in der Tabelle auftauchen würde. Da er seine Schwester aber um eine weitere Angabe bittet, kann er nur 17 oder 19 Jahre alt sein, denn dieses Alter tritt jeweils zwei Mal in der Tabelle auf. Da die älteste Freundin mindestens 10 Jahre alt ist, kommt nur die Alterskombination 3; 4 und 12 in Betracht.
→ Die Freundinnen der Schwester sind demnach drei, vier und zwölf Jahre alt.

Aufgabe 7: Ich möchte zunächst mit einem Zahlenbeispiel beginnen. Wenn die AG 20 Schüler hat und jeder jeden beschenken möchte, so müssen insgesamt 380 (20 · 19) Geschenke besorgt werden, da jeder Schüler 19 Geschenke zu verschenken hat. Jetzt wollen wir die Anzahl der Geschenke bzw. die Anzahl der Schüler mit Variablen belegen.

Anzahl der ursprünglichen Schüler: x

Anzahl der Geschenke, die sich
jeder Schüler besorgen muss: $x - 1$

Gesamtanzahl der Geschenke: $x \cdot (x - 1)$
Anzahl der neuen Schüler: y

Anzahl aller Schüler: $x + y$

Anzahl der Geschenke, die sich
jeder Schüler jetzt besorgen muss: $x + y - 1$

Gesamtanzahl der Geschenke: $(x + y)(x + y - 1)$

Anzahl der zusätzlich zu
besorgenden Geschenke: 34

→ Durch die Aufnahme der neuen Schüler in die AG müssen insgesamt 34 weitere Geschenke besorgt werden. Diese 34 Geschenke erhält man, indem man von der Gesamtanzahl aller Geschenke die Anzahl der ursprünglichen Geschenke subtrahiert. Somit erhält man die folgende Gleichung:

$(x + y) \cdot (x + y - 1) - (x - 1) \cdot x = 34$
→ $x^2 + xy - x + xy + y^2 - y - x^2 + x = 34$
→ $y^2 + 2xy - y = 34$
→ $y \cdot (y + 2x - 1) = 34$
→ Die Zahl 34 soll als Produkt von zwei positiven Zahlen dargestellt werden. Hierfür gibt es nun die folgenden Möglichkeiten:

Fall 1: $1 \cdot 34 = 34$
  → $y = 1$ und $(y + 2x - 1) = 34$
  → Da y die Anzahl der neuen Schüler ist, kann man diese Möglichkeit ausschließen, da laut Aufgabenstellung mehr als ein neuer Schüler aufgenommen wird.

Fall 2: $34 \cdot 1 = 34$
  → $y = 34$ und $(y + 2x - 1) = 1$
  → Wir lösen die Klammer nach x auf und setzen für y den Wert 34 ein.
  → $34 + 2x - 1 = 1 \ |+ 1 \ |- 34$
  → $2x = -32 \ | :2$
  → $x = -16$
  → Die Anzahl der ursprünglichen Schüler kann nicht negativ sein. Deshalb ist diese Möglichkeit als Lösung auszuschließen.

Fall 3: $17 \cdot 2 = 34$
  → $y = 17$ und $(y + 2x - 1) = 2$
  → Wir lösen die Klammer nach x auf und setzen für y den Wert 17 ein.
  → $17 + 2x - 1 = 2 \ |+ 1 \ |- 17$
  → $2x = -14 \ |: 2$
  → $x = -7$

→ Die Anzahl der ursprünglichen Schüler kann nicht negativ sein. Deshalb ist diese Möglichkeit als Lösung auszuschließen.

Fall 4: $2 \cdot 17 = 34$
→ y = 2 und (y + 2x − 1) = 17
→ Wir lösen die Klammer nach x auf und setzen für y den Wert 2 ein.
→ 2 + 2x − 1 = 17 |+ 1 |- 2
→ 2x = 16 |: 2
→ x = 8
→ Die Anzahl der ursprünglichen Schüler und die der neu hinzu gekommenen Schüler ist positiv. Außerdem ist mehr als ein Schüler neu in die AG aufgenommen worden. Da es keine weiteren Möglichkeiten der Produktzerlegung mit ganzzahligen Faktoren für die Zahl 34 gibt, gibt der 4. Fall die Lösung des Problems an.
→ Ursprünglich bestand die AG aus 8 Schülern. Es wurden 2 neue Schüler aufgenommen.

Aufgabe 8: Wir wollen diese Aufgabe mit Hilfe einer Skizze lösen.

	6x			x	
◆		◆		◆	
13 Uhr		vor 100 min	Zeitpunkt der Frage Einsteins		17 Uhr

Jetzt zur Rechnung: Die Differenz zwischen 17 Uhr und 13 Uhr beträgt 240 Minuten. Diese 240 Minuten setzen sich laut Skizze aus 6x Minuten, 100 Minuten und x Minuten zusammen. Somit ergibt sich die folgende Gleichung:

→ 240 = 6x + 100 + x
→ 240 = 7x + 100 |- 100 | :7
→ x = 20

→ Die Uhrzeit lautet also 16.40 Uhr.

Aufgabe 9: Auch diese Aufgabe wollen wir mit einer Skizze beginnen. Der Buchstabe B steht für das Wort „Elefantenbulle" und der Buchstabe T für das Wort „Elefantentochter".

Jahr	x^3	$x^3 + (x^2 − x)$	$x^3 + (x^2 − x) + x = y^2$
Alter	x (B)	x^2 (B)	$x^2 + x$ (B) y (T)

In der Zeile „Jahr" können wir die Gleichung $x^3 + (x^2 − x) + x = y^2$ ablesen. Wir lösen die Klammer auf und fassen zusammen.

→ $x^3 + x^2 = y^2$
→ $x^2 \cdot (x + 1) = y^2$ | √
→ $y = \sqrt{x^2 \cdot (x + 1)}$
→ $y = x \cdot \sqrt{x + 1}$ (x und y müssen laut Aufgabe ganze Zahlen sein)

y ist nur dann eine positive ganze Zahl, wenn der Ausdruck unter der Wurzel eine Quadratzahl ist. Mit Hilfe einer Tabelle wollen wir feststellen, welche Zahlen infrage kommen.

				Geburtsdatum des (B)		Alter (B) im Jahr y^2	Alter (T) im Jahr y^2
$x+1$	x	x^2	x^3	$x^3 - x$	$\sqrt{x+1}$	$x^2 + x$	$x \cdot \sqrt{x+1}$
1	0	0	0	0	1	0	0
4	3	9	27	24	2	12	6
9	8	64	512	**504**	3	**72**	**24**
16	15	225	3375	3360	4	240	60
25	24	576	13824	13800	5	600	120

→ Für das realistische Alter der Tochter im Jahr y^2 kommen laut Tabelle nur die Zahlen 6, 24 und 60 infrage.
Für das Alter des Bullen kommen demnach die Zahlen 12, 72 und 240 infrage.

→ Demnach gilt: Im Jahre 576 ist der Elefantenbulle 72 Jahre alt; seine Tochter ist 24 Jahre alt.
Der Elefantenbulle wurde im Jahr 504 geboren.

<u>Hinweis</u>: Diese Daten kann man leicht an Hand der Tabelle erkennen. Ich habe sie aus Übersichtsgründen fett markiert. Ein anderes Geburtsdatum für den Elefantenbullen ist nicht möglich, da er bei der Geburt seiner Tochter älter als 30 Jahre sein muss.

<u>Aufgabe 10a</u>:

<u>1.Schritt</u>: Wenn man eine natürliche Zahl um 17 vermehrt und anschließend die dritte Potenz bildet, erhält man mindestens eine 4-stellige Zahl.
<u>Begründung</u>: Wir wählen die kleinste natürliche Zahl, nämlich die Zahl 1.
Es gilt: $(1 + 17)^3 = 5832$

→ Das bedeutet, dass die 3. Potenz der ursprünglichen Zahl mindestens 2-stellig sein muss, da der Schüler für die Potenz der größeren Zahl lediglich 2 Stellen hinzugefügt hatte.

→ Zweistellige Ergebnisse hinsichtlich der 3. Potenz einer natürlichen Zahl liefern aber nur die Zahlen 3 und 4. Wir überprüfen, ob diese beiden Zahlen für die Vorgehensweise des Schülers infrage kommen.

→ $3^3 = 27$ $\qquad\qquad$ $4^3 = 64$
$(3 + 17)^3 \neq 1277$ $\qquad\quad$ $(4 + 17)^3 \neq 1647$

<u>Fazit</u>: Die 3. Potenz der ursprünglichen Zahl muss mindestens 3-stellig sein. Dreistellige Ergebnisse hinsichtlich der 3. Potenz einer natürlichen Zahl liefern aber nur die Zahlen von 5 bis 9. Wir überprüfen, ob diese Zahlen für die Vorgehensweise des Schülers infrage kommen.

<u>2. Schritt</u>: $5^3 = 125$ $\qquad$ $6^3 = 216$ $\qquad$ $7^3 = 343$
$(5 + 17)^3 \neq 11257$ $\quad$ $(6 + 17)^3 = 12167$ $\quad$ $(7 + 17)^3 \neq 13437$

$8^3 = 512$ $\qquad$ $9^3 = 729$
$(8 + 17)^3 \neq 15127$ $\quad$ $(9 + 17)^3 \neq 17297$

<u>Fazit</u>: Die beiden vom Lehrer gestellten Aufgaben lauteten also:
$6^3 = 216$
$23^3 = 12167$

Man kann die Richtigkeit des Ergebnisses auch mit Hilfe einer Gleichung nachweisen. Voraussetzung ist aber, dass die 3. Potenz der ursprünglichen Zahl 3-stellig ist.
Angenommen, wir hätten **15**127 als Ergebnis der 3. Potenz einer um 17 vermehrten Zahl, wobei 512 das Ergebnis der 3. Potenz der ursprünglichen Zahl ist.
Dieses Ergebnis können wir auch folgendermaßen schreiben:
15127 = 10000 + 10·512 + 7

Hinsichtlich unseres konkreten Problems stellt sich somit die Frage, ob die Gleichung
$10000 + 10x^3 + 7 = (17 + x)^3$ eine oder mehrere ganzzahlige Lösungen besitzt.

→ $10000 + 10x^3 + 7 = (17 + x)^3$ (die Klammer wird aufgelöst)
→ $10000 + 10x^3 + 7 = x^3 + 51x^2 + 867x + 4913$ |- x^3 |- $51x^2$ |- 867x |- 4913
→ $9x^3 - 51x^2 - 867x + 5094 = 0$

Es handelt sich hier um eine Gleichung 3. Grades. Durch Probieren versucht man eine Lösung zu finden. Anschließend führt man die Polynomdivision durch.

→ Probieren: $x_1 = 6$
→ $(9x^3 - 51x^2 - 867x + 5094):(x - 6) = 9x^2 + 3x - 849$
 $\underline{-(9x^3 - 54x^2)}$
 $\quad 3x^2 - 867x$
 $\quad \underline{-(3x^2 - 18x)}$
 $\qquad -849x + 5094$
 $\qquad \underline{-(-849x + 5094)}$
 $\qquad\qquad\quad 0$

→ Jetzt muss noch untersucht werden, ob die Gleichung $9x^2 + 3x - 849 = 0$ ganzzahlige Lösungen besitzt.

→ $9x^2 + 3x - 849 = 0$ |: 9
→ $x^2 + \frac{1}{3}x - 94\frac{1}{3} = 0$
→ $x_1 = -\frac{1}{6} + \sqrt{\frac{1}{36} + 94\frac{1}{3}} = 9{,}547$ (es liegt keine ganzzahlige Lösung vor)
→ $x_2 = -\frac{1}{6} - \sqrt{\frac{1}{36} + 94\frac{1}{3}} = -9{,}88$ (es liegt keine ganzzahlige Lösung vor)

<u>Fazit</u>: Die Zahl 6 ist die einzige Lösung, deren 3. Potenz eine 3-stellige Zahl ist **und** bei der man bei dem Ergebnis der 3. Potenz der um 17 vergrößerten Zahl lediglich eine 1 vor und eine 7 hinter die ursprüngliche Lösung schreiben kann.

<u>Aufgabe 10b</u>:

<u>Frage</u>: Gibt es weitere dritte Potenzen von natürlichen Zahlen, die nach diesem Verfahren berechnet werden können?
<u>Antwort</u>: Man kann auf jeden Fall die Anzahl der Lösungen eingrenzen. Die Endziffer der 3. Potenz der um 17 vergrößerten ursprünglichen Zahl ist nach Voraussetzung immer eine 7. Die Basis muss deshalb immer die Endziffer 3 besitzen, da bei allen Ziffern von 1 bis 9 lediglich die 3. Potenz der Ziffer 3 die Endziffer 7 liefert. Das bedeutet, dass die Endziffer der Basis der ursprünglichen Zahl x immer eine 6 sein muss (Beispiel: $(6+17)^3 = 23^3$).
Anhand einer Tabelle möchte ich mögliche Lösungen der obigen Gleichung auflisten.

<u>3. Potenz der um 17 vergrößerten Zahl</u>   <u>ursprüngliche Zahl</u>   <u>Differenz d. Stellen</u>

3. Potenz der um 17 vergrößerten Zahl	ursprüngliche Zahl	Differenz d. Stellen
$23^3 = 12167$	$6^3 = 216$	2
$33^3 = 35937$	$16^3 = 4096$	1

$43^3 = 79507$ $26^3 = 17576$ 0
$53^3 = 148877$ $36^3 = 46656$ 1
$63^3 = 250047$ $46^3 = 97336$ 1
$73^3 = 389017$ $56^3 = 175616$ 0
$83^3 = 571787$ $66^3 = 287496$ 0
$93^3 = 804357$ $76^3 = 438976$ 0
$103^3 = 1092727$ $86^3 = 636056$ 1
$113^3 = 1442897$ $96^3 = 884736$ 1

→ Die 3. Potenz der um 17 vergrößerten Zahl muss immer um 2 Stellen größer sein als die 3. Potenz der ursprünglichen Zahl, da man vor dem Wert von x^3 eine 1 und hinter den Wert von x^3 eine 7 schreibt. In der Tabelle ist dieses nur bei den Zahlen 23^3 und 6^3 der Fall.
Wenn wir beweisen könnten, dass dies die einzigen Zahlen sind, so würde daraus folgen, dass es keine weiteren natürlichen Zahlen mit den gewünschten Eigenschaften gibt.

→ Wenn wir die 3. Potenz der ursprünglichen Zahl x bilden, so erhalten wir x^3. Wenn man vor diesem Ergebnis eine 1 schreibt, so ist das Ergebnis eine Zahl, die größer als $2 \cdot x^3$ ist. Wenn man hinter den Wert von $2 \cdot x^3$ eine 7 schreibt, so ist diese Zahl sicherlich größer als die mit 10 multiplizierte Zahl von $2 \cdot x^3$. Der Wert dieser Zahl wäre also $20 \cdot x^3$.
Der Leser möge diese Überlegungen an Hand von einigen Beispielen selbst nachprüfen. Aufgrund dieser Überlegungen gilt die folgende Beziehung:

$$(x + 17)^3 = 1x^37 > 20 \cdot x^3$$

→ Wir wollen ausrechnen, für welche x die Ungleichung $(x + 17)^3 > 20 \cdot x^3$ gilt.
→ $(x + 17)^3 > 20x^3 \mid : x^3$
→ $\dfrac{(x+17)^3}{x^3} > 20$
→ $\left(\dfrac{x+17}{x}\right)^3 > 20$
→ $\left(1 + \dfrac{17}{x}\right)^3 > 20 \mid \sqrt[3]{\ }$
→ $1 + \dfrac{17}{x} > 2{,}7144 \mid - 1$
→ $\dfrac{17}{x} > 1{,}7144 \mid \cdot x \mid : 1{,}7144$
→ $x < 9{,}916$

<u>Fazit:</u> Für alle natürlichen Zahlen von 1 bis 9 gilt $(x + 17)^3 > 20x^3$. Wir überprüfen die Richtigkeit dieser Aussage mit Hilfe einer Tabelle.

	$(x + 17)^3$	x^3	$20x^3$	$1x^37$
1	5832	1	20	117
2	6859	8	160	187
3	8000	27	540	1277
4	9261	64	1280	1647
5	10648	125	2500	11257
6	12167	216	4320	12167
7	13824	343	6860	13437
8	15625	512	10240	15127
9	17576	729	14580	17297
10	19683	1000	20000	110007

<u>Fazit:</u> Für alle natürlichen Zahlen $x > 9$ wird die Zahl $20x^3$ immer größer als $(x+17)^3$. Da $1x^37$ immer größer als $20x^3$ ist gilt: $1x^37 > (x+17)^3$. Es lässt sich somit keine weitere natürliche Zahl mit der Eigenschaft $(x +17)^3 = 1x^37$ finden.

<u>Aufgabe 11</u>: Die drei Seiten des rechtwinkligen Dreiecks wollen wir mit g, h und c bezeichnen. Hierbei sei g die Grundseite, h die Höhe und c die Hypotenuse des Dreiecks. Folgende Gleichung ist zu lösen:

$$\frac{g \cdot h}{2} = g + h + c$$

→ Wir wenden den Satz d. Pythagoras an. Es gilt: $g^2 + h^2 = c^2$

→ Wir lösen nach c auf: $c = \sqrt{g^2 + h^2}$

→ Wir setzen ein: $\frac{g \cdot h}{2} = g + h + \sqrt{g^2 + h^2} \mid \cdot 2$

→ $g \cdot h = 2g + 2h + 2\sqrt{g^2 + h^2} \mid -2g \mid -2h$

→ $g \cdot h - 2g - 2h = 2\sqrt{g^2 + h^2} \mid (\ )^2$

→ $(g \cdot h - 2g - 2h)^2 = (2\sqrt{g^2 + h^2})^2$

→ $(g \cdot h - 2g - 2h) \cdot (g \cdot h - 2g - 2h) = 4(g^2 + h^2)$

→ $g^2h^2 - 2g^2h - 2gh^2 - 2g^2h + 4g^2 + 4gh - 2gh^2 + 4gh + 4h^2 = 4g^2 + 4h^2$

→ $g^2h^2 - 4g^2h - 4gh^2 + 8gh + 4g^2 + 4h^2 = 4g^2 + 4h^2 \mid -4g^2 \mid -4h^2$

→ $g^2h^2 - 4g^2h - 4gh^2 + 8gh = 0$

→ $g^2(h^2 - 4h) - 4g(h^2 - 2h) = 0 \mid : g$

→ $g(h^2 - 4h) - 4(h^2 - 2h) = 0 \mid + 4(h^2 - 2h)$

→ $g(h^2 - 4h) = 4(h^2 - 2h) \mid : 4 \mid : (h^2 - 4h)$

→ $\frac{g}{4} = \frac{h^2 - 2h}{h^2 - 4h} \mid \cdot 4$

→ $g = \frac{4(h^2 - 2h)}{h^2 - 4h} = \frac{4h(h-2)}{h(h-4)} = \frac{4(h-2)}{h-4} = \frac{4h-8}{h-4}$

→ $g = \frac{4h-8}{h-4}$

→ Wir wenden jetzt die Polynomdivision an.

→ $(4h - 8) : (h - 4) = 4$

$$\underline{-(4h - 16)}$$
$$8$$

→ $g = \frac{4h-8}{h-4} = 4 + \frac{8}{h-4}$

→ g und h sollen nach Voraussetzung ganzzahlig sein

→ $g = 4 + \frac{8}{h-4}$ ist für h = 5, h = 6, h = 8 und h = 12 ganzzahlig. Ist h > 12, so wird der Nenner des Bruches größer sein als der Zähler. Somit wäre der Bruch nicht ganzzahlig.

→ Die Seite c soll ebenfalls ganzzahlig sein. Wir überprüfen die Ganzzahligkeit der Seiten g, h und c mithilfe einer Tabelle.

h	$g = 4 + \frac{8}{h-4}$	$c = \sqrt{g^2 + h^2}$	$A = \frac{g \cdot h}{2}$	U = g + h + c
5	12	13	30	30
6	8	10	24	24
8	6	10	24	24
12	5	13	30	30

→ Laut Tabelle gibt es also 4 rechtwinklige Dreiecke mit den geforderten Eigenschaften.

Aufgabe 12: Man versucht diese Aufgabe mit Hilfe eines Gleichungssystems zu lösen. Wir wollen hierbei die Variablen folgendermaßen festsetzen:

Anzahl der Personen, die $\frac{7}{8}$ des vollen Preises zahlen: x

Anzahl der Personen, die $\frac{5}{7}$ des vollen Preises zahlen: y

Anzahl der Personen, die $\frac{1}{2}$ des vollen Preises zahlen: z

→ Somit erhält man eine Gleichung für die Anzahl der Personen. Sie lautet: x + y + z = 35
→ Man erhält ebenfalls eine Gleichung für das eingenommene Geld. Sie lautet: $\frac{7}{8}x + \frac{5}{7}y + \frac{1}{2}z = 25$
→ Somit haben wir ein Gleichungssystem mit 3 Variablen und 2 Gleichungen. Es lautet:

$$1.)\ x + y + z = 35$$
$$2.)\ \frac{7}{8}x + \frac{5}{7}y + \frac{1}{2}z = 25$$

→ In der Schule haben Sie sicher gelernt, dass man eine weitere Gleichung braucht, um das Gleichungssystem eindeutig lösen zu können. Diese dritte Gleichung haben wir aber nicht. Trotzdem kann man sämtliche Lösungen des Gleichungssystems bestimmen. Wir werden es folgendermaßen machen:

$$1.)\ x + y + z = 35 \mid \cdot \frac{7}{8}$$
$$2.)\ \frac{7}{8}x + \frac{5}{7}y + \frac{1}{2}z = 25$$

$$1.)\ \frac{7}{8}x + \frac{7}{8}y + \frac{7}{8}z = \frac{245}{8}$$
$$2.)\ \frac{7}{8}x + \frac{5}{7}y + \frac{1}{2}z = 25$$

$$1.) - 2.)\ \frac{9}{56}y + \frac{3}{8}z = \frac{45}{8}$$

Jetzt lösen wir diese Gleichung nach y auf.

→ $\frac{9}{56}y + \frac{3}{8}z = \frac{45}{8} \mid - \frac{3}{8}z$

→ $\frac{9}{56}y = \frac{45}{8} - \frac{3}{8}z \mid : \frac{9}{56}$

→ $y = 35 - \frac{7}{3}z$

Wir klammern $\frac{7}{3}$ aus.

→ $y = \frac{7}{3}(15 - z)$

→ Da y eine ganzzahlige Anzahl von Personen ist, muss die rechte Seite der Gleichung auch ganzzahlig sein. Da auch z eine ganzzahlige Anzahl von Personen ist, gehen wir alle ganzzahligen Möglichkeiten für z durch.

z	$y = \frac{7}{3}(15 - z)$	Ist y ganzzahlig? (Ja/nein)	x
0	**35**	**ja**	**0**
1	$\frac{98}{3}$	nein	-
2	$\frac{91}{3}$	nein	-
3	**28**	**ja**	**4**

4	$\frac{77}{3}$	nein	-
5	$\frac{70}{3}$	nein	-
6	**21**	**ja**	**8**
7	$\frac{56}{3}$	nein	-
8	$\frac{49}{3}$	nein	-
9	**14**	**ja**	**12**
10	$\frac{35}{3}$	nein	-
11	$\frac{28}{3}$	nein	-
12	**7**	**ja**	**16**
13	$\frac{14}{3}$	nein	-
14	$\frac{7}{3}$	nein	-
15	**0**	**ja**	**20**

→ Somit besitzt das Gleichungssystem sechs Lösungen. Die sechs Lösungen sind fett markiert.

→ Somit ergeben sich auch 6 Möglichkeiten der Bezahlung:

1. Möglichkeit: 35 Personen haben fünf Siebtel des vollen Preises gezahlt.
2. Möglichkeit: 3 Personen haben die Hälfte, 28 Personen haben fünf Siebtel und 4 Personen haben sieben Achtel des vollen Preises gezahlt.
3. Möglichkeit: 6 Personen haben die Hälfte, 21 Personen haben fünf Siebtel und 8 Personen haben sieben Achtel des vollen Preises gezahlt.
4. Möglichkeit: 9 Personen haben die Hälfte, 14 Personen haben fünf Siebtel und 12 Personen haben sieben Achtel des vollen Preises gezahlt.
5. Möglichkeit: 12 Personen haben die Hälfte, 7 Personen haben fünf Siebtel und 16 Personen haben sieben Achtel des vollen Preises gezahlt.
6. Möglichkeit: 15 Personen haben die Hälfte und 20 Personen sieben Achtel des vollen Preises gezahlt.

Aufgabe 13: Für das Alter der vier Clubmitglieder gilt die folgende Beziehung:

- ♦ $a \neq b \neq c \neq d$ (alle vier Mitglieder sind verschieden alt)
- ♦ $a^2 + b^2 + c^2 + d = 129$ (zusammen sind die 4 Mitglieder 129 Jahre alt; bei drei Mitgliedern ist das Alter eine Quadratzahl)
- ♦ $a >= 15$; $b >= 15$; $c >= 15$; $d >= 15$ (die 4 Mitglieder sind alle mindestens 15 Jahre alt)
- ♦ $a^2 - 15 = e^2$ (vor 15 Jahren hatten zwei Mitglieder eine Quadratzahl als Alter)
  $b^2 - 15 = f^2$

→ Wir schauen uns zunächst einmal die folgenden Bedingungen genauer an:

- ♦ $a^2 + b^2 + c^2 + d = 129$
- ♦ $a >= 15$; $b >= 15$; $c >= 15$; $d >= 15$

→ Als Quadratzahlen kommen infrage: 16, 25, 36, 49, 64. Weitere Quadratzahlen kommen nicht infrage, weil dann die Summe der vier Zahlen 129 übersteigen würde.

Rechnerische Begründung: Die nächste Quadratzahl wäre 81. Wenn man jetzt 81 und die beiden kleinsten Quadratzahlen addieren würde, so erhält man als Ergebnis 122. Das vierte Mitglied wäre dann 7 Jahre alt. Das ist aber nicht möglich, da jedes Mitglied mindestens 15 Jahre alt sein muss.

→ Von diesen fünf genannten Quadratzahlen müssen zwei Zahlen, wenn man sie um 15 vermindert, wieder eine Quadratzahl ergeben. Wir überprüfen:

$$16 - 15 = 1 = 1^2 \text{ (es liegt eine Quadratzahl vor)}$$
$$25 - 15 = 10 \text{ (es liegt keine Quadratzahl vor)}$$
$$36 - 15 = 21 \text{ (es liegt keine Quadratzahl vor)}$$
$$49 - 15 = 34 \text{ (es liegt keine Quadratzahl vor)}$$
$$64 - 15 = 49 \text{ (es liegt eine Quadratzahl vor)}$$

→ Ein Clubmitglied muss heute 64 Jahre alt sein, ein anderes Mitglied ist heute 16 Jahre alt. Wir setzen die errechneten Werte in die Gleichung $a^2 + b^2 + c^2 + d = 129$ ein.

→ $64 + 16 + c^2 + d = 129 \mid - 80$

→ $c^2 + d = 49$

→ Da $d >= 15$ ist, gilt: $c^2 <= 34$. Da zusätzlich $c^2 >= 15$ ist, gilt: $15 <= c^2 <= 34$. Wir suchen also eine Quadratzahl zwischen 15 und 34. Die einzigen Quadratzahlen, die das erfüllen, sind 16 und 25. $c^2 = 16$ kann nicht infrage kommen, da sonst zwei Mitglieder 16 Jahre alt wären. Vorausgesetzt wurde, dass alle vier Mitglieder ein unterschiedliches Alter haben. Deshalb kann nur $c^2 = 25$ richtig sein.

→ Das dritte Clubmitglied ist also 25 Jahre alt.

→ Wir setzen diesen Wert in die Gleichung $c^2 + d = 49$ ein und lösen nach d auf. Somit erhalten wir $d = 24$. Das vierte Mitglied ist also 24 Jahre alt.

Endresultat: Das 1. Clubmitglied ist 16 Jahre alt.
Das 2. Clubmitglied ist 24 Jahre alt.
Das 3. Clubmitglied ist 25 Jahre alt.
Das 4. Clubmitglied ist 64 Jahre alt.

Aufgabe 14: AC ist der Durchmesser des Fußabdrucks von Bubu. AD ist der Durchmesser des Fußabdrucks von Yogi. Wir zeichnen in den kleineren Kreis drei rechtwinklige Dreiecke. Diese Dreiecke wollen wir mit ACE, ABE und BCE bezeichnen. Das Dreieck ACE ist nach dem Satz des Thales rechtwinklig. Die Größe r ist der Radius des größeren Fußabdruckes (vgl. Skizze).

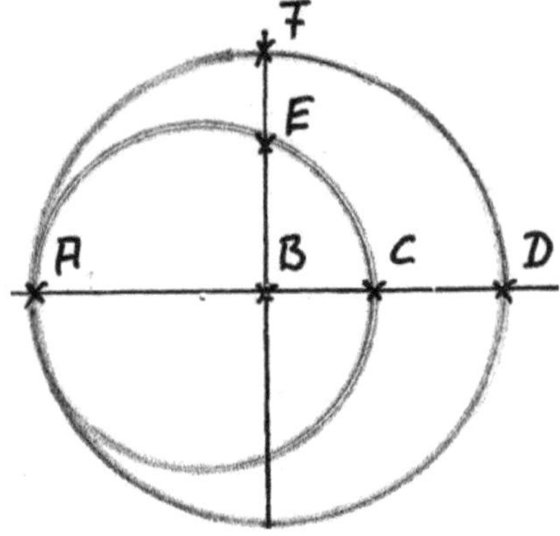

Nach dem Satz des Pythagoras gilt für die drei Dreiecke bezüglich Elfriedes Messung:
(1) Dreieck BCE: $a^2 = (r - 8)^2 + (r - 6)^2$
(2) Dreieck ABE: $b^2 = r^2 + (r - 6)^2$
(3) Dreieck ACE: $a^2 + b^2 = (2r - 8)^2$

→ Die Klammern von (1) und (2) werden aufgelöst. Die Größen werden dann zusammengefasst und anschließend in (3) eingesetzt.

→ (1) $a^2 = r^2 - 16r + 64 + r^2 - 12r + 36 = 2r^2 - 28r + 100$
  (2) $b^2 = r^2 + r^2 - 12r + 36 = 2r^2 - 12r + 36$

→ (3) $a^2 + b^2 = (2r - 8)^2$

→ $(2r^2 - 28r + 100) + (2r^2 - 12r + 36) = (2r - 8)^2$

→ $2r^2 - 28r + 100 + 2r^2 - 12r + 36 = 4r^2 - 32r + 64$

→ $4r^2 - 40r + 136 = 4r^2 - 32r + 64 \mid -4r^2 \mid +40r \mid -64$

→ $72 = 8r \mid :8$

→ $r = 9$

→ Nach Elfriedes Messung muss der Durchmesser von **Yogis** Fußabdruck **18cm** betragen. Der Durchmesser von **Bubus** Fußabdruck beträgt **10cm** (18cm – 8cm).

Jetzt müssen wir die Rechnung bezüglich Alfreds Messung durchführen. Nach dem Satz des Pythagoras gilt für die drei Dreiecke bezüglich Alfreds Messung:

(1) Dreieck BCE: $a^2 = (r - 8)^2 + (r - 4)^2$
(2) Dreieck ABE: $b^2 = r^2 + (r - 4)^2$
(3) Dreieck ACE: $a^2 + b^2 = (2r - 8)^2$

→ Die Klammern von (1) und (2) werden aufgelöst. Die Größen werden dann zusammengefasst und anschließend in (3) eingesetzt.

→ (1) $a^2 = r^2 - 16r + 64 + r^2 - 8r + 16 = 2r^2 - 24r + 80$
  (2) $b^2 = r^2 + r^2 - 8r + 16 = 2r^2 - 8r + 16$

→ (3) $a^2 + b^2 = (2r - 8)^2$

→ $(2r^2 - 24r + 80) + (2r^2 - 8r + 16) = (2r - 8)^2$

→ $2r^2 - 24r + 80 + 2r^2 - 8r + 16 = 4r^2 - 32r + 64$

→ $4r^2 - 32r + 96 = 4r^2 - 32r + 64 \mid -4r^2 \mid +32r$

→ $96 = 64$

→ Es handelt sich hier um eine falsche Aussage.
  <u>Endresultat:</u> Forscher Alfred hatte das falsche Messergebnis.

<u>Aufgabe 15</u>: Die Kontrollrechnung des richtigen Ergebnisses soll mit Hilfe von Kreisgleichungen erfolgen. Falls der Mittelpunkt M eines Kreises im Ursprung des Koordinatensystems liegt, so lautet die Kreisgleichung: $x^2 + y^2 = r^2$. Falls der Mittelpunkt M eines Kreises nicht im Ursprung des Koordinatensystems liegt, so lautet die Kreisgleichung: $(x - a)^2 + (y - b)^2 = r^2$.
Der Mittelpunkt von Bubus Fußabdruck liegt nicht im Ursprung des Koordinatensystems. Deshalb nimmt man die zweite Kreisgleichung.
Es gilt: AB = 9 cm; AC = 10 cm
Laut Skizze ist -9 die x-Koordinate des Punktes A, 0 die x-Koordinate des Punktes B und 1 die x-Koordinate des Punktes C. Der Radius R des Durchmessers AC beträgt 5cm. Die x-Koordinate des Mittelpunktes M ist demnach -4. Der Mittelpunkt von Bubus Fußabdruck ist also im Vergleich zum Ursprung um 4 Einheiten nach links auf der x-Achse verschoben. Da der Mittelpunkt sich auf der x-Achse befindet, hat er keine Verschiebung auf der y-Achse erfahren. Die Kreisgleichung für Bubus Fußabdruck lautet also: $(x - (-4))^2 + y^2 = 5^2$.

→ $(x + 4)^2 + y^2 = 5^2$

→ Wir lösen diese Gleichung nach y auf und berechnen die Schnittstellen mit der y-Achse.
  $(x + 4)^2 + y^2 = 5^2$

→ $x^2 + 8x + 16 + y^2 = 25 \mid -x^2 \mid -8x \mid -16$

→ $y^2 = -x^2 - 8x + 9$

<u>Schnittstellen mit d. y-Achse:</u> In der Gleichung $y^2 = -x^2 - 8x + 9$ muss für x der Wert 0 eingesetzt werden.

$$\rightarrow y^2 = 9 \mid \sqrt{}$$
$$\rightarrow y_1 = 3$$
$$y_2 = -3$$

→ <u>Endresultat</u>: Bubus Fußabdruck schneidet die y-Achse bei $y = 3$ und $y = -3$.

→ Der Mittelpunkt von Yogis Fußabdruck liegt direkt im Ursprung des Koordinatensystems. Da der Durchmesser von 18cm bekannt ist, muss dieser Abdruck die y-Achse bei 9 und -9 schneiden.

→ Die Differenz der Schnittstellen mit der y-Achse bezüglich Yogis und Bubus Fußabdruck beträgt 6 Längeneinheiten (siehe Messergebnis von Elfriede).

→ Die Kontrollrechnung mithilfe einer Kreisgleichung hat die Richtigkeit von Elfriedes Messergebnissen eindeutig bestätigt.

<u>Aufgabe 16</u>: Für die Lösung dieser Aufgabe sollte man sich zunächst die folgenden regelmäßigen n-Ecke mit den zugehörigen Knotenpunkten und Teilflächen zeichnen. Hierbei handelt es sich um das regelmäßige Dreieck, Viereck, Fünfeck, Sechseck, Siebeneck und Achteck. Die Zeichnung muss nicht genau sein, Skizzen frei Hand sind völlig ausreichend. Anschließend muss man von diesen n-Ecken die Knotenpunkte und die Teilflächen zählen. Diese Anzahl schreibt man in Form einer Tabelle auf und versucht anschließend einen Zusammenhang zwischen diesen Zahlen zu finden. Die Tabelle könnte folgendermaßen aussehen:

n-Eck	Anzahl d. Knoten (AK)	Anzahl d. Teilflächen (AT)	Differenz AT − AK
3	3	4	1
4	5	8	3
5	10	16	6
6	21	31	10
7	42	57	15
8	78	99	21

→ Wir erhalten drei Zahlenfolgen. Sie lauten:
<AK> = 3; 5; 10; 21; 42; 78; ...
<AT> = 4; 8; 16; 31; 57; 99; ...
<AT − AK> = 1; 3; 6; 10; 15; 21; ...

→ Wir überprüfen, ob es sich bei den Zahlenfolgen um arithmetische Folgen handelt.

<AK>:	3	5	10	21	42	78
1. Differenzfolge:		2	5	11	21	36
2. Differenzfolge:			3	6	10	15
3. Differenzfolge:				3	4	5
4. Differenzfolge:					1	1

→ Da die 4. Differenzfolge eine konstante Folge ist, handelt es sich bei der Folge <AK> um eine arithmetische Folge 4. Ordnung. Da eine Zahlenfolge auch eine Funktion ist, handelt es sich hier um eine Funktion 4. Ordnung. Die allgemeine Form einer Funktion 4. Ordnung lautet: $f(n) = an^4 + bn^3 + cn^2 + dn + e$. Es sind hier die Koeffizienten a, b, c, d und e zu bestimmen. Hierfür ist ein Gleichungssystem notwendig.

→ 1.) $f(3) = 3$ ---------- 1.) $81a + 27b + 9c + 3d + e = 3$
   2.) $f(4) = 5$ ---------- 2.) $256a + 64b + 16c + 4d + e = 5$
   3.) $f(5) = 10$ ---------- 3.) $625a + 125b + 25c + 5d + e = 10$
   4.) $f(6) = 21$ ---------- 4.) $1296a + 216b + 36c + 6d + e = 21$
   <u>5.) $f(7) = 42$ ---------- 5.) $2401a + 343b + 49c + 7d + e = 42$</u>

2.) – 1.): (1) 175a + 37b +7c +d = 2
3.) – 2.): (2) 369a + 61b + 9c + d = 5
4.) – 3.): (3) 671a + 91b + 11c + d = 11
5.) – 4.): (4) 1105a + 127b + 13c + d = 21
(2) – (1): (1) 194a + 24b + 2c = 3
(3) – (2): (2) 302a + 30b + 2c = 6
(4) – (3): (3) 434a + 36b + 2c = 10
(2) – (1): (1) 108a + 6b = 3
(3) – (2): (2) 132a + 6b = 4

(2) – (1): $24a = 1 | : 24$

$$a = \frac{1}{24}$$

Einsetzen in: 108a + 6b = 3

$\rightarrow \frac{108}{24} + 6b = 3 \left| - \frac{108}{24} \right| :6$

$\rightarrow b = -\frac{1}{4}$

Einsetzen in: 194a + 24 b + 2c = 3

$\rightarrow \frac{194}{24} - 6 + 2c = 3 \left| - \frac{194}{24} \right| + 6 | : 2$

$\rightarrow c = \frac{11}{24}$

Einsetzen in: 175a + 37b +7c +d = 2

$\rightarrow \frac{175}{24} - \frac{37}{4} + \frac{77}{24} + d = 2 \left| - \frac{175}{24} \right| + \frac{37}{4} \left| - \frac{77}{24} \right.$

$\rightarrow d = \frac{18}{24}$

Einsetzen in: 81a + 27b + 9c + 3d + e = 3

$\rightarrow \frac{81}{24} - \frac{27}{4} + \frac{99}{24} + \frac{54}{24} + e = 3$

$\rightarrow 3 + e = 3 | - 3$

$\rightarrow e = 0$

Eine allgemeine Formel für die Anzahl der Knotenpunkte lautet also: f(n) $= \frac{1}{24}n^4 - \frac{1}{4}n^3 + \frac{11}{24}n^2 + \frac{18}{24}n$

Wir untersuchen jetzt die Folge <AT – AK>:

$\rightarrow$

	1	3	6	10	15	24
1. Differenzfolge:	2	3	4	5	6	
2. Differenzfolge:		1	1	1	1	

$\rightarrow$ Da die 2. Differenzfolge eine konstante Folge ist, handelt es sich bei dieser Folge um eine arithmetische Folge 2. Ordnung.

$\rightarrow$ Die allgemeine Form dieser Folge lautet: g(n) = an^2 + bn + c. Die Koeffizienten a, b und c werden wieder mit einem Gleichungssystem bestimmt.

$\rightarrow$ 1.) g(3) = 1 ------------ (1) 9a + 3b + c = 1
2.) g(4) = 3 ------------ (2) 16a + 4b + c = 3
3.) g(5) = 6 ------------ (3) 25a + 5b + c = 6

(2) – (1): (1) 7a + b = 2
(3) – (2): (2) 9a + b = 3

$(2) - (1):$ $2a = 1 \mid : 2$

$$a = \frac{1}{2}$$

Einsetzen in: $7a + b = 2$

$$\rightarrow \frac{7}{2} + b = 2 \mid -\frac{7}{2}$$

$$\rightarrow b = -\frac{3}{2}$$

Einsetzen in: $9a + 3b + c = 1$

$$\rightarrow \frac{9}{2} - \frac{9}{2} + c = 1$$

$$\rightarrow c = 1$$

Eine allgemeine Formel für die Differenz zwischen der Anzahl der Teilflächen und der Anzahl der Knotenpunkte lautet also:

$$g(n) = \frac{1}{2}n^2 - \frac{3}{2}n + 1$$

$\rightarrow$ Jetzt müssen wir lediglich beide Formeln addieren, um eine allgemeine Formel für die Anzahl der Teilflächen zu bekommen.

$$\rightarrow h(n) = f(n) + g(n) = \left(\frac{1}{24}n^4 - \frac{1}{4}n^3 + \frac{11}{24}n^2 + \frac{18}{24}n\right) + \left(\frac{1}{2}n^2 - \frac{3}{2}n + 1\right)$$

$$\rightarrow h(n) = \frac{1}{24}n^4 - \frac{1}{4}n^3 + \frac{23}{24}n^2 - \frac{18}{24}n + 1$$

Eine allgemeine Formel für die Anzahl der Teilflächen lautet also:

$$h(n) = \frac{1}{24}n^4 - \frac{1}{4}n^3 + \frac{23}{24}n^2 - \frac{18}{24}n + 1$$

<u>Hinweis</u>: Hinsichtlich der drei Rechnungen vergleichen Sie bitte die Erläuterungen in dem Kapitel „Der Fall mit den komplexen Summenformeln – Ewalds Mathespielwiese – Teil 1".

<u>Aufgabe 17a</u>: $\sqrt{x + \sqrt{x + \sqrt{x + \sqrt{x + \sqrt{x + \dots}}}}} = 2 \mid (..)^2$

$$\rightarrow x + \sqrt{x + \sqrt{x + \sqrt{x + \sqrt{x + \sqrt{x + \dots}}}}} = 4$$

$\rightarrow$ Wir können für die Wurzel den Wert 2 einsetzen.

$\rightarrow x + 2 = 4 \mid -2$

$\rightarrow x = 2$

<u>Aufgabe 17b</u>: $\sqrt[3]{x \cdot \sqrt[3]{x \cdot \sqrt[3]{x \cdot \sqrt[3]{x \cdot \dots}}}} = 3 \mid (..)^3$

$$\rightarrow x \cdot \sqrt[3]{x \cdot \sqrt[3]{x \cdot \sqrt[3]{x \cdot \sqrt[3]{x \cdot \dots}}}} = 27$$

$\rightarrow$ Wir können für die dritte Wurzel den Wert 3 einsetzen.

$\rightarrow x \cdot 3 = 27 \mid : 3$

$\rightarrow x = 9$

Aufgabe 17c: Bei der Beantwortung dieser Frage müssen wir zwei Fälle unterscheiden.

<u>Fall 1</u>: $\dfrac{xy}{yz} = \dfrac{x}{z}$ (Die Anzahl der Einer im Zähler ist identisch mit der Anzahl der

Zehner im Nenner; Vorsicht: Im Zähler steht nicht $x \cdot y$, sondern x gibt die Anzahl der Zehner und y die Anzahl der Einer an. Analoges gilt für den Nenner.)

$\rightarrow \dfrac{10x+y}{10y+z} = \dfrac{x}{z}$

$\rightarrow z \cdot (10x + y) = x \cdot (10y + z)$

$\rightarrow 10xz + yz = 10xy + xz \;|- 10xz$

$\rightarrow yz = 10xy - 9xz$

$\rightarrow yz = x \cdot (10y - 9z) \;|: (10y - 9z)$

$\rightarrow x = \dfrac{yz}{(10y-9z)}$

$\rightarrow$ Wir müssen die natürlichen Zahlen y und z so wählen, dass der Wert für x nicht negativ wird und x ebenfalls eine natürliche Zahl ist. Hierbei lassen wir den trivialen Fall x = y = z weg, da dieser Bruch auch beim „falschen Kürzen" immer das richtige Ergebnis 1 liefert.

y	z	x	Eigenschaft von x	xy/yz
1	1	1	Trivialer Fall	
2	1	0,181818	Widerspruch	
2	2	2	Trivialer Fall	
3	1	0,142857	Widerspruch	
3	2	0,5	Widerspruch	
3	3	3	Trivialer Fall	
4	1	0,129032	Widerspruch	
4	2	0,363636	Widerspruch	
4	3	0,923077	Widerspruch	
4	4	4	Trivialer Fall	
5	1	0,121951	Widerspruch	
5	2	0,3125	Widerspruch	
5	3	0,652174	Widerspruch	
5	4	1,428571	Widerspruch	
5	5	5	Trivialer Fall	
6	1	0,117647	Widerspruch	
6	2	0,285714	Widerspruch	
6	3	0,545455	Widerspruch	
6	4	1	Lösung	16/64
6	5	2	Lösung	26/65
6	6	6	Trivialer Fall	
7	1	0,114754	Widerspruch	
7	2	0,269231	Widerspruch	
7	3	0,488372	Widerspruch	
7	4	0,823529	Widerspruch	
7	5	1,4	Widerspruch	
7	6	2,625	Widerspruch	
7	7	7	Trivialer Fall	
8	1	0,112676	Widerspruch	

8	2	0,258065	Widerspruch	
8	3	0,45283	Widerspruch	
8	4	0,727273	Widerspruch	
8	5	1,142857	Widerspruch	
8	6	1,846154	Widerspruch	
8	7	3,294118	Widerspruch	
8	8	8	Trivialer Fall	
9	1	0,111111	Widerspruch	
9	2	0,25	Widerspruch	
9	3	0,428571	Widerspruch	
9	4	0,666667	Widerspruch	
9	5	1	Lösung	19/95
9	6	1,5	Widerspruch	
9	7	2,333333	Widerspruch	
9	8	4	Lösung	49/98
9	9	9	Trivialer Fall	

→ Wie man an der Tabelle erkennt, gibt es vier Brüche, die beim „falschen Kürzen" ein richtiges Ergebnis liefern. Diese Brüche heißen $\frac{16}{64}$, $\frac{26}{65}$, $\frac{19}{95}$ und $\frac{49}{98}$.

→ In der Tabelle treffen Sie häufig auf das Wort „Widerspruch". Das bedeutet, dass die Zahl x keine natürliche Zahl ist. Diese Eigenschaft haben wir aber für x vorausgesetzt.

Fall 2: $\frac{xy}{zx} = \frac{y}{z}$ (Die Anzahl der Zehner im Zähler ist identisch mit der Anzahl der Einer im Nenner)

Wenn wir die Kehrwerte der vier obigen Brüche bilden, so liegt für diese Brüche der zweite Fall vor. Somit kommen für den zweiten Fall die Brüche $\frac{64}{16}$, $\frac{65}{26}$, $\frac{95}{19}$ und $\frac{98}{49}$ infrage. Kommen für den zweiten Fall noch mehr Brüche infrage? Sicherheitshalber werden wir wie im ersten Fall wieder eine Tabelle erstellen.

→ $\frac{10x+y}{10z+x} = \frac{y}{z}$

→ $z \cdot (10x + y) = y \cdot (10z + x)$

→ $10xz + yz = 10yz + xy \,|- 10yz$

→ $10xz - 9yz = xy$

→ $z \cdot (10x - 9y) = xy \,|: (10x - 9y)$

→ $z = \frac{xy}{(10x-9y)}$

→ Wir müssen die natürlichen Zahlen x und y so wählen, dass der Wert für z nicht negativ wird und z ebenfalls eine natürliche Zahl ist. Hierbei lassen wir den trivialen Fall x = y = z weg, da dieser Bruch auch beim „falschen Kürzen" immer das richtige Ergebnis 1 liefert.

x	y	z	Eigenschaft von z	xy/zx
1	1	1	Trivialer Fall	
2	1	0,181818	Widerspruch	
2	2	2	Trivialer Fall	
3	1	0,142857	Widerspruch	
3	2	0,5	Widerspruch	

3	3	3	Trivialer Fall	
4	1	0,129032	Widerspruch	
4	2	0,363636	Widerspruch	
4	3	0,923077	Widerspruch	
4	4	4	Trivialer Fall	
5	1	0,121951	Widerspruch	
5	2	0,3125	Widerspruch	
5	3	0,652174	Widerspruch	
5	4	1,428571	Widerspruch	
5	5	5	Trivialer Fall	
6	1	0,117647	Widerspruch	
6	2	0,285714	Widerspruch	
6	3	0,545455	Widerspruch	
6	4	1	Lösung	64/16
6	5	2	Lösung	65/26
6	6	6	Trivialer Fall	
7	1	0,114754	Widerspruch	
7	3	0,488372	Widerspruch	
7	5	1,4	Widerspruch	
7	6	2,625	Widerspruch	
7	7	7	Trivialer Fall	
8	1	0,112676	Widerspruch	
8	2	0,258065	Widerspruch	
8	3	0,45283	Widerspruch	
8	4	0,727273	Widerspruch	
8	5	1,142857	Widerspruch	
8	6	1,846154	Widerspruch	
8	7	3,294118	Widerspruch	
8	8	8	Trivialer Fall	
9	1	0,111111	Widerspruch	
9	2	0,25	Widerspruch	
9	3	0,428571	Widerspruch	
9	4	0,666667	Widerspruch	
9	5	1	Lösung	95/19
9	6	1,5	Widerspruch	
9	7	2,333333	Widerspruch	
9	8	4	Lösung	98/49
9	9	9	Trivialer Fall	

→ Wie man an der Tabelle erkennt, gibt es vier Brüche, die beim „falschen Kürzen" ein richtiges Ergebnis liefern. Diese Brüche heißen $\frac{64}{16}, \frac{65}{26}, \frac{95}{19}, \frac{98}{49}$. Wie Sie sehen, kommen keine weiteren Brüche infrage.

Aufgabe 18: Wir ziehen die beiden Blechbahnen auseinander, so dass sie keine halbkreisförmigen Wölbungen mehr haben. Anschließend kann man die Länge dieser Bahnen messen.

<u>Vorgehensweise für Bahn 1:</u>

→ $d = 8$ cm

→ 200 cm:8 cm = 25
Es sind 25 Halbkreiswölbungen vorhanden.

→ Für die Länge der auseinander gezogenen Bahn benutzt man die Formel für den Kreisumfang. Sie lautet: $U = d \cdot \pi$
Somit gilt für die Länge L: $L = 25 \cdot \dfrac{8 \cdot \pi}{2} = 100\pi$
Die erste Bahn ist also 100π Zentimeter lang.

<u>Vorgehensweise für Bahn 2:</u>

→ $d = 10$ cm

→ 200 cm:10 cm = 20
Es sind 20 Halbkreiswölbungen vorhanden.

→ Für die Länge der auseinander gezogenen Bahn benutzt man wieder die Formel für den Kreisumfang.
Somit gilt für die Länge L: $L = 20 \cdot \dfrac{10 \cdot \pi}{2} = 100\pi$
Die zweite Bahn ist also ebenfalls 100π Zentimeter lang.

→ Am Ergebnis der beiden Rechnungen erkennt man, dass der Materialverbrauch zur Herstellung der Bahnen gleich ist.

Aufgabe 19: Für die Lösung dieser Aufgabe mache ich die folgenden Vorüberlegungen:
♦ xyz sei die gesuchte ungerade Zahl. Hierbei gibt x die Anzahl der Hunderter, y die Anzahl der Zehner und z die Anzahl der Einer an.
Die Zahl xyz besitzt also den Wert $100x + 10y + z$.
♦ Die verdoppelte Zahl besitzt demzufolge den Wert $200x + 20y + 2z$.
♦ $x + y + z$ ist die Quersumme der ursprünglichen ungeraden Zahl.
♦ zyx ist das Spiegelbild der ursprünglichen Zahl. Hierbei gibt z die Anzahl der Hunderter, y die Anzahl der Zehner und x die Anzahl der Einer an.

Wir haben demzufolge die Gleichung $200x + 20y + 2z - (x + y + z) = 100z + 10y + x$ zu untersuchen, wobei x, y und z die Ziffern von 0 bis 9 annehmen können.

→ $200x + 20y + 2z - (x + y + z) = 100z + 10y + x$

→ $200x + 20y + 2z - x - y - z = 100z + 10y + x$ |- 100z |- 10y |- x

→ $198x + 9y - 99z = 0$ |: 9

→ **$22x + y - 11z = 0$**

<u>Fallunterscheidung</u>: Da wir die größte ungerade Zahl suchen, muss die Ziffer x, die die Anzahl der Hunderter angibt, möglichst groß sein. Wir gehen alle Möglichkeiten der fett markierten Gleichung durch.

x = 9 → $198 + y - 11z = 0$ → $y = 11z - 198$
→ y wird für alle Ziffern, die man für z einsetzen kann, negativ. Das ist ein Widerspruch, da y lediglich die Ziffern von 0 bis 9 annehmen kann.

x = 8 → $176 + y - 11z = 0$ → $y = 11z - 176$
→ Wir erhalten wieder einen Widerspruch, da y wieder negativ wird.

x = 7 → $154 + y - 11z = 0$ → $y = 11z - 154$
→ Wir erhalten wieder einen Widerspruch, da y wieder negativ wird.

x = 6 → $132 + y - 11z = 0$ → $y = 11z - 132$
→ Wir erhalten wieder einen Widerspruch, da y wieder negativ wird.

x = 5 → $110 + y - 11z = 0$ → $y = 11z - 110$
→ Wir erhalten wieder einen Widerspruch, da y wieder negativ wird.

x = 4 → $88 + y - 11z = 0$ → $y = 11z - 88$
→ Für die Werte von 0 bis 7, die man für z einsetzt, wird y negativ.
Für den Wert 8, den man für z einsetzt, wird y null.
Für den Wert 9, den man für z einsetzt, nimmt y einen Wert
an, der größer als 9 ist.
→ Die einzigen Werte, die infrage kommen, sind also x = 4, y = 0 und z = 8.
→ Somit erhalten wir die Zahl 408, die den Forderungen entspricht. Diese Zahl ist
aber nicht ungerade, da sie ganzzahlig durch 2 teilbar ist.

x = 3 → $66 + y - 11z = 0$ → $y = 11z - 66$
→ Nach den obigen Überlegungen sind die einzigen Werte, die infrage kommen,
x = 3, y = 0 und z = 6.
→ Somit erhalten wir die Zahl 306, die den Forderungen entspricht. Diese Zahl ist
aber nicht ungerade, da sie ganzzahlig durch 2 teilbar ist.

x = 2 → $44 + y - 11z = 0$ → $y = 11z - 44$
→ Nach den obigen Überlegungen sind die einzigen Werte, die infrage kommen,
x = 2, y = 0 und z = 4.
→ Somit erhalten wir die Zahl 204, die den Forderungen entspricht. Diese Zahl ist
aber nicht ungerade, da sie ganzzahlig durch 2 teilbar ist.

x = 1 → $22 + y - 11z = 0$ → $y = 11z - 22$
→ Die einzigen Werte, die infrage kommen, sind x = 1, y = 0 und z = 2.
→ Somit erhalten wir die Zahl 102, die den Forderungen entspricht. Diese Zahl ist
aber nicht ungerade, da sie ganzzahlig durch 2 teilbar ist.

<u>Endresultat</u>: Es gibt keine ungerade, dreistellige Zahl mit den gewünschten Eigenschaften. Es gibt jedoch vier gerade Zahlen, die diese Eigenschaften haben, nämlich die Zahlen 408, 306, 204 und 102.

<u>Aufgabe 20</u>: Die Aufgabe ist es, eine Funktionsvorschrift zu finden, die einen Zusammenhang zwischen der Anzahl der Silberlinien und der Anzahl der Flächen liefert. Wir wollen die Werte zunächst in Form einer Tabelle zusammenstellen. Anschließend werden wir überprüfen, ob die Anzahl der Teilflächen vielleicht eine arithmetische Folge höherer Ordnung ist.

Anzahl der Silberlinien (n)	Anzahl der Teilflächen (y)
1	2
2	4
3	7
4	11
10	?

Ursprungsfolge:	2	4	7	11
1. Differenzfolge		2	3	4
2. Differenzfolge			1	1

→ Da die 2. Differenzfolge eine konstante Folge ist, handelt es sich bei der Folge der Teilflächen um eine arithmetische Folge 2. Ordnung. Da eine Zahlenfolge auch eine Funktion ist, handelt es sich hier um eine Funktion 2. Ordnung. Die allgemeine Form einer Funktion 2. Ordnung lautet: $f(n) = an^2 + bn + c$. Es sind hier die Koeffizienten a, b und c zu bestimmen. Hierfür ist ein Gleichungssystem notwendig.

→ $f(n) = an^2 + bn + c$

→ 1.) $f(1) = 2$ ------------> $a + b + c = 2$
2.) $f(2) = 4$ ------------> $4a + 2b + c = 4$
3.) $f(3) = 7$ ------------> $9a + 3b + c = 7$
2.) – 1.): (1) $3a + b = 2$
3.) – 2.): (2) $5a + b = 3$
2.) – 1.): $2a = 1 \mid : 2$
   → $a = 0{,}5$

Einsetzen des Wertes für a in die Gleichung $3a + b = 2$
   → $b = 0{,}5$

Einsetzen der Werte für a und b in die Gleichung $a + b + c = 2$
   → $c = 1$

→ Die Funktion lautet: **$f(n) = 0{,}5\, n^2 + 0{,}5n + 1$.**

→ $f(10) = 0{,}5 \cdot 10^2 + 0{,}5 \cdot 10 + 1$

→ $f(10) = 50 + 5 + 1 = 56$

→ **Die Unterteilung der Scheibe durch 10 silberne Geraden ergibt maximal 56 Teilflächen.**

Aufgabe 21a:

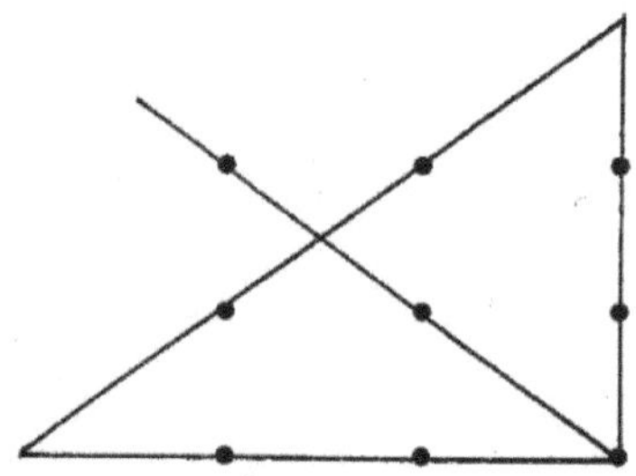

Die meisten von Ihnen werden bei der Problemlösung die geraden Linien nicht über das quadratische Raster hinaus gezeichnet haben. Sie haben versucht, die Lösung durch eine Beschränkung auf die Grenzen des Quadrates zu finden.

Psychologischer Aspekt: Die meisten Menschen legen ihrem Denken Grenzen auf. Das liegt an unserer Erziehung, da wir ordentlich erzogen wurden. Jedes Kind weiß, dass man gewisse Grenzen (z.B. die Toleranzgrenzen der Eltern) nicht überschreiten sollte. Manchmal muss man aber Grenzen überspringen, um zu wissen, was sich dahinter verbirgt. In unserem Fall ist es die Lösung des Problems.

Aufgabe 21 b:

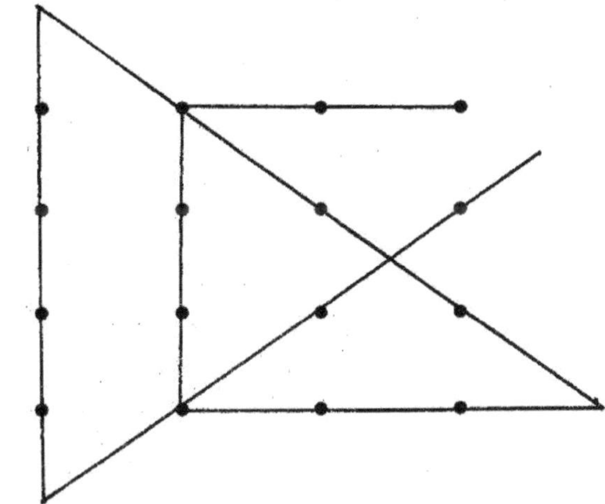

Aufgabe 21c:

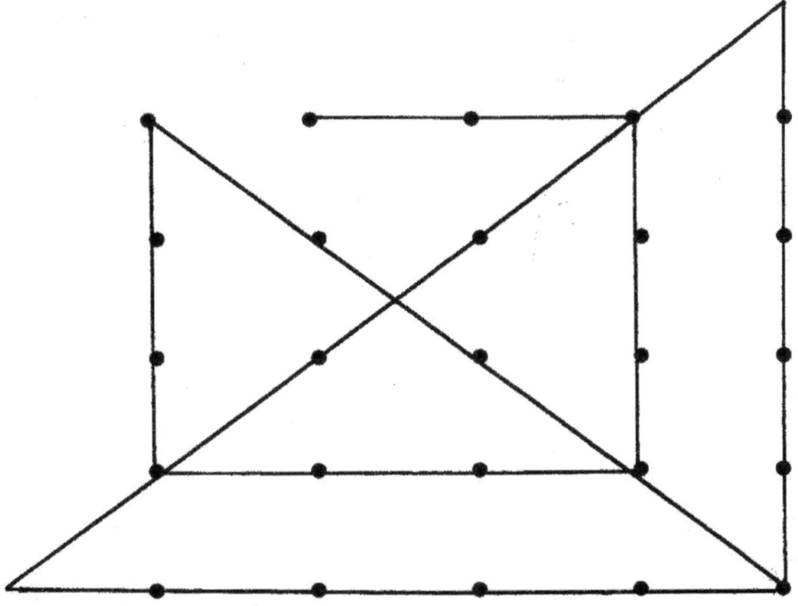

Aufgabe 22a:

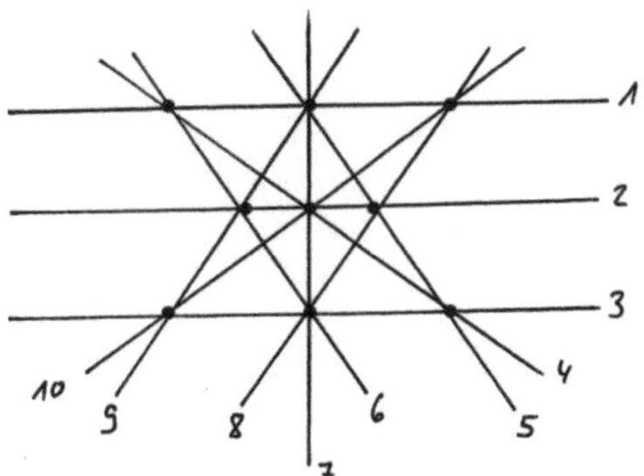

<u>Aufgabe 22b</u>:

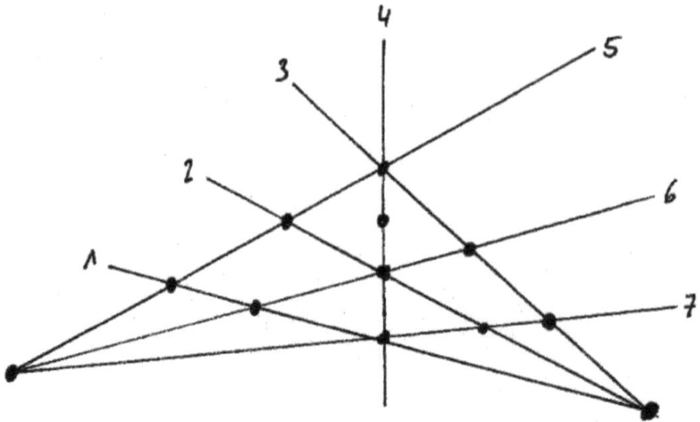

<u>Aufgabe 22c</u>:

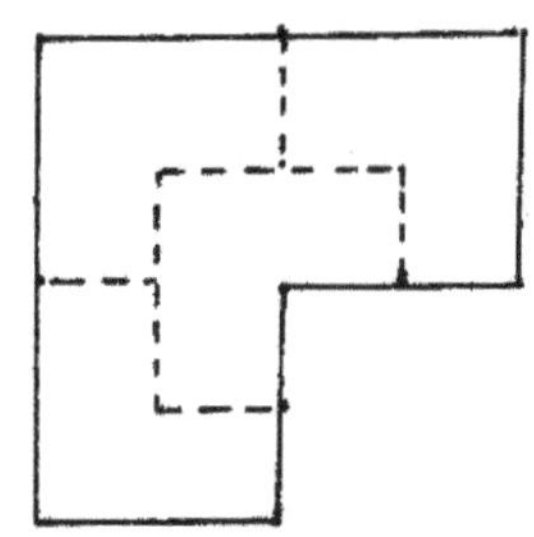

<u>Schlussbemerkung</u>: Den meisten von Ihnen wird es sicherlich schwergefallen sein, diese 22 Aufgaben zu bearbeiten bzw. die Lösungswege nachzuvollziehen, obwohl die Themenschwerpunkte der Oberstufe (Grenzwertbegriff, Differenzialrechnung, Integralrechnung) nicht in diesen Aufgaben eingegangen sind. Gerade die Aufgaben aus der Unterhaltungsmathematik sind hervorragend geeignet, um die Fähigkeit Lösungsstrategien zu entwickeln und zu überprüfen, mathematische Muster zu erkennen (z.B. die Aufgaben 16 und 20) und die notwendigen Rechentechniken hierfür anzuwenden, zu erlangen.

Literatur

Pierre Basieux: „Abenteuer Mathematik – Brücken zwischen Wirklichkeit und Fiktion"; Rowohlt Taschenbuch Verlag GmbH; 1999

Keith Devlin: „Muster der Mathematik – Ordnungsgesetze des Geistes und der Natur"; Spektrum Akademischer Verlag; Heidelberg; 1994

Martin Gardner: „Mathematischer Karneval"; Verlag Ullstein GmbH; 1980

Walter Jung, Rudolf Brauner: „Mathematik – Fischer Kolleg 2 – Das Abiturwissen"; Fischer Taschenbuch Verlag GmbH; 1973

Dominic Olivastro: „Das chinesische Dreieck"; Droemersche Verlagsanstalt Knaur; 1995

Jiri Sedlacek: „Keine Angst vor Mathematik"; Gondrom Verlag; 1986

Richard Zehl: „Denken mit Spaß"; Bertelsmann Club GmbH; 1984

Das Cover des Buches „Pferd und Kuh beim Kartenspielen" hat Frau Sabrina Seidel, eine ehemalige Schülerin der Fachoberschule Gestaltung, entworfen.

Anhang

A. Mathematische Formelsammlung bezüglich „Ewalds Mathespielwiese Teil 1 und Teil 2"

A.1 Geometrische Flächen und Körper:

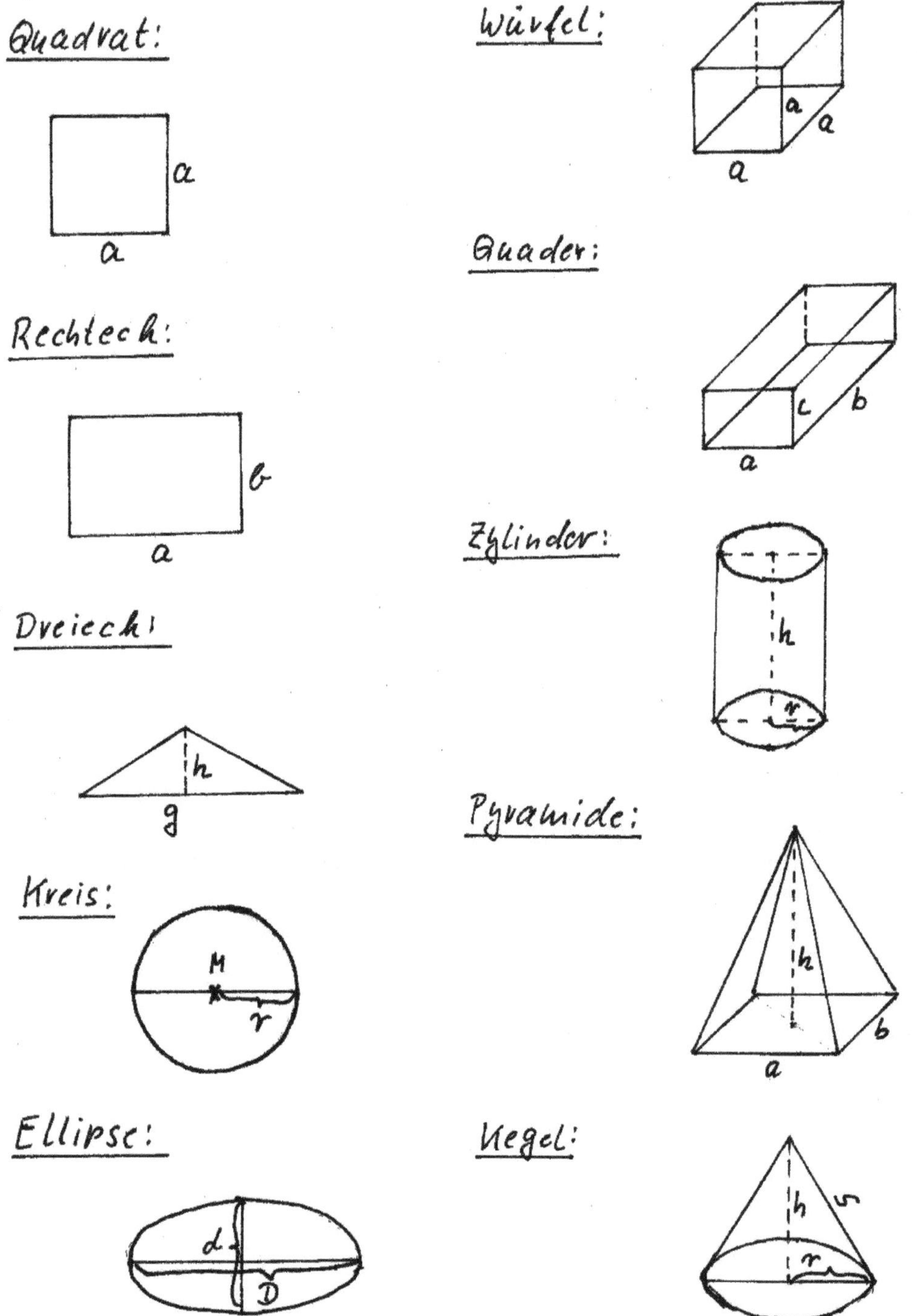

<u>Flächen:</u>

Quadrat: $A = a^2$
$\quad\quad\quad U = 4a$

Rechteck: $A = ab$
$\quad\quad\quad\quad U = 2a + 2b$

Dreieck: $A = \dfrac{gh}{2}$

Kreis: $A = r^2\pi$
$\quad\quad\quad U = d\pi$

Ellipse: $A = \dfrac{d \cdot D \cdot \pi}{4}$
$\quad\quad\quad\quad U = \dfrac{D+d}{2} \cdot \pi$

<u>Körper:</u>

Würfel: $V = a^3$
$\quad\quad\quad O = 6a^2$

Quader: $V = abc$
$\quad\quad\quad\quad O = 2ab + 2ac + 2bc$

Zylinder: $V = r^2\pi h$
$\quad\quad\quad\quad O = 2r^2\pi + d\pi h$

Pyramide: $V = \dfrac{1}{3}abh$

Kegel: $V = \dfrac{1}{3}r^2\pi \cdot h$
$\quad\quad\quad M = \dfrac{d \cdot \pi \cdot s}{2}$
$\quad\quad\quad O = \dfrac{d \cdot \pi \cdot s}{2} + \dfrac{d^2 \cdot \pi}{4}$

Kugel: $V = \dfrac{2}{3} \cdot r^2 \cdot \pi$

$\quad\quad\quad O = 4 \cdot r^2 \cdot \pi$

<u>Bedeutung der Bezeichnungen:</u>

A: Flächeninhalt
U: Umfang
V: Volumen
O: Oberfläche
M: Mantel

g: Grundlinie
h: Höhe
r: Radius
d: Durchmesser
s: Mantellinie
a, b, c: Seiten
d, D: Durchmesser d. Ellipse

A.2 <u>Satzgruppe des Pythagoras</u>:

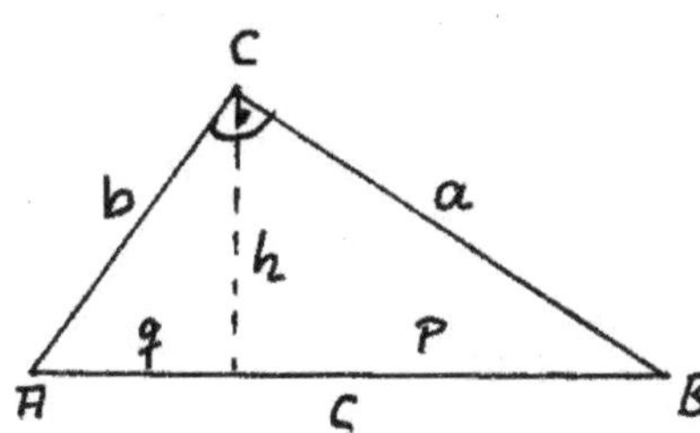

Satz des Pythagoras: $a^2 + b^2 = c^2$

Kathetensatz des Euklid: $a^2 = c \cdot p$

$\quad\quad\quad\quad\quad\quad\quad\quad\quad b^2 = c \cdot q$

Höhensatz des Euklid: $h^2 = p \cdot q$

A.3 <u>**Strahlensätze**</u>: Gegeben ist ein Zentrum Z. Von diesem Zentrum gehen zwei Strahlen g und h aus. Die Strahlen werden von zwei parallelen Geraden g_1 und g_2 geschnitten. Dies ist die klassische Strahlensatzfigur.

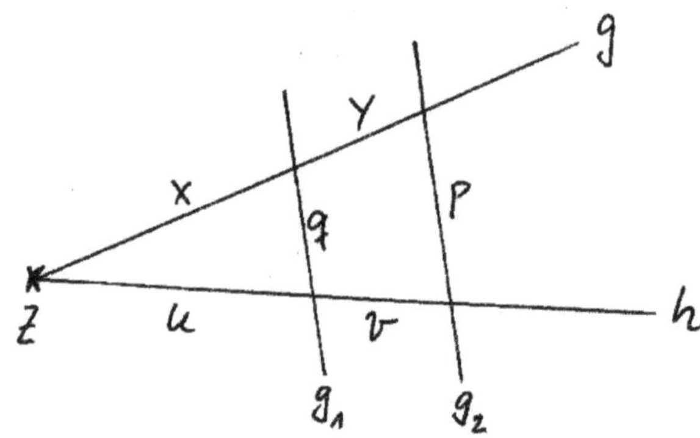

1. Strahlensatz: Entsprechende Längen auf dem Strahl g verhalten sich wie entsprechende Längen auf dem Strahl h.

1.) $\dfrac{x}{y} = \dfrac{u}{v}$

2.) $\dfrac{x+y}{y} = \dfrac{u+v}{v}$

2. Strahlensatz: Entsprechende Längen auf g bzw. h verhalten sich wie die entsprechenden Parallelenabschnitte.

1.) $\dfrac{x+y}{x} = \dfrac{p}{q}$

2.) $\dfrac{x}{q} = \dfrac{x+y}{p}$

A.4 <u>**Zentrische Streckung**</u>:

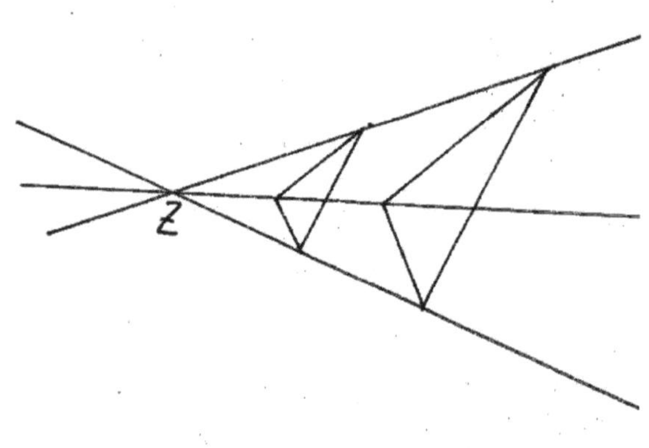

Eine zentrische Streckung mit dem Zentrum Z ist eine Abbildung, die alle Strecken in einem bestimmten Verhältnis vergrößert bzw. verkleinert. Ob eine Strecke vergrößert bzw. verkleinert wird, hängt von dem sog. Streckungsfaktor k ab.

Für k > 1 gilt:
- die Länge einer Strecke wird um das k-fache vergrößert
- der Flächeninhalt einer Fläche wird um das k^2-fache vergrößert
- das Volumen eines Körpers wird um das k^3-fache vergrößert.

A.5 <u>**Binomische Formeln**</u>: $(a + b)^2 = a^2 + 2ab + b^2$

$(a - b)^2 = a^2 - 2ab + b^2$

$(a + b)(a - b) = a^2 - b^2$

A.6 <u>Arithmetische Folgen und Reihen</u>:

$$a_n = a_1 + (n - 1) \cdot d$$
$$S_n = \frac{n}{2} \cdot [2a_1 + (n - 1) \cdot d]$$
$$S_n = \frac{n}{2} \cdot [a_1 + a_n]$$

<u>Bedeutung der Bezeichnungen</u>:

a_1: erstes Folgeglied
a_n: Folgeglied an der n-ten Stelle
n: Anzahl der Glieder
d: konstante Differenz zweier aufeinander folgender Glieder
S_n: Summe der ersten n Glieder

A.7 <u>Geometrische Folgen und Reihen</u>:

$$a_n = a_1 \cdot q^{n-1}$$
$$S_n = \frac{a_1 \cdot (1-q^n)}{1-q} \text{ oder } S_n = \frac{a_1 \cdot (q^n-1)}{q-1}; \ q \neq 1$$

<u>Bedeutung der Bezeichnungen</u>:

a_1: erstes Folgeglied
a_n: Folgeglied an der n-ten Stelle
n: Anzahl der Glieder
q: konstanter Faktor zweier aufeinander folgender Glieder
S_n: Summe der ersten n Glieder

$$S_\infty = \frac{a_1}{1-q} \text{ (Summenformel für die unendliche geometrische Reihe)}$$

<u>Hinweis</u>: Es gibt unendlich viele Folgeglieder; der Faktor q liegt zwischen -1 und +1, wobei -1 und +1 ausgeschlossen sind.

A.8 <u>Winkelfunktionen</u>:

In einem rechtwinkligen Dreieck gelten die folgenden Beziehungen für spitze Winkel:

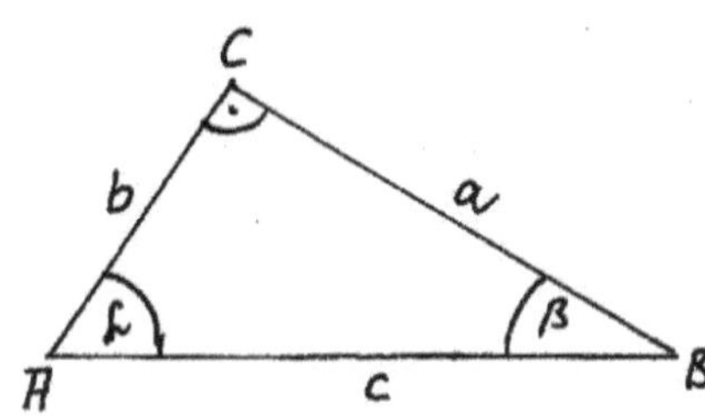

$$\sin \alpha = \frac{Gegenkathete}{Hypotenuse} = \frac{a}{c}$$

$$\cos \alpha = \frac{Ankathete}{Hypotenuse} = \frac{b}{c}$$

$$\tan \alpha = \frac{Gegenkathete}{Ankathete} = \frac{a}{b}$$

$$\cot \alpha = \frac{Ankathete}{Gegenkathete} = \frac{b}{a}$$

In einem beliebigen Dreieck gilt der Sinussatz sowie der Kosinussatz.

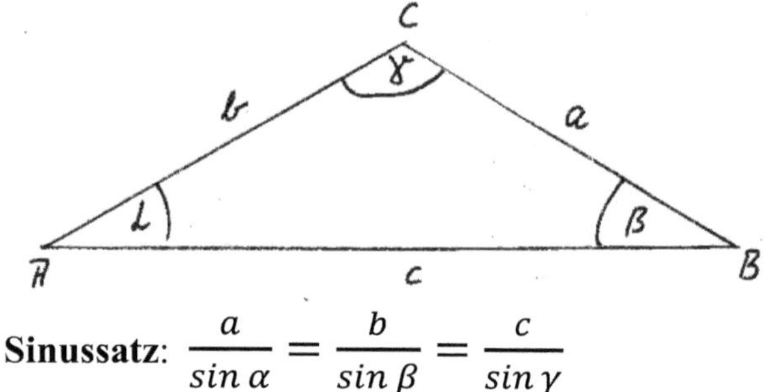

Sinussatz: $\dfrac{a}{\sin \alpha} = \dfrac{b}{\sin \beta} = \dfrac{c}{\sin \gamma}$

Das Verhältnis einer Seite zum Sinuswert des gegenüberliegenden Winkels ist für alle Seiten und den zugehörigen gegenüberliegenden Winkeln identisch.

Kosinussatz: $\begin{aligned} c^2 &= a^2 + b^2 - 2ab \cdot \cos \gamma \\ a^2 &= b^2 + c^2 - 2bc \cdot \cos \alpha \\ b^2 &= c^2 + a^2 - 2ac \cdot \cos \beta \end{aligned}$

Der Kosinussatz wird benutzt, wenn zwei Seiten und der eingeschlossene Winkel bekannt sind.

A.9 <u>Spezielle Winkelpaare:</u>

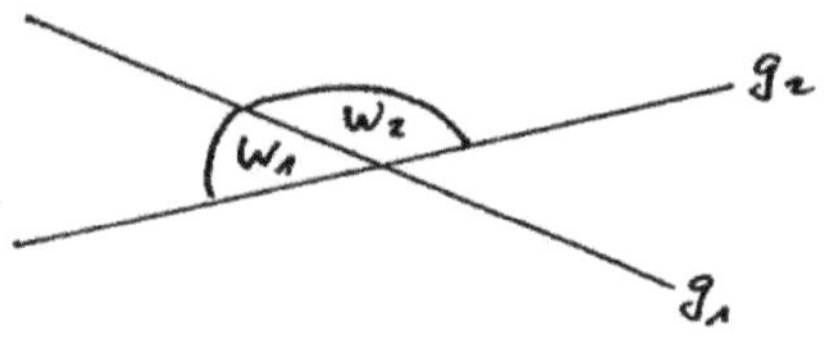

Schneiden sich 2 Geraden g_1 und g_2, so bezeichnet man die Winkel W_1 und W_2 als Nebenwinkel. Sie ergänzen sich zu 180°.

Schneiden sich 2 Geraden g_1 und g_2, so bezeichnet man die Winkel W_1 und W_2 als Scheitelwinkel. Scheitelwinkel sind immer gleich groß.

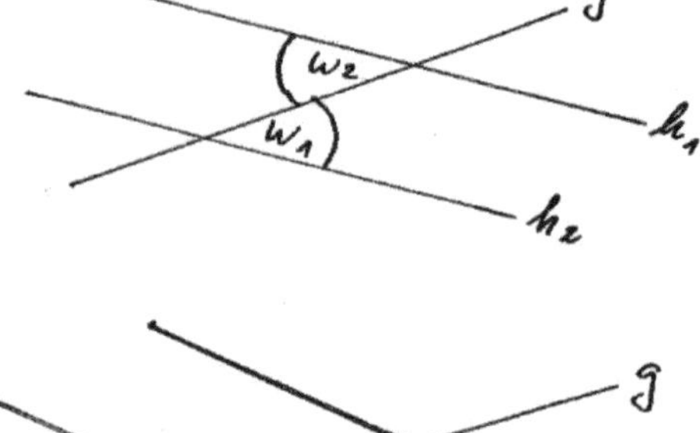

Schneidet eine Gerade g zwei parallele Geraden h_1 und h_2, so bezeichnet man die Winkel W_1 und W_2 als Wechselwinkel. Wechselwinkel an parallelen Geraden sind immer gleich groß.

Schneidet eine Gerade g zwei parallele Geraden h_1 und h_2, so bezeichnet man die Winkel W_1 und W_2 als Stufenwinkel. Stufenwinkel an parallelen Geraden sind immer gleich groß.

A.10 <u>Lösungsformel für quadratische Gleichungen</u>:

Eine quadratische Gleichung kann man immer in die Normalform bringen. Die Normalform der quadratischen Gleichung lautet: $\mathbf{x^2 + px + q = 0}$, wobei p und q rationale Zahlen sind.

$$x_{1,2} = -\frac{p}{2} \pm \sqrt{\left(\frac{p}{2}\right)^2 - q}$$

Das ist die Lösungsformel der quadratischen Gleichung.

$\left(\frac{p}{2}\right)^2 - q$ bezeichnet man als Diskriminante. An der Diskriminante kann man die Anzahl der Lösungen erkennen. Ist die Diskriminante positiv, so hat die Gleichung 2 Lösungen. Hat die Diskriminante den Wert 0, so gibt es genau eine Lösung. Ist die Diskriminante negativ, so besitzt die Gleichung keine Lösungen.

A.11 <u>Die Kreisgleichung</u>:

$\mathbf{x^2 + y^2 = r^2}$ (Der Mittelpunkt des Kreises liegt im Ursprung und hat den Radius r)

$\mathbf{(x - a)^2 + (y - b)^2 = r^2}$ (Der Mittelpunkt des Kreises lautet M(a; b); der Kreis hat weiterhin den Radius r)

B. <u>Grafische Veranschaulichung der Parkettierungsmöglichkeiten einer Ebene mit regelmäßigen Vielecken</u>

Dreiecksmuster

Quadratisches Muster

Bienenwabenmuster

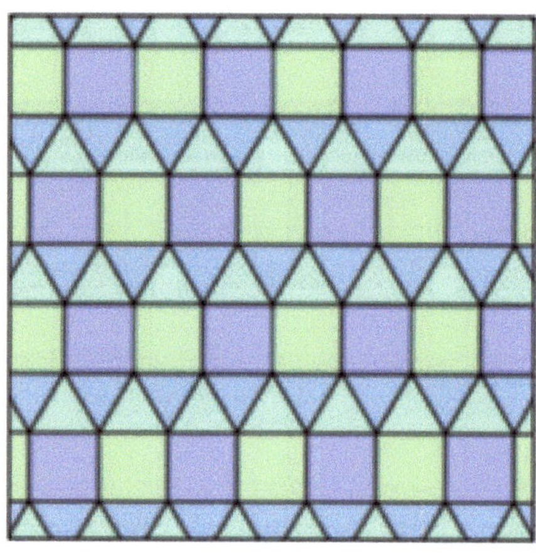

3 – 3 – 3 – 4 – 4

3 – 3 – 4 – 3 – 4

Quelle: https://de.wikipedia.org/wiki/Parkettierung

erstellt von: R.A. Nonenmacher   **CC BY – SA 4.0**

C. <u>Beispiele für Zahlenmengen mit der algebraischen Struktur eines Körpers</u>

<u>1. Fall</u>: Endliche Mengen

Falls uns bei der Division der natürlichen Zahlen durch die Primzahl $p = 3$ der ganzzahlige Rest interessieren sollte, so ergeben sich drei Klassen von Zahlen:

M_0: Hier sind alle durch 3 teilbaren Zahlen enthalten, die bei der Division den Rest 0 ergeben.
  Also: $M_0 = \{0; 3; 6; 9; 12; \ldots\}$

M_1: Hier sind alle durch 3 teilbaren Zahlen enthalten, die bei der Division den Rest 1 ergeben.
  Also: $M_1 = \{1; 4; 7; 10; 13; \ldots\}$

M_2: Hier sind alle durch 3 teilbaren Zahlen enthalten, die bei der Division den Rest 2 ergeben.
  Also: $M_2 = \{2; 5; 8; 11; 14; \ldots\}$

Wir haben die natürlichen Zahlen (inklusive der 0) in 3 Klassen aufgespalten. Aus jeder Klasse wählt man sich einen Repräsentanten aus. Als Repräsentanten wählen wir den ganzzahligen Rest, der für alle Elemente der jeweiligen Klasse gültig ist. Also wir wählen:

0 als Repräsentant für alle Zahlen aus M_0
1 als Repräsentant für alle Zahlen aus M_1
2 als Repräsentant für alle Zahlen aus M_2

Die Menge, die aus den drei Repräsentanten besteht, nennt man **Restklasse Modulo 3**. Es gilt also:
$R_3 = \{0; 1; 2\}$

Auf diese 3 Elemente wenden wir jetzt die Addition und Multiplikation an, so wie sie aus den beiden Verknüpfungstabellen ersichtlich ist.

+	0	1	2
0	0	1	2
1	1	2	0
2	2	0	1

$\cdot$	0	1	2
0	0	0	0
1	0	1	2
2	0	2	1

Der Leser kann sich von der Gültigkeit dieser Tabellen überzeugen, indem er die Addition bzw. die Multiplikation auf beliebige Zahlen der verschiedenen Klassen anwendet.

Jetzt muss nachgewiesen werden, das die Körperaxiome gelten:

1. Kommutativgesetz: $a + b = b + a$ (für a und b wählen Sie jeweils 2 Elemente aus der Additionstabelle und weisen die Richtigkeit des Kommutativgesetzes nach)

2. Assoziativgesetz: $a + (b + c) = (a + b) + c$ (wählen Sie 3 Elemente aus der Additionstabelle; es stellt sich heraus, dass das Assoziativgesetz gültig ist)

3. Neutrales Element: Es gibt genau ein Element x aus der Menge R_3, so dass für alle Elemente aus R_3 gilt: $a + x = a$. Bei uns ist das neutrale Element die 0.

4. Inverses Element: Zu jedem Element aus der Menge R_3 gibt es genau ein Element x aus R_3 mit der Eigenschaft: $a + x = 0$. Die Richtigkeit kann man anhand der Additionstabelle nachweisen.

5. Kommutativgesetz: $a \cdot b = b \cdot a$

6. Assoziativgesetz: $a \cdot (b \cdot c) = (a \cdot b) \cdot c$ (die Richtigkeit des Kommutativ- und Assoziativgesetzes kann der Leser anhand der Multiplikationstabelle feststellen.)

7. Neutrales Element: Für alle Elemente aus R_3 gibt es genau ein Element aus R_3 mit der Eigenschaft: $a \cdot x = a$. Bei uns ist das neutrale Element bezüglich der Multiplikation die 1.

8. Inverses Element: Zu jedem Element $a \neq 0$ aus R_3 gibt es genau ein Element x aus R_3 mit der Eigenschaft: $a \cdot x = 1$. Die Existenz der inversen Elemente kann man anhand der Tabelle feststellen. Es sind die 1 und die 2.

9. Distributivgesetz: $a \cdot (b + c) = a \cdot b + a \cdot c$ (die Richtigkeit des Distributivgesetzes kann der Leser anhand der Multiplikationstabelle feststellen).

→ Weil alle 9 Axiome gültig sind, liegt die algebraische Struktur eines Körpers vor. Man kann auch die Menge der Restklassen R_5, R_7, R_{11} usw. (allgemein: R_p, wobei p eine Primzahl ist) bilden. Für alle Mengen kann man nachweisen, dass die algebraische Struktur eines Körpers vorliegt. Da es unendlich viele Primzahlen gibt (Beweis von Euklid; siehe „Ewalds Mathespielwiese – Teil 1"), gibt es auch **unendlich viele Restklassen Modulo p** mit der Struktur eines Körpers. Alle diese Restklassen haben **endlich viele Elemente**.

2. Fall: Unendliche Mengen

A sei die Menge aller Zahlen von der Form $x + y \cdot \sqrt{11}$, wobei x und y alle rationalen Zahlen durchlaufen.
Wählen wir $y = 0$ und lassen x alle rationalen Zahlen durchlaufen, so erhält man die Menge der rationalen Zahlen Q.
Wählen wir $y = 1$ und lassen x wieder alle rationalen Zahlen durchlaufen, so erhält man alle rationalen Zahlen vermehrt um $\sqrt{11}$.

→ Die Menge der rationalen Zahlen sind in der Menge A enthalten.
→ Alle Zahlen aus A sind reelle Zahlen, da die Addition zweier reeller Zahlen immer eine reelle Zahl ergibt.
→ Die Menge A ist in der Menge der reellen Zahlen R enthalten, da z.B. $\sqrt{5}$ kein Element von A ist.

Man kann nachweisen, dass die Menge A bezüglich der Addition und Multiplikation ein Körper ist, wenn man für die rationalen und reellen Zahlen die üblichen Additions- und Multiplikationsregeln zugrunde legt.

→ Wenn man für die Zahl unter der Wurzel (hier: die Zahl 11) Primzahlen wählt, so dass die Zahlen von der Form $x + y \cdot \sqrt{p}$ sind, wobei p alle Primzahlen durchläuft, so erhält man **unendlich viele** Mengen, die alle die algebraische Struktur eines Körpers besitzen.
→ Somit gibt es **unendlich viele Körper**, wobei **jeder dieser Körper unendlich viele Elemente** besitzt.

Literatur: Walter Jung und Rudolf Brauner: „Das Abiturwissen – FischerKolleg 2"; Fischer Taschenbuchverlag GmbH; Frankfurt am Main 1973; Seite 60

D. <u>Cantor, Entdecker von Eigenschaften des Unendlichen – Teil 2</u>

Gregor Cantor hatte nachgewiesen, dass die Mächtigkeit der Menge der natürlichen Zahlen N identisch ist mit der Mächtigkeit der Menge der rationalen Zahlen Q (siehe Cantorsches Diagonalverfahren). Die Kardinalzahlen dieser beiden Mengen sind identisch. Diese Mengen hat er als abzählbar unendliche Mengen bezeichnet. Weiterhin hat er bewiesen, dass die Mächtigkeit der Menge der reellen Zahlen R größer ist als die Mächtigkeit der Menge der natürlichen Zahlen (den Beweis hierfür finden Sie in „Ewalds Mathespielwiese – Teil 3). Es gibt also keine bijektive Abbildung zwischen den natürlichen und den reellen Zahlen. Das bedeutet, dass es mehr reelle Zahlen als natürliche bzw. rationale Zahlen gibt. Die Kardinalzahl der reellen Zahlen ist somit größer als die Kardinalzahl der rationalen Zahlen. Cantor hat die Menge der reellen Zahlen als überabzählbar bezeichnet.

Jetzt hat sich Cantor gefragt, ob es weitere Stufen der Unendlichkeit gibt, also, ob es weitere Kardinalzahlen von Mengen gibt, die alle unterschiedlich sind. Cantor musste zunächst solche Mengen finden und nachweisen, dass diese Mengen unterschiedlich große Kardinalzahlen hatten.
Er hat sich zunächst mit der Potenzmenge der natürlichen Zahlen beschäftigt, um die Kardinalzahl dieser Menge zu bestimmen.

Ich möchte zunächst einmal die Potenzmenge einer endlichen Menge untersuchen. Wir wählen:
$M = \{1; 2; 3\}$
→ Die Kardinalzahl der Menge M ist 3, da M drei Elemente besitzt.
→ Die Potenzmenge von M wollen wir mit P(M) bezeichnen. Die Potenzmenge einer Menge
  M umfasst sämtliche Teilmengen von M.
→ $P(M) = \{\{\}; \{1\}; \{2\}; \{3\}; \{1; 2\}; \{1; 3\}; \{2; 3\}; \{1; 2; 3\}\}$
→ Wie Sie sehen, besteht die Potenzmenge von M aus 8 Elementen. Hierbei ist {} die leere
  Menge. Sie zählt immer zu den Teilmengen einer Menge. Die Zahl 8 lässt sich auch
  folgendermaßen darstellen: $8 = 2^3$
→ Anhand dieses Beispiels kann man vermuten, dass die Potenzmenge P(M) einer Menge M mit n
  Elemente immer 2^n Elemente besitzt. Diese Vermutung möchte ich mit Hilfe der vollständigen
  Induktion beweisen (Näheres zum Beweisverfahren der vollständigen Induktion finden Sie in
  „Ewalds Mathespielwiese – Teil 1").

<u>**Aussage**</u>: Für alle natürlichen Zahlen n gilt, dass die Menge $M_n = \{1; 2; 3; …; n\}$ genau 2^n
              Teilmengen besitzt. Diese Aussage bezeichnen wir mit A(n).
<u>**Beweis**</u>: <u>**Induktionsanfang**</u>: $A(1) = 2^1$
              → Es wurde für n die Zahl 1 eingesetzt. Das Ergebnis des
                 Induktionsanfangs ist richtig, da die Menge $M = \{1\}$ genau zwei
                 Teilmengen besitzt, nämlich die leere Menge und die Menge M selbst.
                 Es gilt also: $P(M) = \{\{\}; \{1\}\}$
         <u>**Induktionsvoraussetzung**</u>: $A(n) = 2^n$
         <u>**Induktionsschritt**</u>:   zu zeigen: $A(n+1) = 2^{n+1}$
              → Nach Voraussetzung besitzt M_n genau 2^n Teilmengen. Da M_n
                 eine Teilmenge von M_{n+1} ist, muss jede Teilmenge von M_n
                 auch eine Teilmenge von M_{n+1} sein. Wenn man zu jeder der 2^n
                 Teilmengen von M_n das Element (n+1) hinzufügt, so erhält
                 man weitere 2^n Teilmengen. Man hat jetzt alle Teilmengen von
                 M_{n+1} erfasst.
              → M_{n+1} hat also $2^n + 2^n = 2^{n+1}$ Teilmengen.

<u>**Fazit**</u>: Die Potenzmenge P(M) einer endlichen Menge M besitzt immer 2^n Elemente.

Gregor Cantor hat sich überlegt, ob man diese Beziehung zwischen einer endlichen Menge und ihrer Potenzmenge auch auf unendliche Mengen übertragen kann. Er konnte beweisen, dass die Kardinalzahl der Potenzmenge der natürlichen Zahlen $2^{Kard(N)}$ lautet. Aus Vereinfachungsgründen wollen wir diese Kardinalzahl mit β bezeichnen. Jetzt hat Cantor die Kardinalzahl von der Potenzmenge der obigen Potenzmenge bestimmt. Die Kardinalzahl hierfür lautet 2^β. Diese Kardinalzahl wollen wir β_1 nennen. Jetzt kann man immer so fortfahren und die Potenzmengen der vorherigen Potenzmengen bilden und die zugehörigen Kardinalzahlen bilden. Für die Kardinalzahlen gilt dann: $\mathrm{Kard}(N) < \beta < \beta_1 < \beta_2 < \beta_3 < \beta_4 < \ldots$

Somit konnte Cantor nachweisen, dass es unendlich viele Stufen der Unendlichkeit gibt. Es gibt unendlich viele Mengen, jede von ihnen mit einer anderen Kardinalzahl, die sich in ihrer Größe voneinander unterscheiden.

Literatur: Pierre Basieux: „Abenteuer Mathematik – Brücken zwischen Wirklichkeit und Fiktion"; Rowohlt Taschenbuch Verlag GmbH; Hamburg 1999; Seite 112 – 114;

E. <u>Kurzer historischer Einblick in die Sternstunden und Schicksalsschläge der Mathematik (bezogen auf die Schulmathematik)</u>

<u>Sternstunde (2000 v. Chr.)</u>: Erfindung des Stellenwertsystems durch die Inder für das Rechnen mit Zahlen.
→ Erste Übernahme dieses Systems durch die Babylonier
→ Das Stellenwertsystem ist in Europa zur Zeit des Pythagoras (600 v. Chr.) noch nicht bekannt. Hier wird mit Hilfe des Abakus gerechnet.

<u>Schicksalsschlag (300 v. Chr.)</u>: Entdeckung der irrationalen Zahlen durch die Pythagoräer.
→ Die Seitenlänge und die Diagonallänge eines Quadrates sind inkommensurabel, d.h. dass das Verhältnis zwischen Seitenlänge und Diagonallänge keine rationale Zahl ist.

<u>Schicksalsschlag (400 n. Chr.)</u>: Zerstörung der Bibliothek von Alexandria.
→ Ein Großteil des gesammelten Wissens der Menschheit geht verloren.

<u>Sternstunde (800 n. Chr.)</u>: Das Kulturgut der Griechen, das der Zerstörung der Bibliothek Alexandrias entging, wird durch die Araber gerettet.
→ Alle aufgefundenen Schriften werden ins Arabische übersetzt. Die griechische Mathematik wird von arabischen Gelehrten weiterentwickelt.

<u>Sternstunde (1500 – 1600 n. Chr.)</u>: Zeitalter der Renaissance
→ Das Kulturgut der Griechen gelangt vor allem über das „arabische Spanien" nach Europa.
→ In der Mathematik, Physik und Astronomie sind Galileo Galilei, Kopernikus und Kepler die ersten europäischen Wissenschaftler, um nur einige zu nennen. Es hat etwa 2000 Jahre gedauert, um wieder auf den Wissensstand der „alten Griechen" zu kommen.

<u>Sternstunde (um 1630 n. Chr.)</u>: Einführung des rechtwinkligen Koordinatensystems und des Funktionsbegriffes durch Descartes.
→ Es konnten algebraische Techniken bei der Lösung geometrischer Probleme eingesetzt werden (z.B. Berechnung der Schnittpunkte eines Kreises mit einer Parabel). Man brauchte diese beiden geometrischen Figuren nicht mehr exakt zu zeichnen, sondern man erstellte zu den geometrischen Figuren die zugehörigen Gleichungen. Die Gleichungen wurden gleichgesetzt und nach x aufgelöst. Anschließend wurden die x-Werte in eine der beiden Gleichungen eingesetzt. So erhielt man die zugehörigen y-Werte und damit die exakten Schnittpunkte.

Beispiel für die Funktionsgleichung einer Parabel: $y = x^2 + 4$.
Beispiel für eine Kreisgleichung: $y = \sqrt{26 - x^2}$
Gleichsetzung d. Gleichungen: $x^2 + 4 = \sqrt{26 - x^2} \mid ()^2$
→ $x^4 + 8x^2 + 16 = 26 - x^2$
→ $x^4 + 9x^2 - 10 = 0$
→ Substitution: $z = x^2$
→ $z^2 + 9z - 10 = 0$ |pq-Formel
→ $z_1 = 1; z_2 = -1$
→ Rücksubstitution: $z = x^2$
→ $x^2 = 1 \mid \sqrt{}$
→ $x_1 = 1; x_2 = -1$

$\rightarrow x^2 = -1 \mid \sqrt{}$

$\rightarrow$ keine Lösung in der Menge der rationalen Zahlen

Berechnung d. y-Werte: $y_1 = 1^2 + 4 = 5$

$\qquad\qquad\qquad\quad y_2 = (-1)^2 + 4 = 5$

<u>Endresultat</u>: Die um 4 Einheiten auf der y-Achse nach oben verschobene Normalparabel und der Kreis mit dem Mittelpunkt im Ursprung und dem Radius $r = \sqrt{26}$ schneiden sich in den beiden Punkten $P_1(1 \mid 5)$ und $P_2(-1 \mid 5)$.

$\rightarrow$ Für die Kegelschnitte der „alten Griechen" (Kreis, Parabel, Ellipse und Hyperbel) konnten Funktionsgleichungen entwickelt werden. Die zugehörigen Kurven können in ein rechtwinkliges Koordinatensystem eingezeichnet werden.

<u>Sternstunde (1670 – 1690 n. Chr.)</u>: Entwicklung der Differenzial- und Integralrechnung durch Leibniz und Newton.

$\rightarrow$ Steigungen, Extrempunkte, Wendepunkte und das Krümmungsverhalten von Kurven können berechnet werden.

$\rightarrow$ Der Flächeninhalt von krummlinig begrenzten Flächen kann berechnet werden.

$\rightarrow$ Volumina von Rotationskörpern können berechnet werden.

<u>Sternstunde (1820 – 1850 n. Chr.)</u>: Exakte Definition des Grenzwertbegriffes durch Cauchy und Weierstrass.

$\rightarrow$ Entwicklung von Konvergenzkriterien für Folgen und Reihen.

$\rightarrow$ Die Theorie der Infinitesimalrechnung (Differenzial- und Integralrechnung) wird „wasserdicht" gemacht.

<u>Sternstunde (etwa 1850 n. Chr.)</u>: Entwicklung der Vektorrechnung

$\rightarrow$ Mit ihrer Hilfe kann man die Lage von Geraden und Ebenen im Raum untersuchen.

$\rightarrow$ Das Lösen eines linearen Gleichungssystems mit drei Gleichungen und drei Variablen, das genau eine Lösung besitzt, kann man als Berechnung des Schnittpunktes von drei Ebenen auffassen.

$\rightarrow$ In der Physik wurde der Vektorbegriff für das Ermitteln von Kräften übernommen (Kräfteparallelogramm).

<u>Schicksalsschlag</u>: Aufzeigen von Paradoxien in der Mathematik

$\rightarrow$ Division durch null

$\rightarrow$ Grenzwert einer unendlichen geometrischen Reihe (Zenon v. Milet)

$\rightarrow$ Russelsches Paradoxon

<u>Vorteil dieser Schicksalsschläge</u>:

$\rightarrow$ Die Mathematik musste so modifiziert werden, dass diese Widersprüche nicht mehr auftraten.

<u>Schicksalsschlag (1931 n. Chr.)</u>: Satz von Gödel

$\rightarrow$ (1) Mithilfe der Mathematik lassen sich nicht alle mathematischen Probleme lösen (Unvollständigkeit des Systems).

$\rightarrow$ (2) Mithilfe der Mathematik ist es nicht möglich, die Widerspruchsfreiheit in der Mathematik zu beweisen (Konsistenzproblem der Mathematik).

F. <u>Kuriositäten aus der Mathetrickkiste</u>

Einige Kuriositäten haben Sie bereits in „Ewalds Mathespielwiese – Teil 1" kennengelernt, nämlich die ägyptische und äthiopische Multiplikationsmethode natürlicher Zahlen sowie das Arithmetikspiel, um nur einige dieser Kuriositäten zu nennen. Jetzt möchte ich Sie mit weiteren Kuriositäten vertraut machen.

<u>Kuriosität 1</u>: In meinen Kindertagen war das Spiel mit Murmeln sehr verbreitet. Jedes Kind versuchte in diesem Spiel, das nach gewissen Regeln ablief, möglichst viele Murmeln zu gewinnen. Einer meiner Freunde, der keine Murmeln mehr besaß, was wir jedoch alle nicht wussten, wollte durch eine Wette mit uns Murmeln gewinnen. Er erklärte uns die Spielregeln der Wette. Jeder einzelne von uns ging auf die Wette ein, investierte eine Anzahl von Murmeln und verlor anschließend die Wette.
Wie sahen die Spielregeln der Wette aus?
<u>Spielregeln der Wette</u>: 1. Wir mussten in der einen Hosentasche eine ungerade Anzahl und in der anderen Hosentasche eine gerade Anzahl von Murmeln stecken.
2. Anschließend musste die Anzahl der Murmeln in der linken Tasche verdoppelt und die in der rechten Tasche verdreifacht werden.
3. Anschließend mussten wir ihm die Gesamtanzahl der Murmeln in beiden Taschen nennen.

Mein Freund konnte jetzt mit 100%-iger Sicherheit sagen, in welcher Tasche sich die ursprünglich ungerade bzw. gerade Anzahl an Murmeln befand.
Dieser schlaue Kerl hatte herausgefunden, dass sich die ursprünglich ungerade Anzahl an Murmeln in der rechten Hosentasche befindet, wenn die Summe aller Murmeln ungerade ist. Demzufolge befindet sich die ursprünglich ungerade Anzahl an Murmeln in der linken Hosentasche, wenn die Summe aller Murmeln gerade ist. Zur Verdeutlichung dieser Aussage werde ich Ihnen zwei Beispiele präsentieren.

<u>Beispiel 1</u>: <u>links</u>   <u>rechts</u>
     3 M   4 M
     $3 \cdot 2$ M $= 6$ M $4 \cdot 3$ M $= 12$ M
     Gesamtsumme: 6 M + 12 M = 18 M (gerade Anzahl)
     → Da die Zahl 18 gerade ist, befindet sich die ursprünglich ungerade Anzahl an Murmeln (3 M) in der linken Tasche.

<u>Beispiel 2</u>: <u>links</u>   <u>rechts</u>
     6 M   9 M
     $6 \cdot 2$ M $= 12$ M $9 \cdot 3$ M $= 27$ M
     Gesamtsumme: 12 M + 27 M = 39 M (ungerade Anzahl)
     → Da die Zahl 39 ungerade ist, befindet sich die ursprünglich ungerade Anzahl an Murmeln (9 M) in der rechten Tasche.

Lässt sich die Richtigkeit der Erkenntnis meines Freundes auch mathematisch herleiten?
Wir versuchen unser Glück.
Ungerade Anzahl links: $2x + 1$, wobei $x \in N$ und $x \geq 0$
Gerade Anzahl rechts: $2y$, wobei $y \in N$ und $y \geq 1$
Gesamtsumme: $2(2x + 1) + 3 \cdot 2y = 2(2x + 1 + 3y)$
      → Die Gesamtsumme ist gerade, weil man die Summe durch 2 dividieren kann, ohne dass ein Rest auftritt.

Gerade Anzahl links: $2x$, wobei $x \in N$ und $x \geq 1$
Ungerade Anzahl rechts: $2y + 1$, wobei $y \in N$ und $y \geq 0$
Gesamtsumme: $2 \cdot 2x + 3 \cdot (2y + 1) = 4x + 6y + 3$

→ Die Gesamtsumme ist ungerade, da sich die Zahl 3 nicht ganzzahlig durch 2 teilen lässt. Es entsteht ein Rest von 1.

→ Wir konnten mathematisch nachweisen, dass mein Freund die Wette immer gewinnen würde.

Kuriosität 2: Wer sich etwas mit der Bibel auskennt, weiß, dass Petrus hauptberuflich ein Fischer war. In der Bibel steht, dass er einmal 153 Fische in seinem Netz gefangen haben soll. Mathematiker haben die biblische Zahl 153 genauer untersucht, um herauszufinden, ob diese Zahl interessante Eigenschaften hat. Folgende Eigenschaften hat man festgestellt, wobei besonders die dritte Eigenschaft bemerkenswert ist.

1. Eigenschaft: Bei der Zahl 153 handelt es sich um eine Dreieckszahl. Eine Dreieckszahl liegt vor, wenn diese Zahl zu einem Dreieck konfiguriert werden kann. Beispiele hierfür sind:

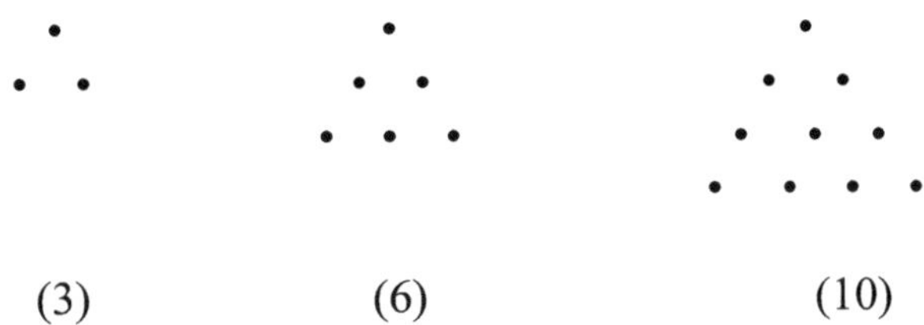

$$(3) \qquad (6) \qquad (10)$$

Die Zahlen 3, 6 und 10 sind Dreieckszahlen. Man erkennt, dass man die Dreieckszahl an der n-ten Stelle erhält, wenn man die ersten $(n + 1)$ natürlichen Zahlen addiert. Um die Dreieckszahl 10, die an der 3. Stelle steht, zu erhalten, müssen wir die ersten 4 natürlichen Zahlen addieren. Somit ergibt sich: $10 = 1 + 2 + 3 + 4$.

2. Eigenschaft: Die Zahl 153 lässt sich als Summe von aufeinander folgenden Fakultätszahlen schreiben. Also: $153 = 1! + 2! + 3! + 4! + 5!$
Anders geschrieben: $153 = 1 + 2 + 6 + 24 + 120$.
Diese Eigenschaft trifft nicht für alle Dreieckszahlen zu.

3. Eigenschaft: In der Bibel wird auch von der Dreifaltigkeit des Herrn gesprochen. Wie Sie sehen, kommt in diesem Wort die Zahl 3 vor. Die Mathematiker haben jetzt das folgende Verfahren entwickelt:
1. Es wird ein **beliebiges** Vielfaches der Zahl 3 gebildet.
2. Von jeder Ziffer des Vielfachen wird jetzt die dritte Potenz gebildet und anschließend werden diese Potenzen addiert. Man erhält jetzt eine neue Zahl.
3. Auf diese neue Zahl wird wieder der zweite Schritt angewendet.

Resultat: Nach endlich vielen Schritten erreicht man die Zahl 153.
Wurde die Zahl 153 und der Begriff „Dreifaltigkeit" in der Bibel bewusst so gewählt, so dass ein mystischer Zusammenhang dieser beiden Begriffe zustande kommt?

Zur Verdeutlichung der dritten Eigenschaft werde ich Ihnen zwei Beispiele präsentieren.

Beispiel 1: Die Zahl 651 ist ein Vielfaches von 3.
→ $6^3 + 5^3 + 1^3 = 342$
→ $3^3 + 4^3 + 2^3 = 99$
→ $9^3 + 9^3 = 1458$
→ $1^3 + 4^3 + 5^3 + 8^3 = 702$
→ $7^3 + 0^3 + 2^3 = 351$
→ $3^3 + 5^3 + 1^3 = 153$
Ab jetzt führt das Verfahren immer wieder auf die Zahl 153.

Beispiel 2: Die Zahl 2529 ist ein Vielfaches von 3.

$\rightarrow 2^3 + 5^3 + 2^3 + 9^3 = 870$
$\rightarrow 8^3 + 7^3 + 0^3 = 855$
$\rightarrow 8^3 + 5^3 + 5^3 = 762$
$\rightarrow 7^3 + 6^3 + 2^3 = 567$
$\rightarrow 5^3 + 6^3 + 7^3 = 684$
$\rightarrow 6^3 + 8^3 + 4^3 = 792$
$\rightarrow 7^3 + 9^3 + 2^3 = 1080$
$\rightarrow 1^3 + 0^3 + 8^3 + 0^3 = 513$
$\rightarrow 5^3 + 1^3 + 3^3 = 153$

Ab jetzt führt das Verfahren immer wieder auf die Zahl 153.

Kuriosität 3: Der Schwager eines gewissen Herrn Smith befasste sich gerne mit der numerischen Mathematik. Als er sich die Telefonnummer von Herrn Smith ansah, sie lautete 4937775, machte er aus lauter Langeweile kleine mathematische Spielereien mit den einzelnen Ziffern dieser Nummer und entdeckte das folgende Phänomen.
Zunächst bildete er die Summe der einzelnen Ziffern:

$\rightarrow 4 + 9 + 3 + 7 + 7 + 7 + 5 = 42$

Anschließend zerlegte er die Telefonnummer in ihre Primfaktoren:

$\rightarrow 4937775 = 3 \cdot 5 \cdot 5 \cdot 65837$

Nun bildete er die Summe aus den einzelnen Ziffern dieses Produkts:

$\rightarrow 3 + 5 + 5 + 6 + 5 + 8 + 3 + 7 = 42$

Wie Sie sehen, erhalten wir wieder die Zahl 42. Die Zahl 4937775 ist als die erste sog. Smith-Zahl in die Literatur eingegangen. Eine Smith-Zahl liegt immer dann vor, wenn die Summe aus den einzelnen Ziffern der Zahl identisch mit der Summe aus den einzelnen Ziffern ihrer Primfaktoren ist.
Ein weiteres Beispiel für eine Smith-Zahl ist die Zahl 666.

$\rightarrow 6 + 6 + 6 = 18$
$\rightarrow 666 = 2 \cdot 3 \cdot 3 \cdot 37$
$\rightarrow 2 + 3 + 3 + 3 + 7 = 18$

Heute weiß man, dass es unendlich viele Smith-Zahlen gibt.

Kuriosität 4: In „Ewalds Mathespielwiese – Teil 1" haben Sie die arithmetischen und geometrischen Folgen kennengelernt. Jetzt mache ich Sie mit der Vorschrift zur Bildung einer Zahlenfolge bekannt, die von dem deutschen Mathematiker Collatz stammt. Diese Vorschrift besagt, dass wir für das erste Glied der Folge, also für a_1, eine beliebige natürliche Zahl wählen. Für das zweite Glied a_2 soll folgendes gelten: Ist a_1 eine gerade Zahl, so soll das folgende Glied die Hälfte von a_1 betragen. Ist jedoch a_1 eine ungerade Zahl, so soll das folgende Glied nach der Vorschrift $a_2 = 3a_1 + 1$ gebildet werden. Alle nachfolgenden Glieder werden ebenfalls nach dieser Regel gebildet. Zwecks Verdeutlichung dieser Regel werde ich Ihnen vier Folgen präsentieren.

Folge 1: 4; 2; 1; 4; 2; 1; …
Folge 2: 3; 10; 5; 16; 8; 4; 2; 1; …
Folge 3: 100; 50; 25; 76; 38; 19; 58; 29; 88; 44; 22; 11; 34; 17; 52; 26; 13; 40; 20; 10; 5; 16; 8; 4; 2; 1; …
Folge 4: 15; 46; 23; 70; 35; 106; 53; 160; 80; 40; 20; 10; 5; 16; 8; 4; 2; 1; …

Man erkennt, dass man nach endlich vielen Schritten die Zahl 1 erhält. Wenn man weiter fortfährt, so erhält man immer die Abfolge $1 - 4 - 2 - 1$.
Bisher konnte **nicht bewiesen** werden, ob die so konstruierte Folge immer auf die Zahl 1 führt. Vielleicht haben Sie ja eine Idee.

Kuriosität 5: Sie nehmen sich einen rechteckigen Streifen Papier und markieren die Oberseite und die Unterseite mit einem Punkt. Jetzt sollen Sie den Punkt auf der Oberseite mit dem Punkt auf der Unterseite durch eine Linie miteinander verbinden. Sie werden dabei immer mindestens eine Kante überwinden müssen. Anschließend sollen Sie die Oberseite rot und die Unterseite grün färben. Das ist ebenfalls eine der leichtesten Übungen für Sie.

Jetzt drehen wir den rechteckigen Streifen der Länge nach um 180° und kleben die beiden Enden zusammen. Wenn Sie jetzt wieder die beiden Punkte durch eine Linie miteinander verbinden wollen, müssen Sie keine Kante mehr überwinden. Wenn Sie den Streifen mit zwei Farben versehen wollen, da ja jeder Streifen Papier für Sie eine Ober- und eine Unterseite hat, so werden Sie feststellen, dass Sie den Streifen einfarbig gefärbt haben. Woran liegt das?

Der rechteckige Streifen, den Sie der Länge nach um 180° gedreht und bei dem Sie anschließend die beiden Enden zusammengeklebt haben, wird als **Möbiusband** bezeichnet. Dieses Band wurde 1858 vom Mathematiker August Möbius kreiert. Dieses Band hat eine faszinierende Eigenschaft: Es besitzt nur eine Fläche und eine Kante. Weitere faszinierende Eigenschaften treten auf, wenn man ein Möbiusband entlang der Mittellinie aufschneidet. Man erhält jetzt einen größeren Ring, der ineinander verdreht ist, aber wieder zwei Seiten hat. Schneidet man diesen neuen Ring wieder entlang der Mittellinie auf, so erhält man zwei Ringe, die ineinander verschlungen sind. Wenn man auf dem klassischen Möbiusband zwei parallele Linien zeichnet, die parallel zur Mittellinie verlaufen, und das Möbiusband entlang dieser beiden Linien aufschneidet, so erhält man zwei zusammenhängende Ringe. Einer dieser Ringe ist wieder ein Möbiusband, der andere aber nicht.

Ein Ratschlag von mir: Basteln Sie sich ein Möbiusband und führen Sie die erwähnten Schritte durch, damit Sie die Richtigkeit der Ergebnisse auch praktisch nachvollziehen können.

Kuriosität 6: Vielleicht sind Sie so ein Forschertyp, der gerne versucht, Vermutungen zu beweisen. Für diese Typen von Lesern habe ich hier eine schöne Aufgabe.
Der uns wohl bekannte Mathematiker Leonard Euler hatte sich zum Ziel gesetzt, einen Quader zu finden, bei dem alle Kantenlängen und jede Länge der Flächendiagonalen natürliche Zahlen sein sollten. Der erste Quader wurde 1719 von dem Mathematiker Paul Halcke entdeckt. Die Maße seines Quaders (im englischsprachigen Raum auch „Euler brick" genannt) lauteten:
$a = 240$ LE; $b = 117$ LE; $c = 44$ LE
$d_1 = \sqrt{240^2 + 117^2} = 267$ LE; $d_2 = \sqrt{240^2 + 44^2} = 244$ LE; $d_3 = \sqrt{117^2 + 44^2} = 125$ LE

Seit dieser Zeit sind weitere Quader gefunden worden, die diesen Voraussetzungen genügten. Jetzt sind die Mathematiker auf der Jagd nach dem perfekten Quader. Bei diesem Quader muss zusätzlich die Länge der Raumdiagonale ebenfalls eine natürliche Zahl sein.
Bisher ist dieser Quader noch nicht gefunden worden. Man weiß auch nicht, ob er überhaupt existiert.
Sollten Sie sich herausgefordert fühlen, diesen eventuell vorhandenen Quader zu finden, dann gehören Sie zu den Matheliebhabern, die, bildlich gesprochen, einen total dunklen Raum betreten, um dort eine schwarze Katze zu suchen, die vielleicht gar nicht in dem Raum vorhanden ist.
Trotzdem wünsche ich Ihnen viel Ausdauer und Glück.

Literatur: Richard Brown: „Mathe in 30 Sekunden"; Librero Verlag; 2017
Joaquin Navarro: „Geheimnisse der Zahlen"; Librero Verlag; 2019
Pierre Basieux: „Abenteuer Mathematik"; Rowohlt Taschenbuch Verlag; Hamburg; 1999
Franco Agostini: „Mathematische Denkspiele"; Weltbild Verlag; Augsburg; 1997

Danksagung

Dieses Buch ist meiner lieben Frau Heike gewidmet, eine absolute „Nichtmathematikerin". Sie hat doch etliche Stunden auf mich verzichten müssen, während ich in meinem Arbeitszimmer saß, um dieses Buch zu schreiben. Meistens, wenn ich dann mein Arbeitszimmer verlassen hatte, um bei ihr zu sein, war ich kein guter Konversationspartner, denn meine Gedanken kreisten immer noch um die inhaltlichen Themen meines Buches. Sie merkte es natürlich, aber sie hatte immer eine Ablenkung für mich parat. Meistens haben wir dann mit unserem Hund Fay einen Spaziergang unternommen, damit mein Gehirn wieder vom mathematischen Ballast befreit werden konnte. Im weiteren Verlauf des Tages hat sie dann meistens für unser leibliches Wohl gesorgt.

Ich möchte mich deshalb bei dir, meine liebe Heike, für deine Unterstützung sehr herzlich bedanken.

Dein Ewald

<u>Raum für Notizen</u>

<u>Raum für Notizen</u>